今日から
モノ知り
シリーズ

トコトンやさしい

微生物の本

微生物は小さくて目には見えませんが、私たちの身の回りにたくさんいます。特に高温多湿なわが国は微生物の宝庫であり、発酵食品や有用物質の生産などで、日本人は微生物をうまく利用しています。

中島春紫

B&Tブックス
日刊工業新聞社

はじめに

生命の星、地球にはさまざまな生物が住んでいます。うっそうとした樹林や、歩き回る動物のように見映えが良く目立つ生物ばかりでなく、小さな草や昆虫なども生息しています。実は、生物は小さいものほど数が多く、土の中などには虫眼鏡でやっと見える線虫や菌類、顕微鏡を持ち出さないと見えない膨大な数の細菌が生きています。

人知れず活動するこのような微生物は、地球上のありとあらゆるところに生息しています。特に微生物の密度が高いのは土壌であり、肥えた土には1グラムあたり数億個の細菌が生息しています。また、腐った食物や動物の腸内には、土壌よりも高い密度で微生物が文字通りウヨウヨしています。ヒトの身体は約70兆個の細胞から構成されていますが、ヒトの腸内には約１００兆個の腸内細菌が生息していると推定されています。

密度はずっと低くなりますが、沖合の海や乾いた砂、コンクリートの建造物の表面などにも微生物は生息しています。それどころか、1万メートルを超える深海、沸騰した温泉、塩田、大気圏上層、大深度岩盤など、とても生物が生息できるとは思えないような環境からも微生物が次々に発見されています。

植物は光合成により太陽エネルギーを使って空気中の二酸化炭素を炭水化物などの有機物にして他の生物群に供給しているので、生態系の中では生産者の立場にあります。一方、動物は植物や他の動物を補食して栄養源を得ているので、生態系の中では消費者です。生産者と消費者がいれば人間社会では経済が循環しますが、自然界では消費者の排泄物や死体を分解して炭水化物やアミノ酸などの炭素源と窒素源を回収し、次世代の植物などが利用できるようにする分解者が必要なのです。生態系の中で分解者の立場にあるのは菌類や細菌などの微生物です。また、微生物には自ら光合成や化学合成を行って生産者の立場にあるものや、他の微生物を補食して消費者の立場にあるものもいます。微生物は、それぞれの環境の中で自分たちの役割を果たしながら脈々と命を繋いでいるのです。

人類は微生物の存在を意識するよりもずっと以前から微生物とともに生活し、微生物による悲惨な感染症との終わりなき戦いに挑み続け、微生物がもたらしてくれるチーズやワインなどの芳醇な発酵食品を賞味してきました。近代科学の発展により微生物の素顔を捉えることや分離や培養などの取扱いが可能になると、病原菌の正体を突き止め、抗生物質や抗菌剤などの感染症に決定的な勝利を収める武器を入手できるようになりました。試行錯誤の末に編み出された発酵食品の製造法も、より洗練され失敗することなく確実においしい食品を製造できるようになりました。さらに、微生物の力を利用して旨味調味料や洗剤に配合する酵素などの産業上の有用物質が次々に作られるようになってきました。

本書では、まず微生物の種類・大きさ・形・生息環境など微生物とは何かを概観し（第1章）、次に大腸菌や乳酸菌など身近な微生物を紹介します（第2章）。さらに、無菌操作、顕微鏡観察、培養法など微生物の取扱い法について解説します（第3章）。グルタミン酸や産業用酵素、抗生物質などの有用物質の生産および汚水処理などについて説明し（第4章）、納豆やヨーグルト、酒類、漬物などの発酵食品への応用について解説します（第5章）。一方で人類を悩ませてきた結核や虫歯菌、食中毒の原因菌の正体と病原菌との戦いについて記述し（第6章）、微生物の発見や病原菌との戦いに挑んだ偉人たちの足跡について日本人研究者の活躍を中心に紹介します（第7章）。

本書が、微細な微生物の素顔に親しむ一助となれば幸いです。

中島春紫

2018年7月

トコトンやさしい

微生物の本

目次

目次 CONTENTS

第1章 微生物って何？

第2章 身の回りの微生物

第3章 微生物の取扱い方

第4章 産業に貢献している微生物

第5章 発酵食品をおいしくする微生物

第6章 病原菌との戦い

第7章 微生物の研究者列伝

第1章

微生物って何？

1 どこにでもいる微生物

土壌細菌、腸内細菌、水中の微生物、発酵食品…

微生物はどこにでもいます。肉眼では見えなくても、土の中や動物の腸内、濁った水や、発酵食品の中などには膨大な数の微生物が生息し、刻々と変化する環境に懸命に対応しながら、栄養分を確保し分裂増殖して仲間を増やそうと熾烈な生存競争を繰り広げています。

運動能力をもつ微生物もいますが、微生物は小さいので移動距離が限られています。運動できない微生物も多く、微生物はその場の微小な環境に適応して生きています。指の長さほどの距離でも、微生物にとっては超えられない壁になることもよくあります。

人間は常に呼吸して酸素を取り入れないと生きていくことができません。人間にとっては、水中などを別にすれば酸素はどこでもあるように思われますが、微小環境ではそうとは限りません。水田などのように水の多い土壌中では、空気に触れる地面から数センチメートルの深さまでは酸素が届きます。ここには、人間と同じように呼吸により取り入れた酸素を用いて有機物を分解してエネルギーを得る微生物が多数生息しています。

しかし、それより少し深くなるとすぐに酸素が使い切られてしまいます。有機物を酸化するとエネルギーが得られますが、酸素がなければ酸素の代わりに硝酸イオン(NO_3^-)を使用して有機物を酸化する硝酸呼吸を行う微生物が生息します。硝酸イオンも使い切られると、硫酸イオン(SO_4^{2-})を利用して硫酸呼吸を行う微生物が生育するようになります。硫酸イオンは悪臭のする硫化水素となります。硫酸イオンもなくなると、二酸化炭素(CO_2)を呼吸に用いてメタンを発生するメタン菌が生息するようになります。つまり、悪臭が漂って硫化水素やメタンが発生しているような沼の底の土は、完全に水がよどんでいて空気が通っていないことを意味しています。しかし、そのような環境でも微生物はたくましく生きています。

要点BOX

- ●微生物はどこにでもいる
- ●微生物は小さいので移動距離が限られている
- ●微生物は微小環境に適応している

土壌深さの違いと微生物のエネルギー獲得法

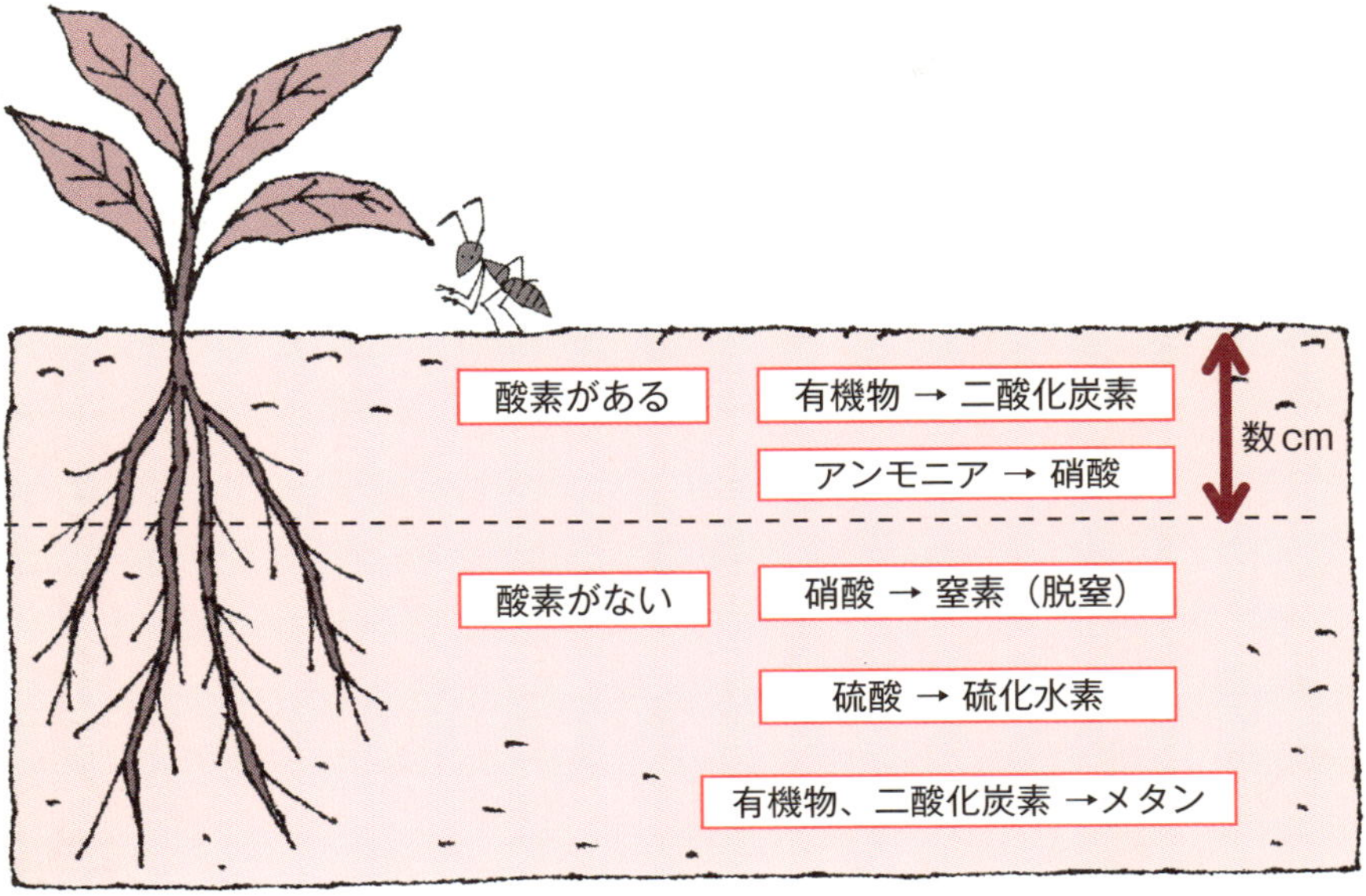

動物の消化管

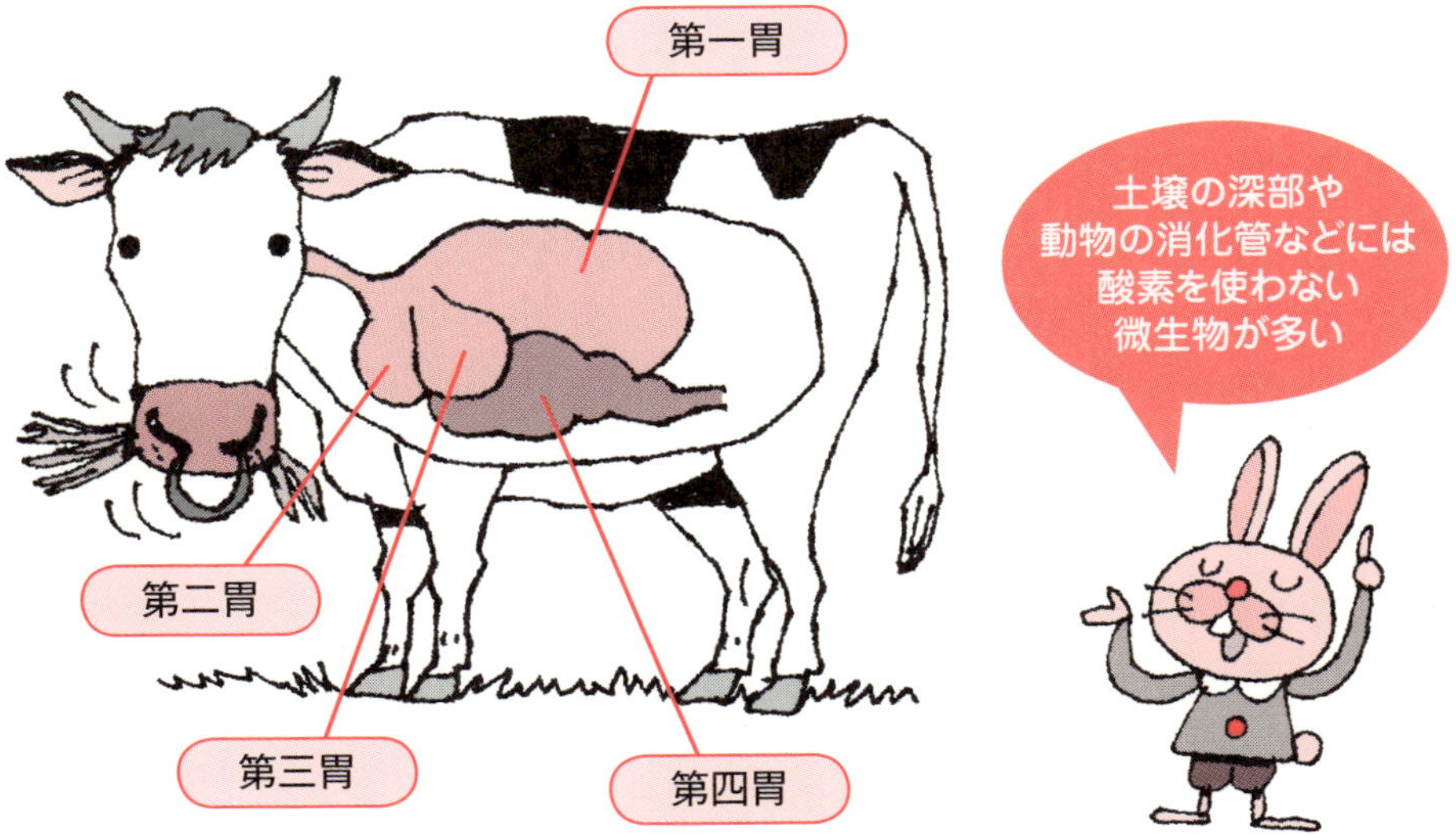

2 微生物の大きさと形

顕微鏡で見る微生物の姿

微生物は、虫眼鏡や顕微鏡を使って拡大しなければ観察できません。解像度は顕微鏡の性能を示す数値ですが、人間の肉眼の解像度は0・2ミリメートル程度なので、肉眼では0・2ミリメートルよりも小さな物体は見分けられないことになります。

生物の身体は多数の細胞からできています。動物や植物の細胞の多くは、10～20ミクロン（μm：1000分の1ミリメートル）の大きさです。赤血球は7ミクロンほどなので、どう頑張っても肉眼では見えませんね。1個の細胞は小さくても動物や植物は数兆個の細胞から構成される多細胞生物なので、それなりの大きさになっています。

一方、1個の細胞が独立して生活している生物を「単細胞生物」と言います。このような生物は当然「微生物」となります。

動物や植物の細胞にはハッキリした核があって、核の中に遺伝情報であるDNAが納められています。細胞内にはミトコンドリアなどの器官もあります。このような細胞からできている生物を「真核生物」と言います。動物や植物の他に、カビや酵母のような菌類、ミドリムシやアメーバのような原生生物も真核生物です。真核生物の細胞は、小さいものでも5ミクロン以上の大きさがあります。

一方、細胞の中に核をもたず、DNAが細胞の中にフワフワ浮いている細胞をもつ生物を「原核生物」と言います。原核生物にはミトコンドリアなどの器官もありません。原核生物は非常に単純な構造の微生物で、ほとんどが単細胞で生活しています。

原核生物は1～2ミクロン程度の大きさであり、真核生物とは段違いで、体積にすると数百倍の差があります。原核生物は、一般に「細菌」と呼ばれます。カビや酵母などの「菌類」に対して、細かい菌だから「細菌」と区別されています。英語でバクテリアと呼ばれているのは、細菌のことです。

要点BOX

- 微生物は虫眼鏡や顕微鏡を使って観察
- 単細胞生物は1個の細胞が独立して生活
- 英語のバクテリアは細菌のこと

真核生物の細胞(白血球)と細菌

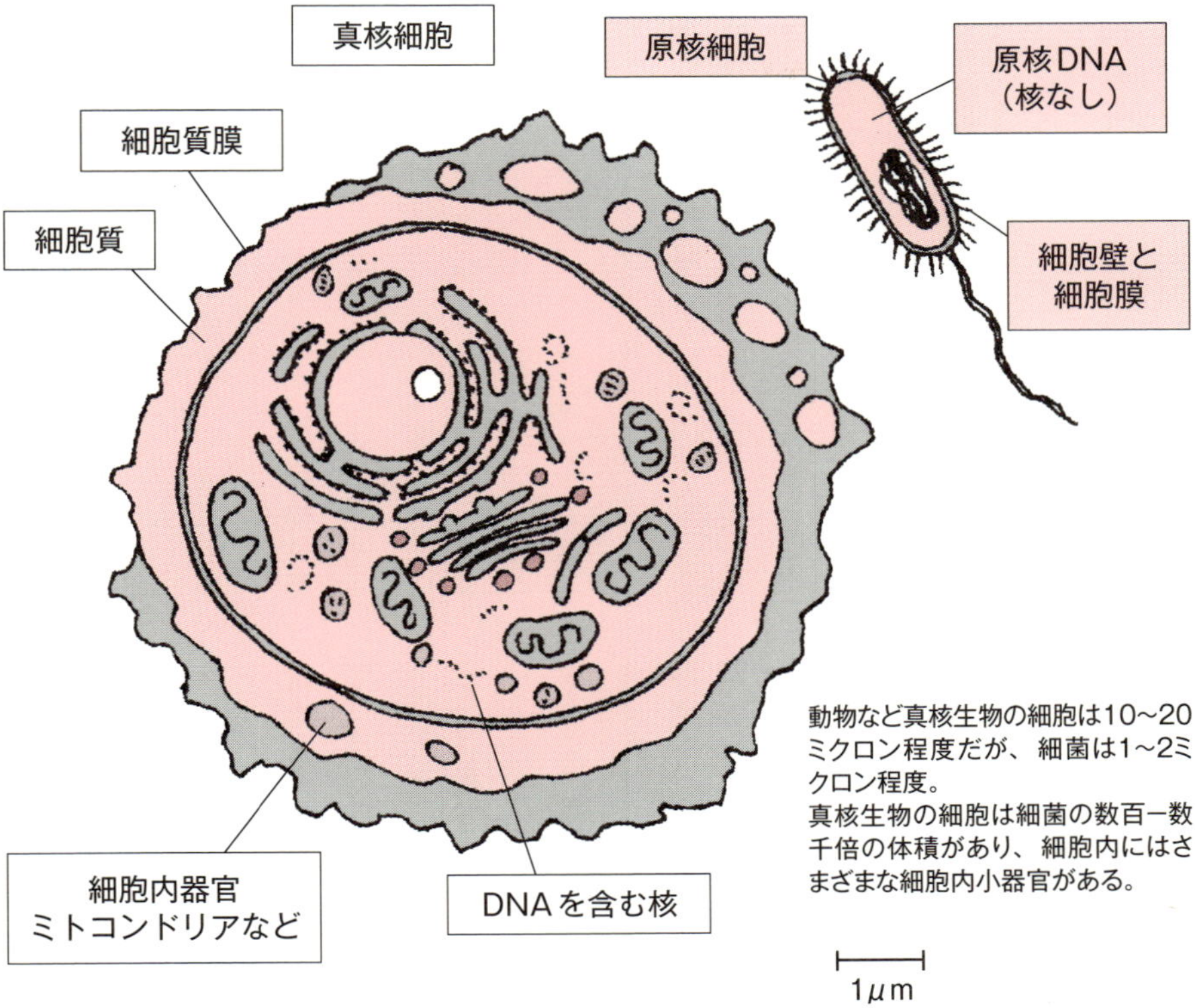

動物など真核生物の細胞は10~20ミクロン程度だが、細菌は1~2ミクロン程度。
真核生物の細胞は細菌の数百一数千倍の体積があり、細胞内にはさまざまな細胞内小器官がある。

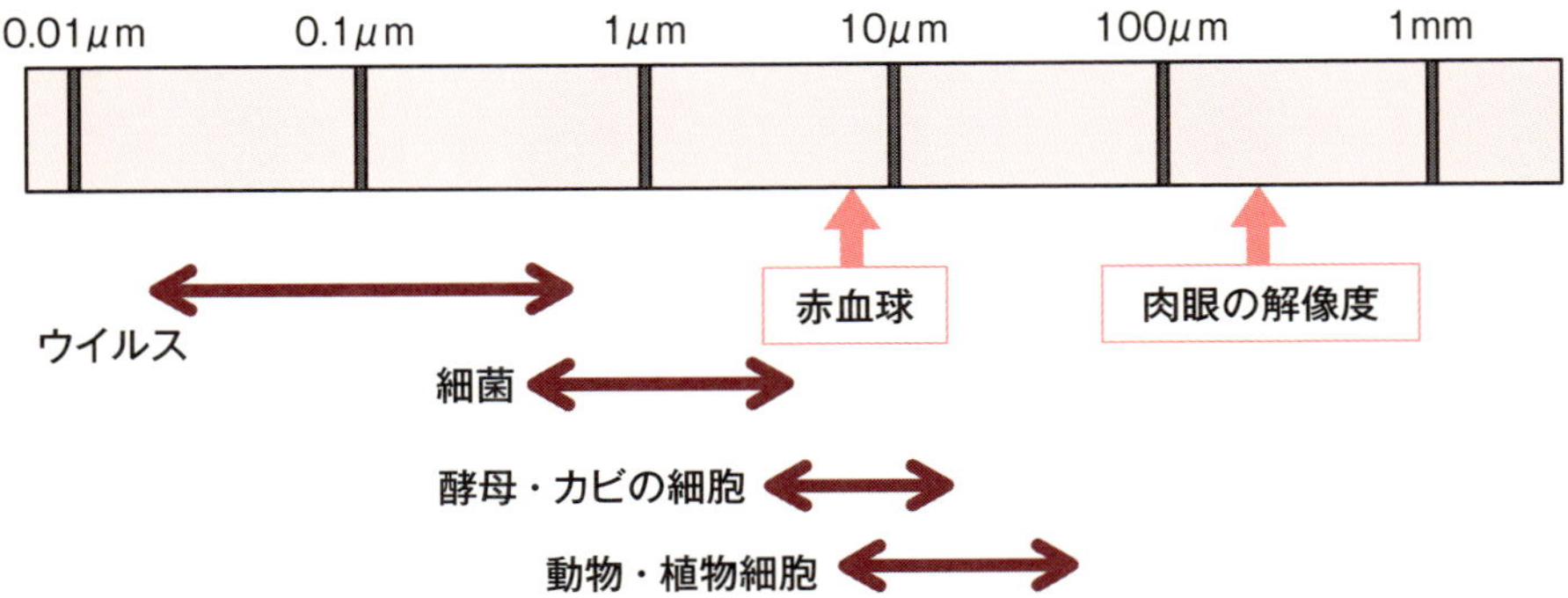

3 生物の分類と微生物

動物・植物と微生物

　19世紀半ばころまでは、すべての生物は動物と植物に分けられていました。分類学の父とよばれるカール・フォン・リンネ（1707〜1778年）が、すべての生物にラテン語の学名をつけることを提唱したのは18世紀半ばであり、この時代には微生物はほとんど認識されていませんでした。

　やがて動物とも植物ともつかない生物が見いだされ、分類の考え方が整理されるようになってきました。

　一般的な5界説では、原核生物はすべてモネラ界とされ、真核生物が動物界、植物界、菌界、原生生物界の4つの界に分けられています。最新の学説では、真核生物をすべて「真核生物ドメイン」とまとめ、原核生物を「古細菌ドメイン」と「真正細菌ドメイン」に分けています。単純なように見えても細菌は意外に多様なのですね。

　真核生物の「界」は、主としてエネルギー獲得の方法により分けられています。コケ類、シダ類、種子植物を含む植物界は、光合成により有機物を合成する、運動しない多細胞生物のグループです。動物と菌類は光合成を行わないので生育に有機物が必要ですが、動物は口があって食物を摂食により体内に取り込んでから分解する多細胞生物で、運動性と何らかの感覚器官をもつものを言います。脊椎動物や昆虫、軟体動物などが動物ですね。菌類は口がなく、消化酵素を分泌して体外で食物を分解してから吸収する生物であり、カビ、酵母、キノコが菌類です。そして、微妙にどの定義にもあてはまらないミドリムシやアメーバ、藻類などが原生生物に分類されています。

　一方、インフルエンザやエイズなどを引き起こすウイルスは、DNAやRNAなどの核酸がタンパク質の殻に包まれた粒子であり、自立して増殖することができないので生物として扱わないのが普通です。ウイルスは、宿主《しゅくしゅ》細胞のタンパク質や核酸の合成系を借りて新たなウイルスを複製することにより増殖します。

要点BOX

- ●5界説では、原核生物はすべてモネラ界
- ●単純なように見えても細菌は意外に多様
- ●ウイルスは生物として扱わない

生物の分類

- **古細菌ドメイン** — 高度好熱菌、高度好塩菌、メタン生成菌
- **真正細菌ドメイン**
  - グラム陽性菌　枯草菌、乳酸菌、ブドウ球菌、放線菌
  - グラム陽性菌　大腸菌、酢酸菌、緑膿菌、窒素固定菌

→ **モネラ界**
原核生物
細菌＝バクテリア

- **真核生物ドメイン**
  - **原生生物界**
    - ユーグレナ類　ミドリムシ
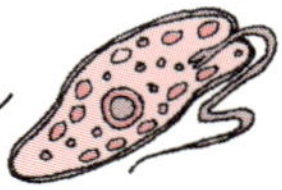
    - 藻類　褐藻，紅藻，緑藻，珪藻
    - アメーバ類　アメーバ
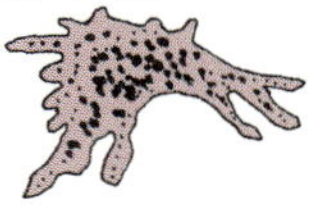
    - 粘菌類　真性粘菌、細胞性粘菌体
  - **菌界** — カビ、酵母、キノコ
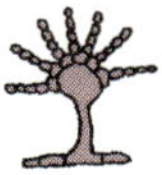

  - **動物界** — 節足動物、軟体動物、魚類、両生類、は虫類、鳥類、ほ乳類
  - **植物界** — コケ類、シダ類、裸子植物、単子葉植物、双子葉植物
- **ウイルス** — インフルエンザウイルス、麻疹ウイルス、植物ウイルス、ファージ

【菌界】消化酵素を分泌して体外で有機物を分解し吸収する。自然界の分解者
【動物界】口があり有機物を摂食して分解し吸収する。運動能力と感覚器官をもつ多細胞生物。
【植物界】光合成によりエネルギーを得る、運動しない多細胞生物。細胞壁はセルロース。
【ウイルス】他の生物の細胞に寄生して複製する粒子。自律増殖できないので、生物として扱わない。

用語解説

5界説（ごかいせつ）：生物の分類体系の１つで、生物全体を５つの界に分けるもの。

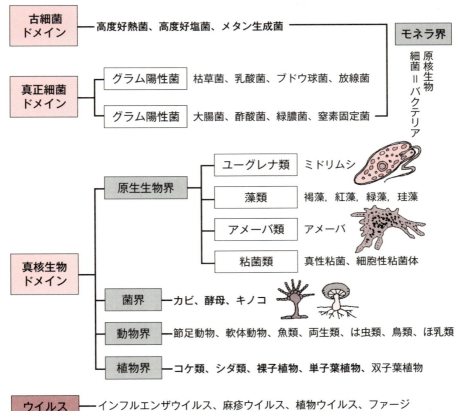

4 微小な細菌の構造の違い

核のない微生物

微小な細菌も細胞表層の構造の違いによって、グラム陽性菌とグラム陰性菌に大別されます。グラム染色と呼ばれる染色法により、青く染まるグラム陽性菌は、細胞膜の上に厚い細胞壁をもっています。細胞膜は、人間を含むすべての生物にほぼ共通の構造であり、厚さは約8ナノメートル（1ナノメートル：100万分の1ミリメートル）です。

栄養成分の取り込みや呼吸によるエネルギーの獲得など、重要な生体活動が細胞膜の上で行われています。細胞壁は分厚くて堅いけれどもスカスカなので、グラム陽性菌は乾燥や機械的な摩擦には強いけれど、抗生物質や抗菌剤などの浸み込むタイプの薬剤には弱い傾向があります。枯草菌、ブドウ球菌、乳酸菌、放線菌などがグラム陽性菌です。

一方、グラム陰性菌は細胞膜が2枚あり（外膜、内膜）、その間に2～3ナノメートルの非常に薄い細胞壁をもっています。大腸菌、緑膿菌、腸炎ビブリオ菌などがグラム陰性菌です。抗生物質が効きにくいので、緑膿菌などが蔓延すると大変です。

細菌を顕微鏡で見ると、棒状の桿菌《かんきん》と球状の球菌が観察されます。桿菌にも、球菌が少し伸びた短桿菌から、非常に細長い長桿菌までいろいろなタイプがあります。枯草菌のように、細胞内に耐熱性の内生胞子を形成する細菌もいます。

球菌は集合状態により、単独の単球菌、2個つながった双球菌、4個の球菌がセットになった4連球菌、多数の球菌が連なった連鎖球菌、塊を形成するブドウ球菌などに分けられます。虫歯の原因となるミュータンス菌は連鎖球菌、しょう油や味噌の中にいる塩分に強い乳酸菌は4連球菌です。

さらに、グルタミン酸を生産するコリネバクテリウムは、桿菌がややねじれた形をしています。また、梅毒を引き起こすトレポネーマは、長いらせん状の印象的な形態をもち、血液中をゆったりと泳ぎ回っています。

要点BOX

- ●グラム陽性菌とグラム陰性菌に大別される
- ●グラム陽性菌は乾燥や機械的な摩擦には強い
- ●グラム陰性菌は細胞膜が2枚ある

グラム陽性菌の細胞表層

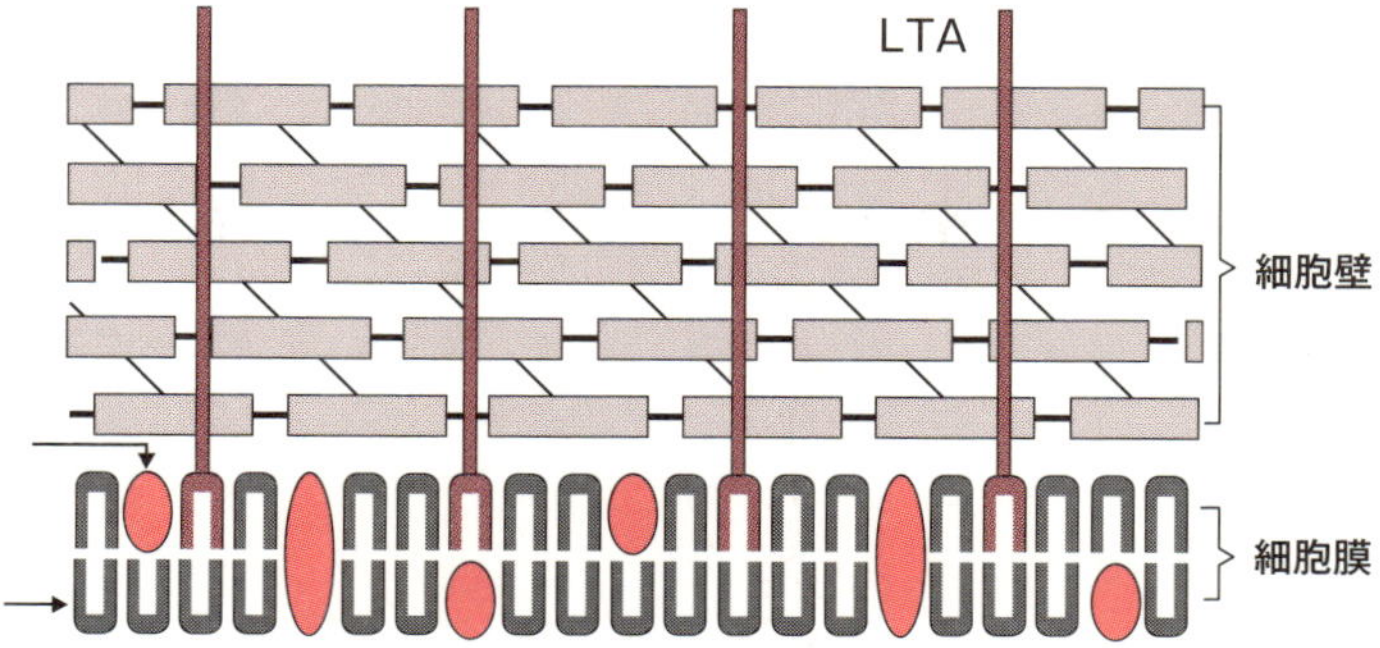

堅く乾燥などに強いが抗生物質に弱い：枯草菌、乳酸菌、放線菌…

グラム陰性菌の細胞表層

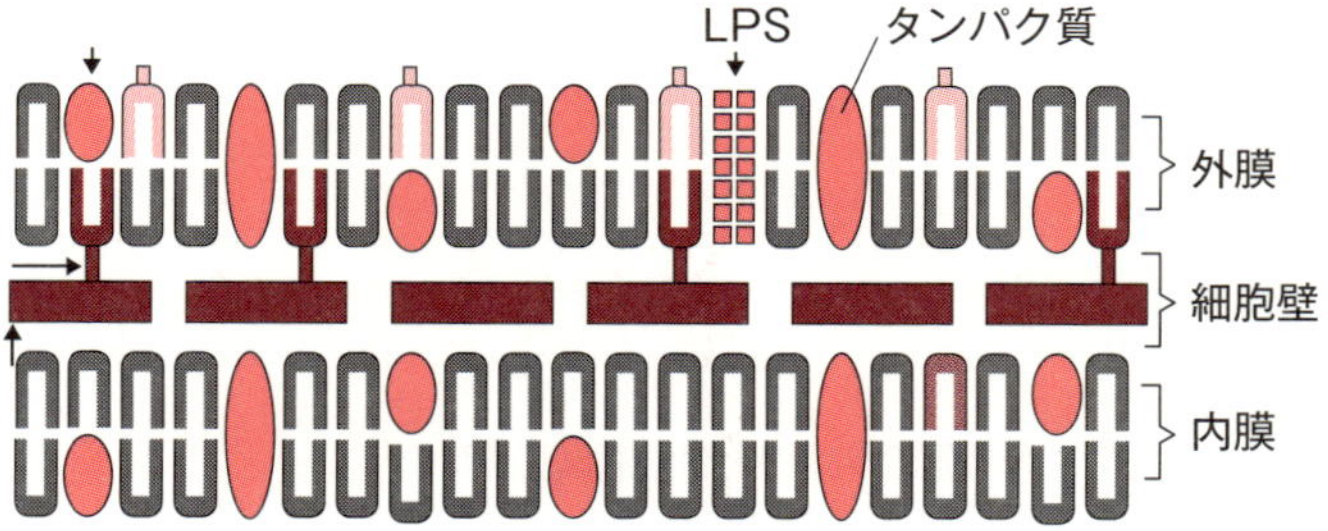

抗生物質などの薬剤に強い：大腸菌、緑膿菌…

細菌の形態

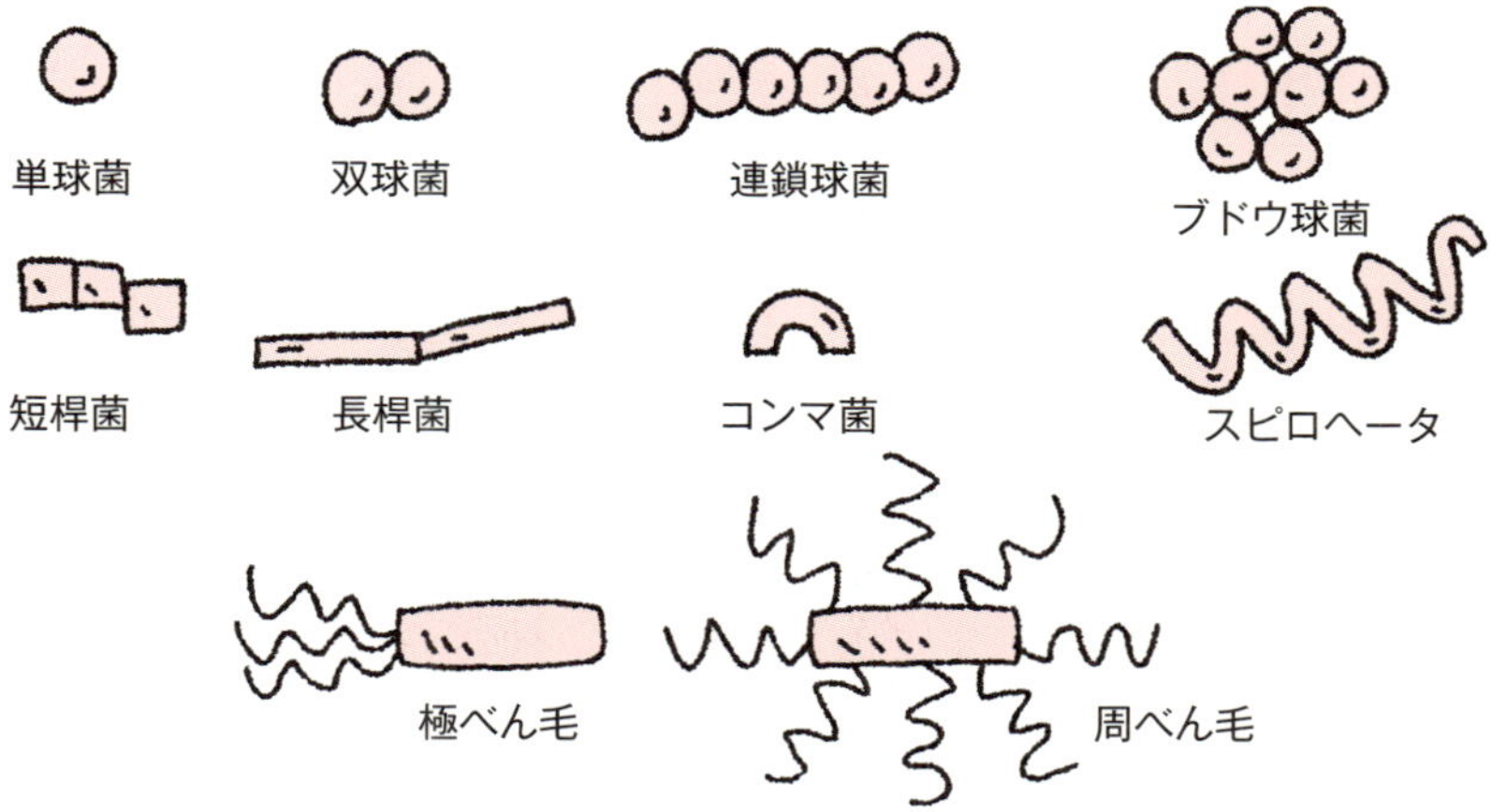

5 カビ・酵母・キノコは真核生物の一群

生態系の分解者

カビと酵母とキノコは、菌類と呼ばれる真核生物の一群です。光合成を行わず、消化酵素を分泌して栄養分を分解してから取り込む「吸収」によってエネルギーを得ています。動物や植物の排泄物や遺体を分解して、炭素源と窒素源を回収するので、生態系では分解者の役割を果たしています。

菌類の中で、生活環の大部分を単細胞で過ごすものを「酵母」、胞子を拡散するために、子実体と呼ばれる大きな構造体を形成するものを「キノコ」と呼び、菌糸を伸ばして生育するものが「カビ」です。キノコも、子実体を作る前はカビに見えます。カビは二分裂ではなく、菌糸の先端を伸長することによって生育し、後から隔壁ができて細胞が形成されます。隔壁には孔が開いていて、菌糸の先端の細胞に物資を送り込んでいます。栄養分が枯渇してくると、空気中に菌糸を伸ばし、胞子を作ります。キノコは胞子を効率良く飛ばすための大がかりな道具です。

微生物とはいえ、カビとキノコは肉眼で見える大きさがあるので、古くから観察され利用されてきました。キノコには枯れた木に生育する腐朽菌《ふきゅうきん》と、生きている木の根に取り付く菌根菌《きんこんきん》があります。腐朽菌は人工栽培が容易で、シイタケ、ナメコ、エノキダケ、マイタケなど美味しいキノコが販売されています。一方、マツタケやホンシメジ、トリュフなどは菌根菌なので、人工栽培が非常に困難なため貴重品です。

カビはミカンや餅に生える青緑色のアオカビ、毛足の長いクモノスカビ、黄緑色のモコモコしたコウジカビ、風呂場などに生えるクロカビなど、湿り気のあるところにはさまざまなカビが繁茂します。カビは生育が早く、さまざまな有用酵素を生産することから、清酒や味噌など発酵食品などの製造に用いられるものもあります。一方で、農作物に害を与えるものや食品を台無しにするカビも多く、ハウスダストやアレルギーの原因となるカビもあります。

要点BOX

- ●酵母は生活環の大部分を単細胞で過ごす
- ●腐朽菌のキノコは人工栽培が容易
- ●菌根菌のキノコは人工栽培が非常に困難

いろいろな菌類

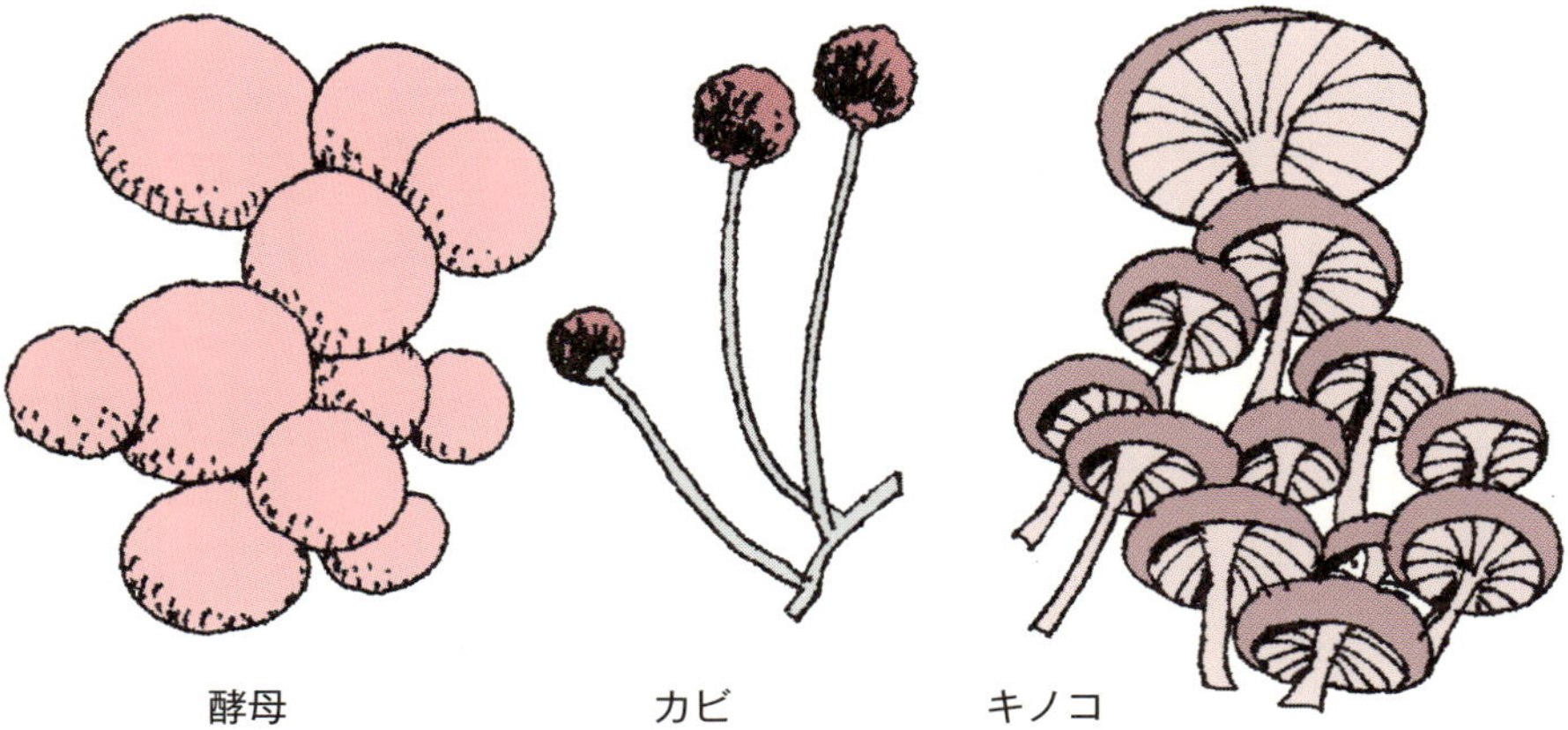
酵母
カビ
キノコ

酵母：生活環の大部分を単細胞で生活する菌類。パン酵母、しょう油酵母、産膜酵母など
カビ（糸状菌）：菌糸を伸長して生育し、空気中に伸ばした気中菌糸の先端に胞子を形成する。コウジカビ、アオカビ、クモノスカビなど
キノコ：胞子を形成するために大きな子実体（キノコ）を形成する糸状菌。キノコの裏に胞子が付いている

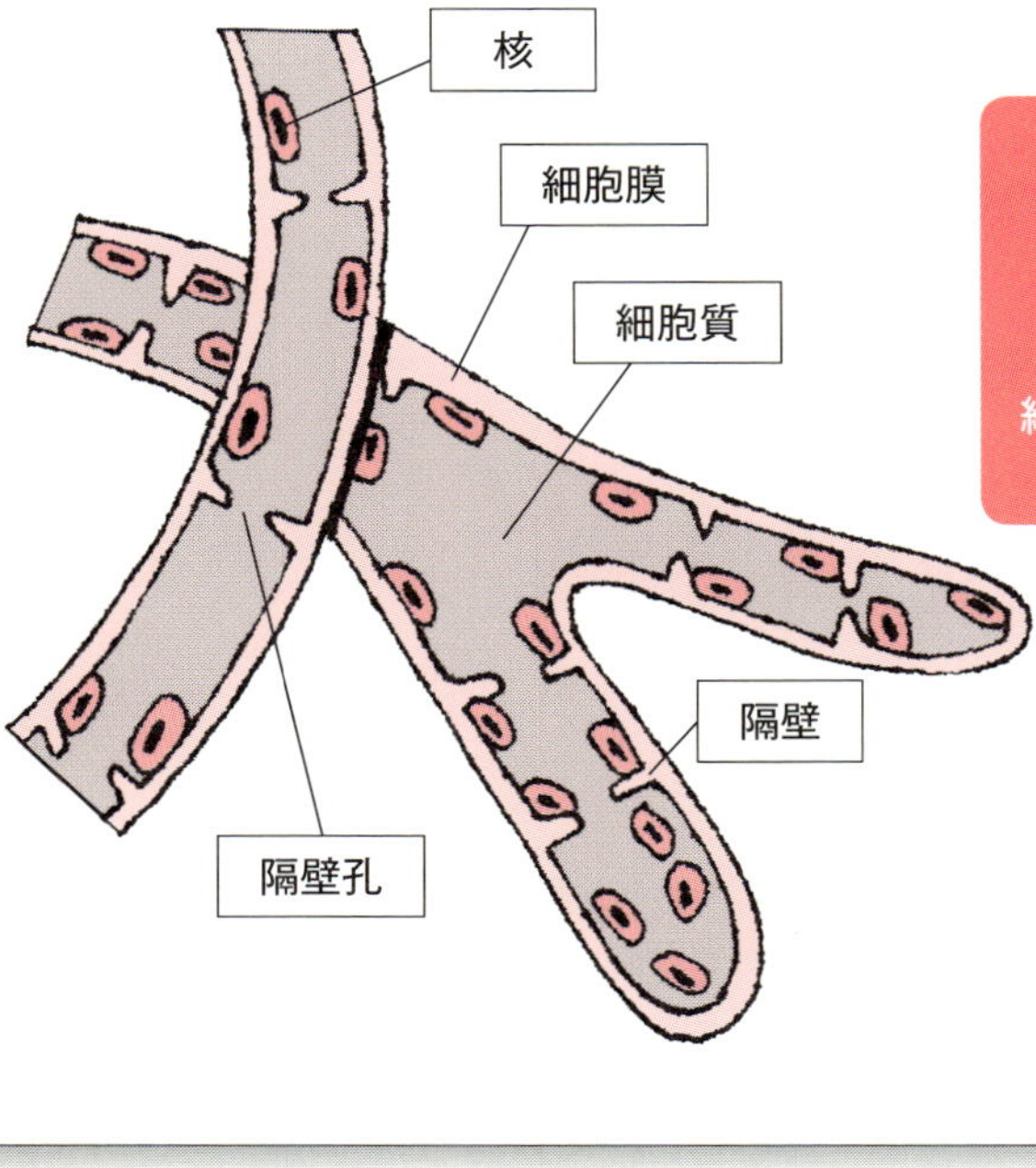
核
細胞膜
細胞質
隔壁
隔壁孔

カビ（糸状菌）は
２分裂ではなく
菌糸の先端を
伸長して生育する。
隔壁に隔てられた
細胞は、隔壁孔により
連絡している

6 水中で生活する原生生物

ミドリムシ・アメーバなど小さなものから大きなものまで

原生生物は主に水中で生活する生物群であり、大部分が顕微鏡で見えるレベルの微生物ですが、一方で50メートルを超える昆布のような海藻類も原生生物なので非常に多彩です。

ミドリムシは葉緑体と鞭毛をもつ単細胞生物で、顕微鏡で見ると優雅な緑色の姿をくねらせて盛んに遊泳します。光合成を行うので植物かと思えば、眼点で光の方向を探知して遊泳することもできるので、動物としての一面ももっています。ミドリムシはユーグレナとも呼ばれ、各種の栄養成分を含むことから健康食品などへの利用法が盛んに研究されています。

アメーバは不定形の単細胞生物で、鞭毛などは無いので水中を遊泳することはできませんが、壁に張り付いて仮足を伸ばして細胞質を流し込むことによって這うように移動します。細菌などを捕食しながら生育します。大部分のアメーバは人畜無害ですが、中にはアメーバ性赤痢を引き起こす凶悪なアメーバもいます。

海岸の岩場に行くと、赤や緑の色鮮やかな海藻が目に付きます。昆布やアサクサノリなどの海藻類は、光合成を行うので植物として扱ってもよさそうですが、身体の構造や生活環が陸上の植物と大きく異なるので、植物ではなく原生生物の扱いになっています。植物の細胞壁の主成分はセルロースですが、藻類の細胞壁はアルギン酸、フコイダン、アガロースなど多彩なので、陸上の生物ではなかなか分解できません。海藻の多糖が腸の働きを良くする食物繊維として利用される理由です。

マラリアは全世界で約2億人が感染し、毎年約50万人死亡している感染症です。ハマダラ蚊に刺されると、マラリア原虫と呼ばれる原生生物が血液中に入り、赤血球に取り付きます。原虫が赤血球を食い破って出てくるときに周期的に高熱の発作が起こるのがマラリアの特徴です。マラリアの撲滅にはハマダラ蚊の退治が必要と考えられています。

要点BOX

- ●葉緑体と鞭毛をもつミドリムシは単細胞生物
- ●アメーバは不定形の単細胞生物
- ●マラリアの撲滅にはハマダラ蚊の退治が必要

原生生物

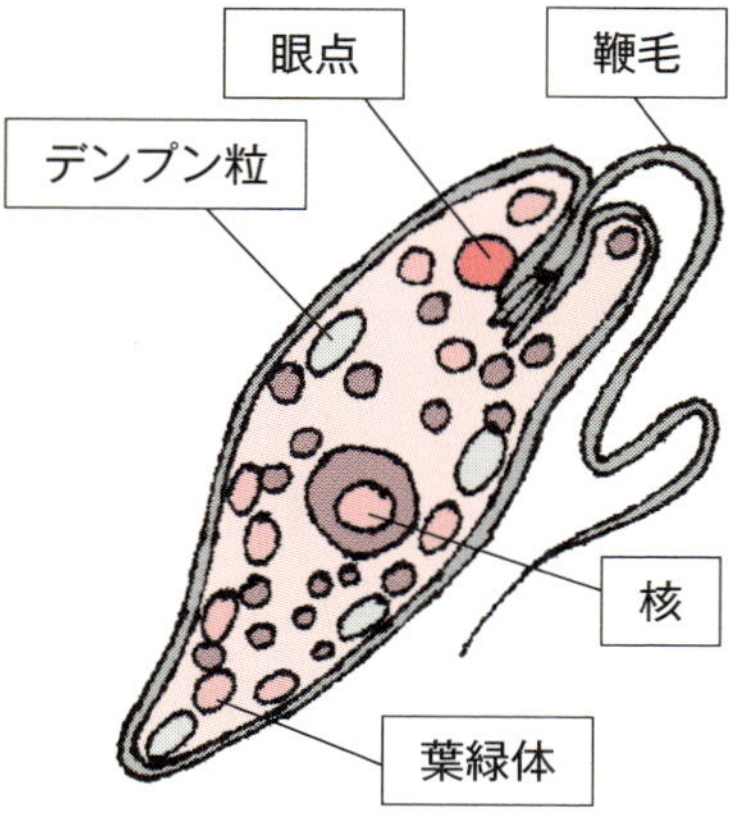

ミドリムシ

光合成を行う単細胞生物で
運動性がある

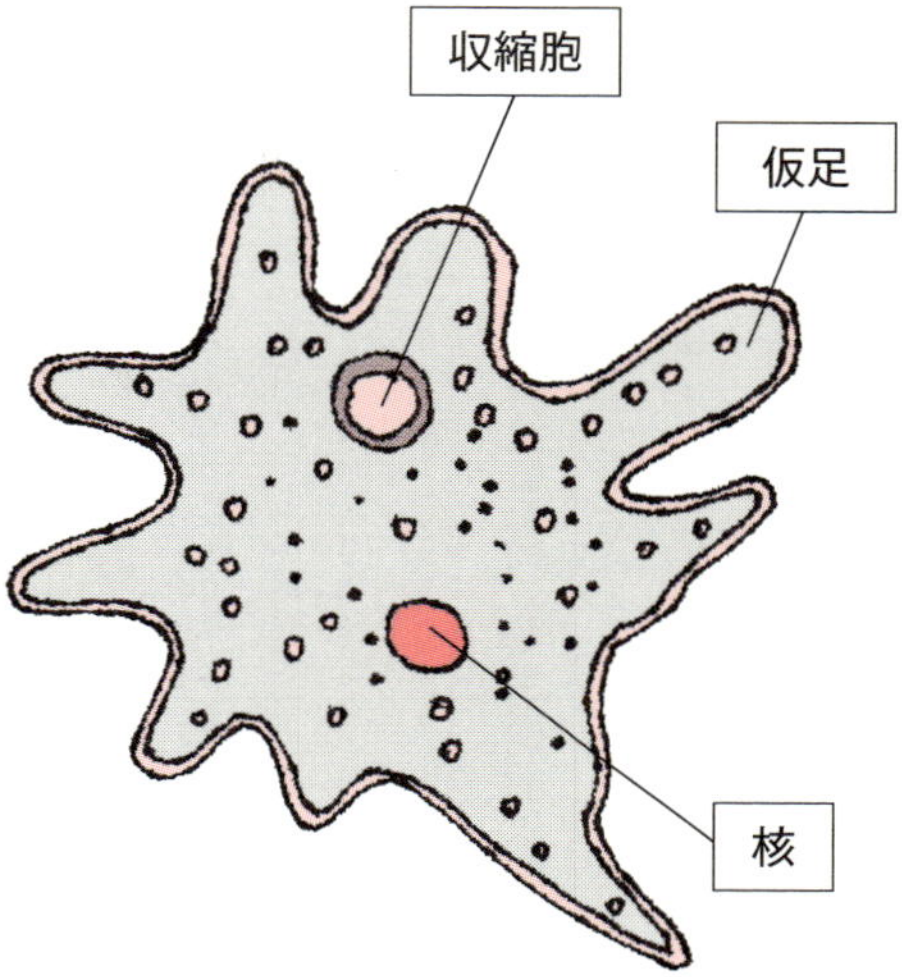

アメーバ

仮足を伸ばして移動する
単細胞生物

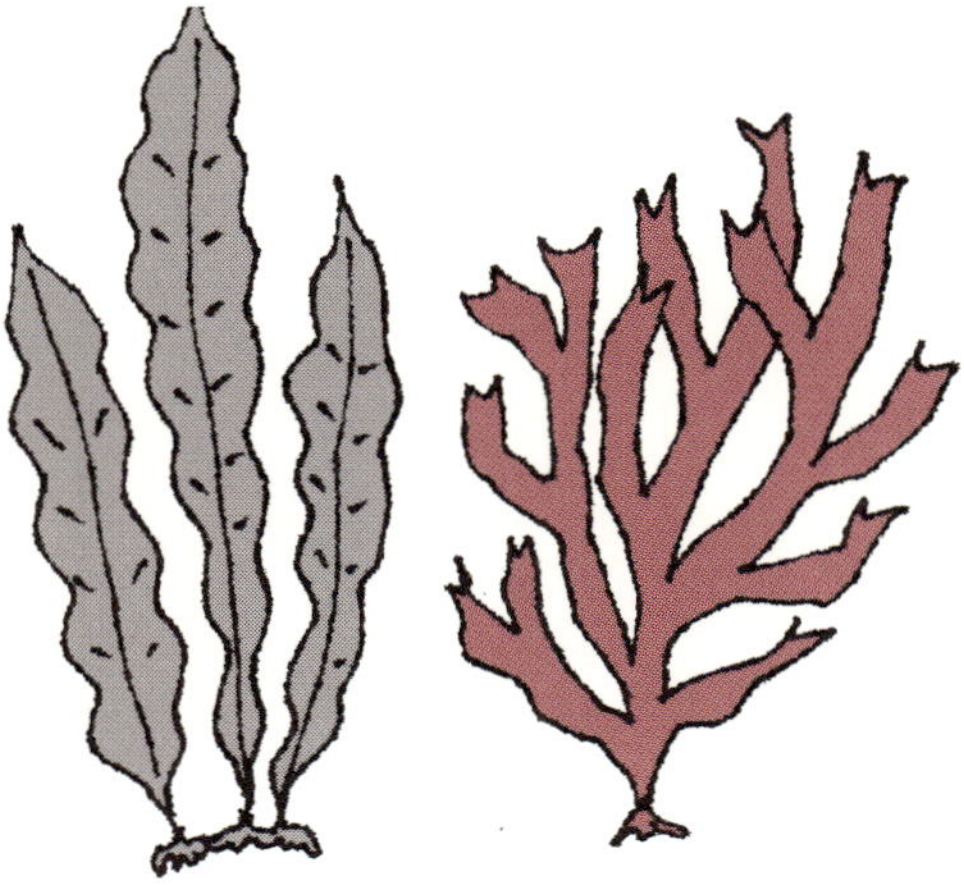

昆布、アサクサノリなどの海藻類

生活環や構造が大きく異なるので、
藻類は植物界ではない

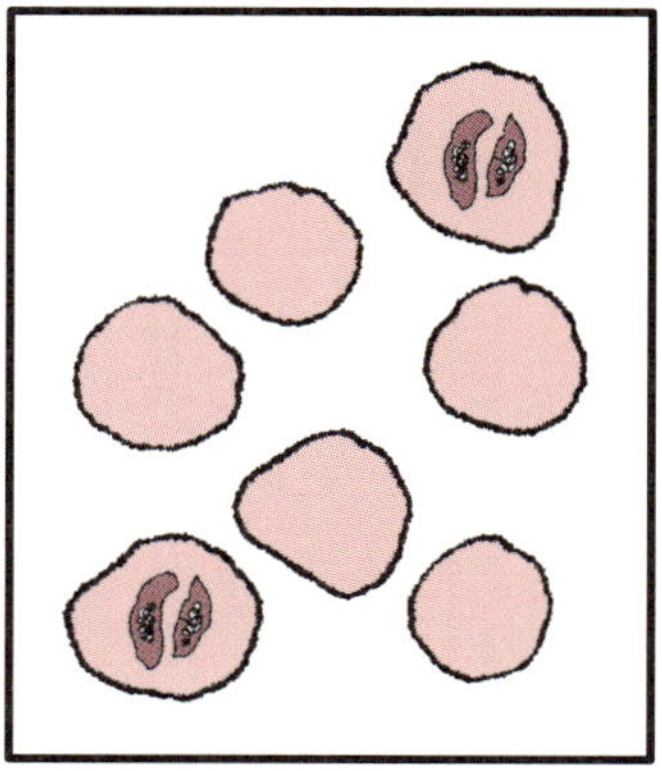

赤血球中のマラリア原虫（輪状体）

蚊に媒介される伝染病

7 ウイルスは生物ではない

寄生する遺伝子の殻

インフルエンザや麻疹は細菌ではなくウイルスによる疾患です。ウイルスは病原菌の一種と思う人も多いと思いますが、そもそもウイルスは生物ではありません。

生物の遺伝情報はすべて、DNAという長大な分子にA、G、C、Tの4種類の塩基が並ぶことにより保存され、必要な部分だけをRNAという分子に写し取って読み取り、タンパク質に翻訳して生命活動に用いています。ウイルスは、このDNAまたはRNAだけが、キャプシドと呼ばれるタンパク質の殻に包まれたものであり、タンパク質の合成や呼吸などの代謝はいっさい行っていません。

ウイルスの中には、糖タンパク質の付いた膜エンベロープに包まれたタイプもありますが、基本構造は同じです。ウイルスは宿主《しゅくしゅ》が決まっていて、特定の生物種だけに感染します。鳥インフルエンザは本来は鳥だけに感染するウイルスですが、ウイルスは突然変異しやすく、他の生物に感染できるようになることもあります。

ウイルスは特定の標的細胞に接触すると巧みに細胞を欺瞞《ぎまん》して細胞内に取り込まれ、細胞内でウイルスの核酸が露出します。ウイルスの核酸は細胞のエネルギーや栄養源を借用して、ウイルスの核酸とキャプシドタンパク質を合成します。これらの部品が組み立てられてウイルスが複製されると細胞から放出され、次の標的細胞を探します。細胞から放出されるとき、細胞膜の一部を借用して膜エンベロープを確保します。エボラ出血熱ウイルスなどのような強毒性のウイルスは、感染した細胞を完全に乗っ取って破壊してしまうので、宿主に大きなダメージを与え、死亡させます。

しかし、宿主に依存しなければ存続できないウイルスにとって、宿主を殺してしまうのは得策ではありません。エイズウイルス(HIV)のように、ウイルスの核酸が細胞内に潜んで、ときどきウイルスを複製して放出するタイプの方が生存戦略としては賢いですね。

要点BOX

- ●ウイルスは病原菌の一種ではない
- ●ウイルスは呼吸などの代謝は行わない
- ●ウイルスは感染する宿主が決まっている

ウイルスの構造

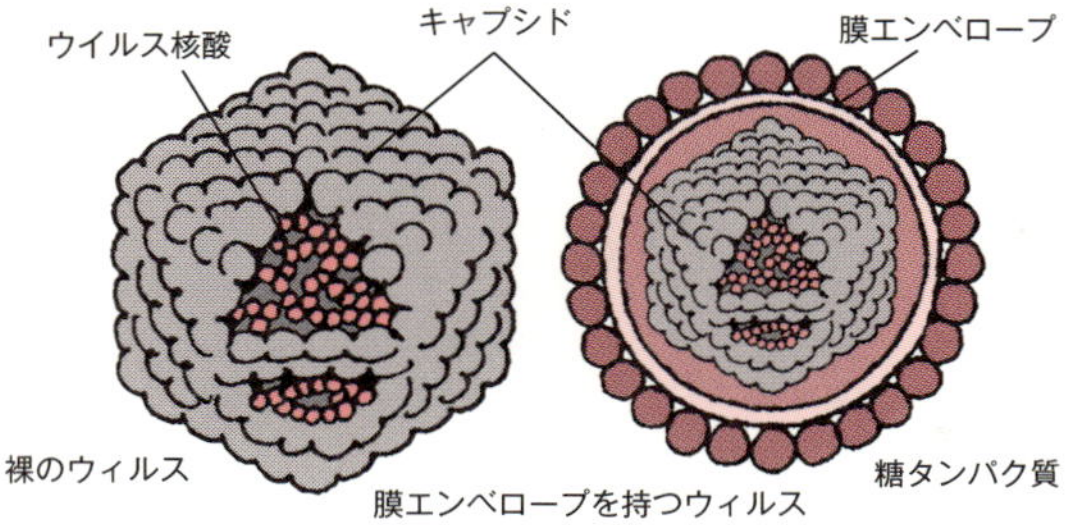

感染と複製メカニズム

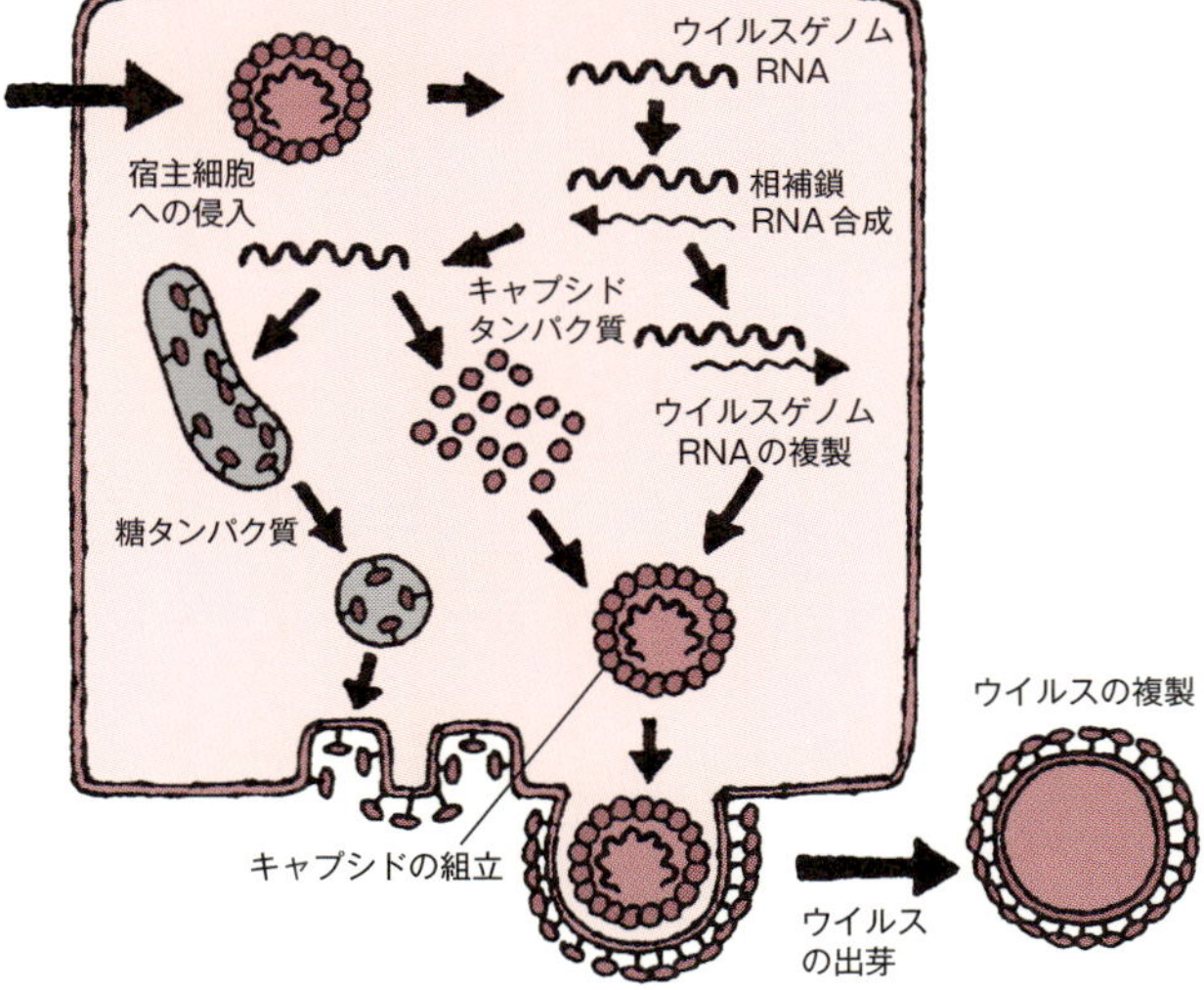

主なウイルス性疾患

病名	症状・特徴
インフルエンザ	高熱、筋肉痛を伴う風邪のような症状。重症化すると危険
麻疹（はしか）	高熱が出て発疹が生じる。伝染性が強い。ワクチンが効く
イボ	パピローマウイルスが原因のことが多い。子宮頸癌を引き起こす
ポリオ	急性灰白髄炎（小児麻痺）を引き起こす。予防接種が義務
水ぼうそう（水痘）	発熱とかゆみを伴う発疹が特徴。年齢が上がると重症化しやすい
C型肝炎	発熱・全身倦怠感・黄疸。肝硬変から肝臓癌に移行しやすい
天然痘	全身に膿疱を生じ、致死率40%以上。現在では根絶されている
エイズ	免疫細胞を破壊して、後天性の免疫不全症候群を引き起こす

用語解説

宿主（英語：host）：寄生虫や菌類などが寄生、または共生する相手の生物。

8 微生物の増殖①

分裂と伸長

微生物は生育に適した環境では、周囲の栄養分を取り入れて細胞の体積を増加させ、ほぼ2倍になったところで分裂して増殖します。このとき、細胞の遺伝情報が記録されているDNAも正確に複製し、DNAが細胞の両端に分かれたところで中央に隔壁が形成されて2個の娘細胞となります。大部分の細菌では、DNAが1本の大きな環状DNAとして細胞質に浮遊していて、細胞分裂のときには複製したDNAのコピーを確実に分け合う巧妙な仕組みが存在しています。

一方、真核生物のDNAは複数の染色体に分かれています。ヒトの細胞には核の中に46本の染色体があり、麹菌と呼ばれるカビには8本の染色体があります。細胞分裂のときには、それぞれの染色体のDNAが複製されて2本束ねられた形の染色体が細胞の中央に整列し、両端に1本ずつ分かれて行くことにより、2個の娘細胞に正確に1組ずつ染色体が届けられることになります。分裂により生じる2つの細胞に親子の区別はありません。動物の正常な細胞では分裂できる回数に限りがあり、細胞に寿命が定められています。この制限が外れるとガンになってしまいますが、微生物の場合は無制限に分裂できます。

パン酵母などの微生物は、親の細胞から小さな芽が出てだんだん大きくなり、親細胞とほぼ同じ大きさに達したところで娘細胞が分離する「出芽《しゅつが》」により生育します。出芽により増殖する場合は母細胞と娘細胞の区別がハッキリしていて、母細胞には出芽痕が残ります。同じ場所から再び出芽することはできないので、最高で20回程度出芽すると「寿命」を迎えることになります。

カビなどの糸状菌は菌糸の先端を伸長することによって生育します。細胞が分離することなく、ところどころで枝分れしながら長大な菌糸が絡まり合って大きな菌糸体を形成し、肉眼で確認できる大きさに成長します。

要点BOX

- 微生物は細胞の体積を増加させ、ほぼ2倍になったところで分裂して増殖する
- パン酵母などの微生物は出芽により生育する

微生物の増殖様式

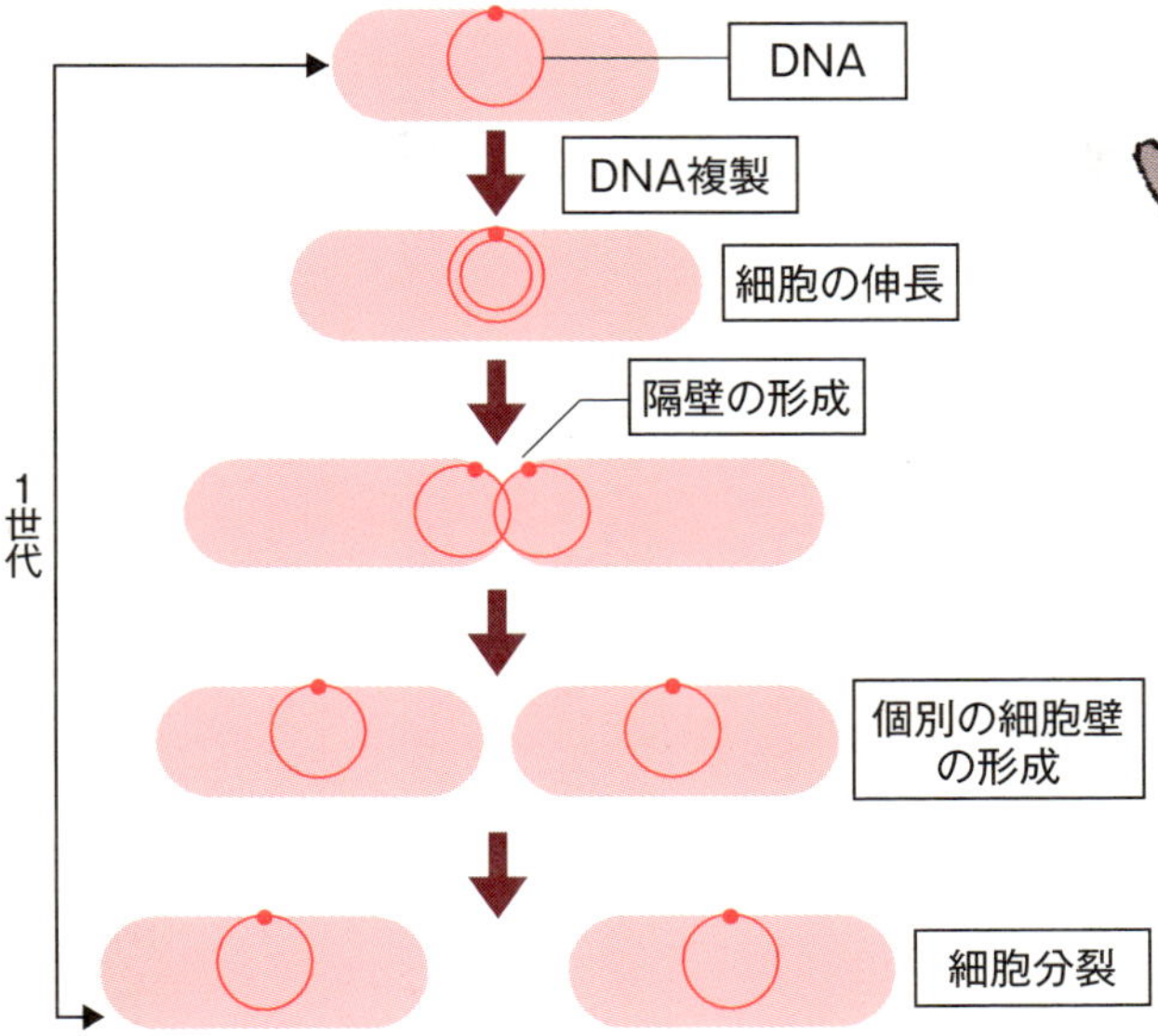

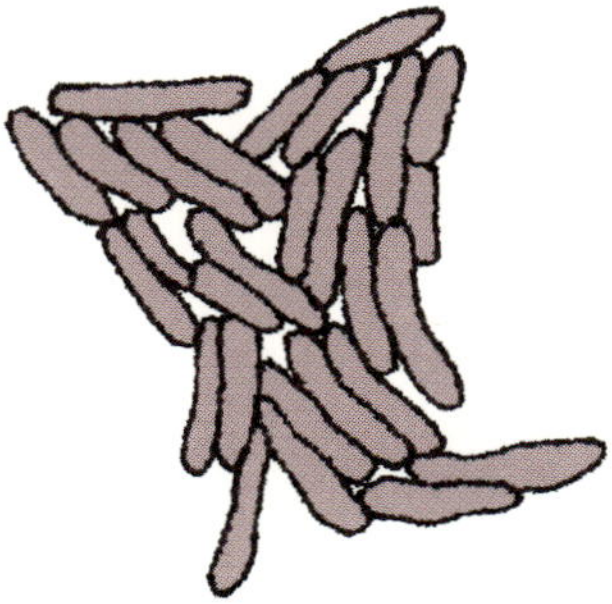

確実に染色体DNAを複製して子孫に伝える機構がある

出芽によって増殖する酵母には母細胞と娘細胞の区別がある。母細胞には出芽痕が残る

9 微生物の増殖②

定常期と増殖期
ワッと増えてじっと待つ微生物

1個の微生物を新鮮な培地に移すと、培地の栄養分を吸収して増殖を始めます。このときの細胞数の変化を調べると、27ページの図のような増殖曲線が得られます。「誘導期」と呼ばれる初期段階は、細胞数はほとんど増加せず、新たな環境への適応と増殖の準備に費やされます。大腸菌や乳酸菌などの活発な微生物では1時間程度で増殖が始まりますが、誘導期が数日から数十日におよぶ微生物もいます。

「対数増殖期」に入ると、細胞は倍々ゲームで盛んに増殖を始めます。1個の細胞が2個に増えるのに要する時間を「世代時間」と言いますが、世代時間は微生物によりさまざまです。もっとも増殖が早いと言われる腸炎ビブリオ菌は、最適条件では10分程度で分裂します。1個の腸炎ビブリオ菌が1時間の間に6回分裂して64個に増える計算です。大腸菌などの腸内細菌も増殖が早く、世代時間は20～30分。これでも1個の大腸菌が一晩で数十億個に増えることになります。多数の細菌がひしめいている動物の腸内の微生物にとっては、増殖速度が勝負なのです。

一方、ブドウ球菌の世代時間は60分、パン酵母は90～120分かかります。結核菌のように世代時間が15時間もかかる微生物もいます。ただし、哺乳動物では、盛んに分裂している組織の細胞でも分裂に1日以上かかるのが普通なので、やはり微生物の増殖は早いということになります。

細胞の数が増えて栄養分が枯渇してくると、増殖速度が頭打ちになって「定常期」に入り、やがて生きている際、母の数が減少する「死滅期」を迎えます。

自然界では、微生物がこのように猛然と増殖できる機会は滅多になく、じっと耐えて細々と活動しているのが普通です。沼の底などに生息するメタン菌などは数カ月に1度しか分裂しないと推定されています。大腸菌なども、動物に排出されて環境に放出されるとほとんど増殖せずにじっと耐えて次の機会を待っています。

要点BOX

- 誘導期は新たな環境への適応と増殖の準備期間
- 対数増殖期に入ると細胞は倍々ゲームで増殖
- 動物の腸内の微生物にとっては増殖速度が勝負

微生物の増殖曲線

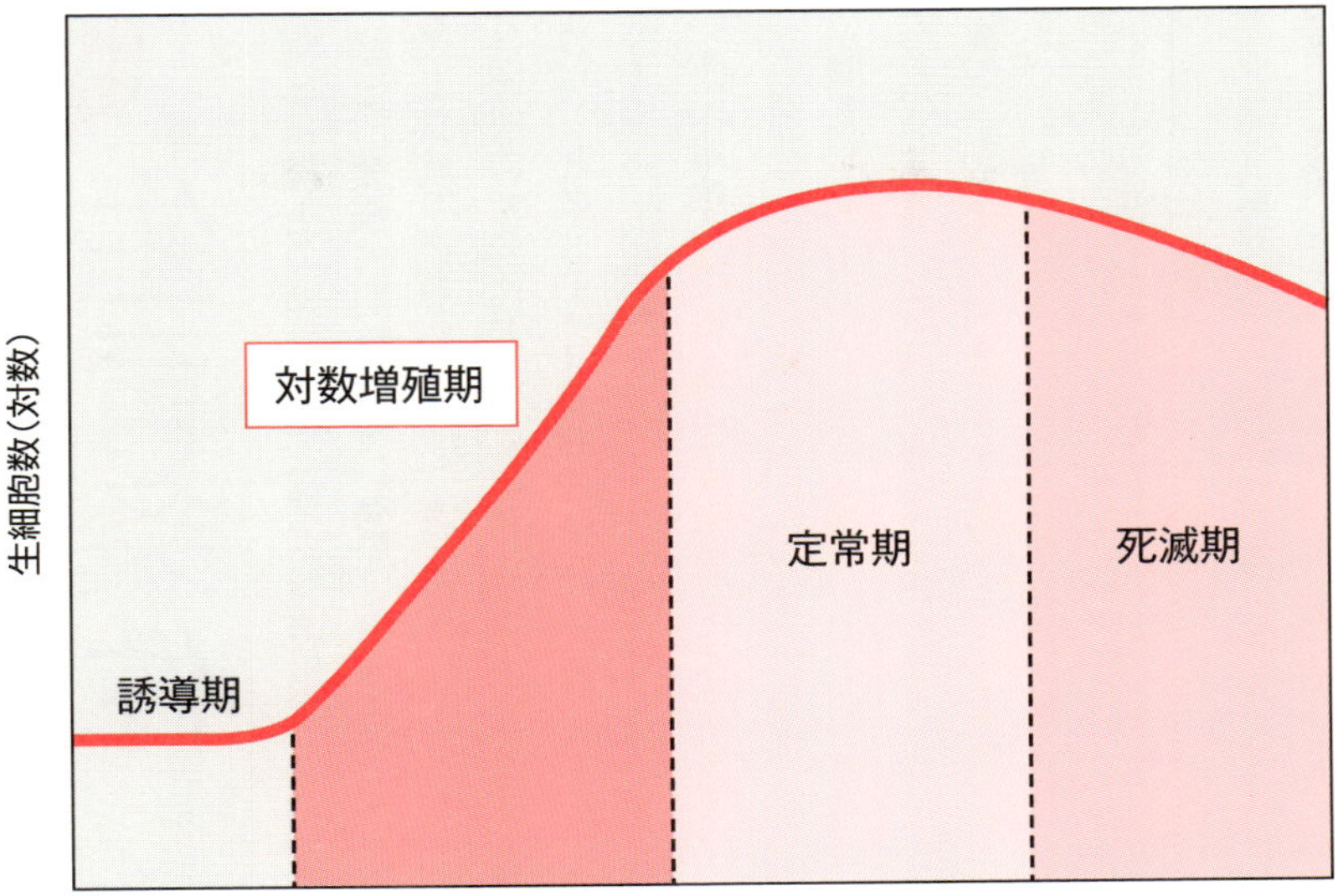

【誘導期】新しい環境に順応する期間
【対数増殖期】一定時間（世代時間）ごとに2倍に増殖する時期
【定常期】増殖が頭打ちになる時期
【死滅期】生細胞が減少していく時期

主な微生物の世代時間

微生物	世代時間
腸炎ビブリオ菌	10 − 15分
腸内細菌（大腸菌）	20 − 30分
ブドウ球菌	60 − 80分
パン酵母	90 − 120分
結核菌	14 − 16時間
メタン菌	数日 − 数カ月
盛んに増殖するヒトの細胞	1日

10 微生物の生息域と生育条件

温度・酸素・pHの影響

微生物は地球上のありとあらゆる場所に生息し、高温、低温、乾燥、高塩濃度、高圧、強酸性、無酸素など生息域のさまざま環境に適応しています。

動物は呼吸のために酸素を必要としますが、微生物でもカビやシュードモナス属細菌などは生育に酸素を必要とする「好気性菌」です。このような微生物は、柔らかい寒天培地の試験管では水面付近にだけ生育します。

一方、酸素がなくても生育できる微生物を「嫌気性菌」と言いますが、この中でパン酵母や大腸菌などは、酸素が有っても無くても生育できるので「通性嫌気性菌」と言います。実は、酸素の代謝の過程で発生する活性酸素は非常に毒性が強いので、解毒機構をもっていない微生物は生息することができません。破傷風菌やボツリヌス菌などは、酸素があると生育できない「偏性嫌気性菌」です。試験管では酸素の届かない底部にだけ生育します。自然環境では、土壌や沼の底や動物の消化管の中などに生息しています。また、乳酸菌などのように薄い酸素を好む「微好気性菌」もいて、水面よりもやや低いところに生育します。

多くの微生物は15～45℃の温度で生育しますが、沸騰泉《ふっとうせん》でも生育可能な好熱性微生物が発見されています。また、通常の微生物はほとんど生育できないpH3以下の強酸性や、pH10の塩基性環境を好んで生育する微生物も多数存在します。

通常の環境から大きくかけ離れた極限環境に生育する微生物は、「極限環境微生物」と呼ばれ、日本の研究が世界をリードしています。極限環境微生物の多くは、極限環境こそが快適な環境です。たとえば「しょう油酵母ジゴサッカロミセス・ルキシー」は20%の塩分存在下でも生育可能ですが、塩分が無い環境の方がよく生育「耐塩性菌」です。一方、しょう油乳酸菌テトラジェノコッカス・ハロフィラスは、塩分が濃い環境を好んで生育するので、「好塩性菌」と呼ばれています。

要点BOX

- 好気性菌の生育には酸素が必要
- 酸素がなくても生育できる嫌気性菌
- 「極限環境微生物」の研究は日本がトップ

好気性菌と嫌気性菌

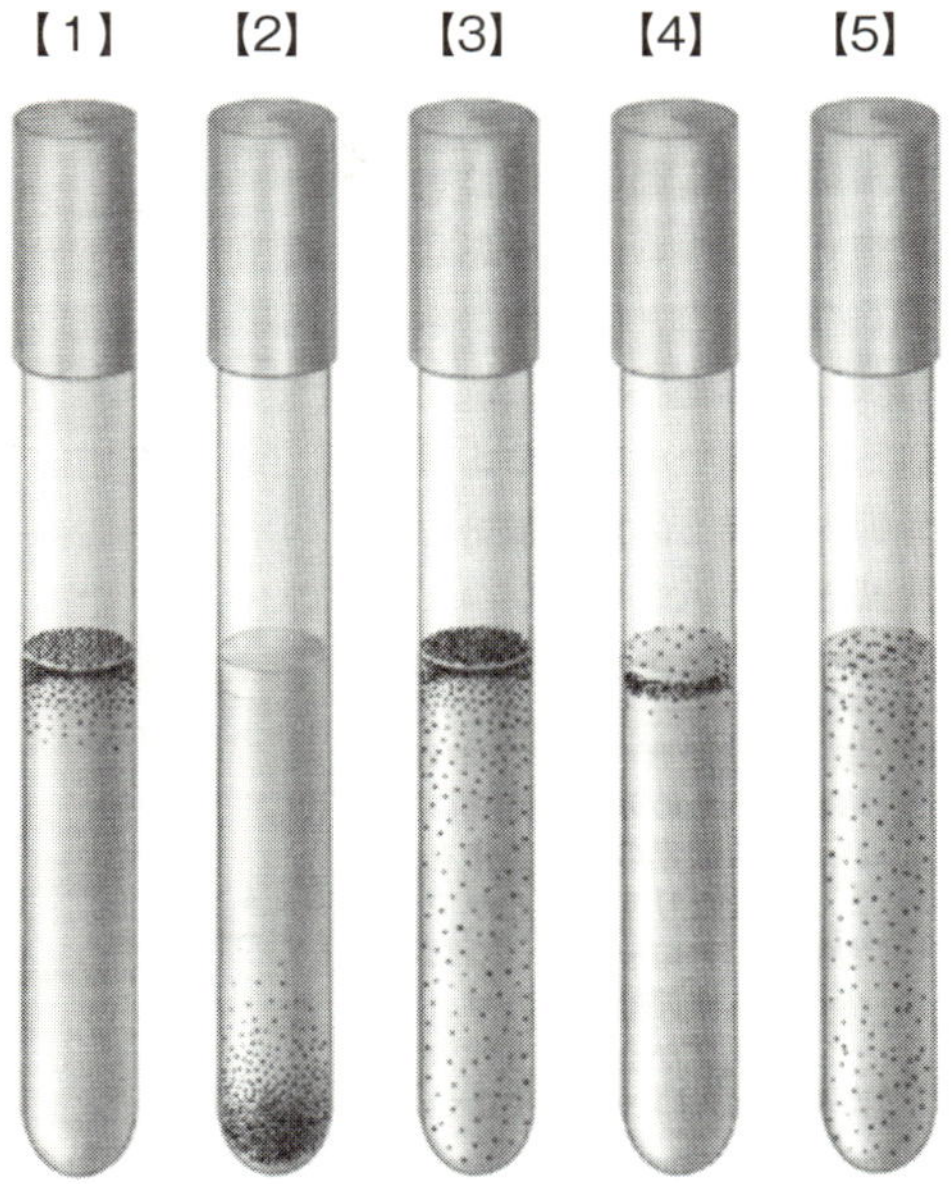
【1】
【2】
【3】
【4】
【5】

【1】好気性菌　【2】偏性嫌気性菌　【3】通性嫌気性菌
【4】微好気性菌　【5】通性嫌気性菌

生育に酸素を
必要とする
好気性菌は
水面近くだけで
生育する

微生物の生育条件

条件	通常の微生物	極限環境の微生物
温度	15℃ － 45℃	80℃以上
水分	水分活性 ＞ 0.9	耐乾燥菌
塩濃度	1.2%以下で良好	15%以上
pH	5.5 － 8.5	pH3以下、pH10以上
栄養分	適度	好貧栄養菌
酸素	酸素20%	絶対嫌気性菌など

11 極限環境でも力強く生きる微生物

高温・高塩濃度・アルカリ性・強酸性の環境を好む微生物

「中温菌」と呼ばれる一般の微生物は25～40℃でもっとも良く生育します。大腸菌、枯草菌、乳酸菌、緑膿菌など名前を聞いたことのある微生物は、ほとんど中温菌であり、圧倒的多数の微生物は中温の環境に生息しています。

一方、冷たい海や極地などから、もっとも良く生育する至適温度が15℃以下の好冷菌が分離されています。このような微生物は25℃を超えるとほとんど死滅しますが、冷蔵庫の中で生育して保存中の食品を劣化させることがあります。

生育至適温度が65℃以上の微生物が好熱菌です。生物が高温に耐えるメカニズムの研究や、高温で働く酵素を得るため、温泉地などが盛んに探索されてきました。生育至適温度が85℃以上の微生物は超好熱菌と呼ばれ、火山の噴煙孔や沸騰泉などへ危険を冒して採取に行かなければなりません。実は100℃よりも高い温度で生育する微生物も発見されています。地上では水は100℃で沸騰してしまうので、潜水艇に乗って200℃を超える海底の熱水孔を探索します。

地底にも微生物が棲んでいます。日本の地球深部探索船「ちきゅう」は世界最高の海底下7000メートルまで掘削する能力を有しています。海底の岩盤の中にはメタンを生成する細菌が生息し、ゆっくりとメタンを生産していると推定されています。メタン菌の密度は低くても、地底は広大なので膨大なメタン菌が環境に働きかけていると考えられます。

また、岩塩坑や塩田から好塩性の微生物が発見され、砂漠からは非常に乾燥に強い微生物が分離されています。さらに、1万メートルを超える上空からも微生物が発見されています。強い紫外線にさらされ、水も栄養分も無い大気圏上層ではどうやって生きているのでしょうか。これまでに、まさかと思われる環境から次々に微生物が発見されていて、微生物の多様性と環境に適応するしぶとさに研究者も興味津々なのです。

要点BOX

- 多くの微生物は25～40℃でもっともよく生育
- 15℃以下の環境を好む微生物が「好冷菌」
- 生育至適温度が65℃以上の微生物が「好熱菌」

生物の成育温度

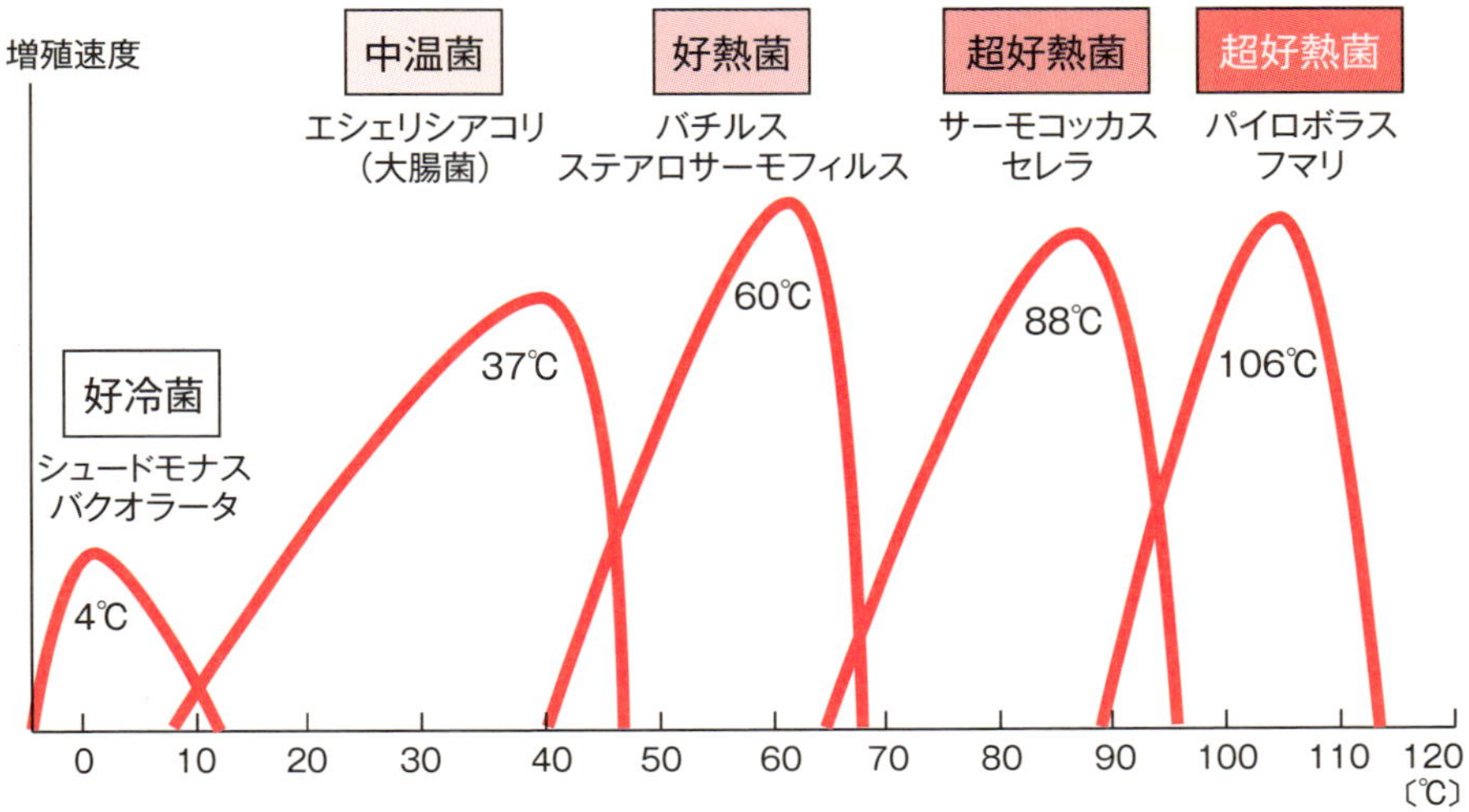

極限環境生物はこんなところにも!

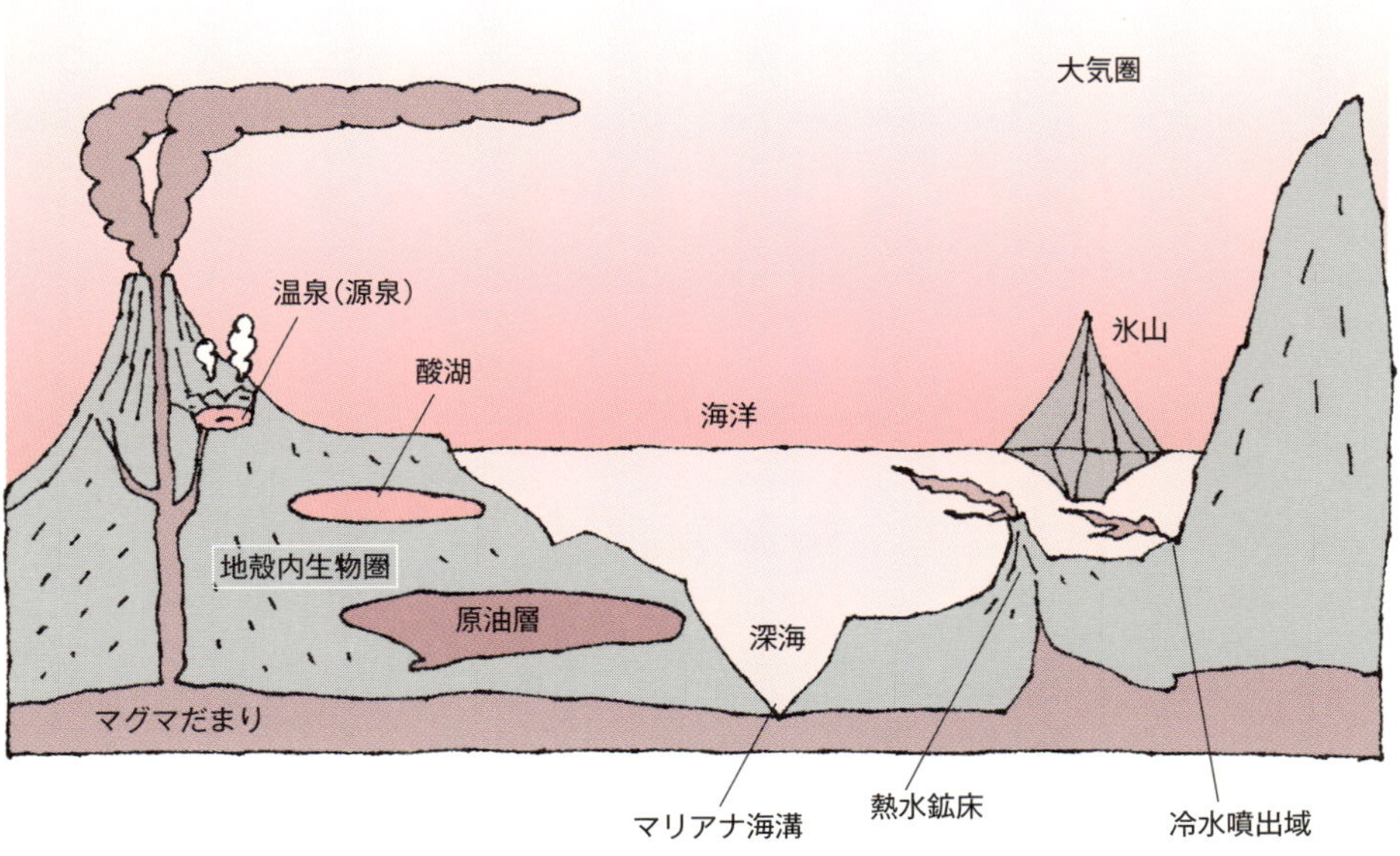

Column

深海・地底の微生物の探索

極限環境微生物の研究者は、微生物の採取のために文字通り「たとえ火の中、水の中」という体当たりの覚悟で極限環境に行かなくてはなりません。

日本の国土は世界の陸地のわずか0・25%ですが、日本の排他的経済水域は世界第6位であり、もっとも深いマリアナ海溝には1万メートル近い深さのポイントがあります。

海洋開発機構（JAMSTEC）では、6500メートルまで潜航可能な有人潜水調査船「しんかい6500」が運用されています。しんかい6500の直径2メートルの耐圧殻に詰め込まれたパイロット2名と研究者1名は、母船「よこすか」からバラストの重さにより3時間近くかけて潜航します。海底ではスラスターにより移動し、マニュピレーターにより試料を採取し、作業が終わるとバラストを投棄してゆっくりと浮上します。ほとんど一日がかりの過酷な潜航ですが、貴重な極限環境微生物が多数発見されています。

6500メートルの海底では650気圧の水圧がかかります。通常の微生物は400気圧くらいで生育不能になりますが、深海底には650気圧に耐える耐圧性微生物が生息しています。なんと、1気圧では生育不能で500気圧以上の圧力をかけないと生育できない「好圧菌」も分離されています。

このような微生物を地上で生育させるのは大変ですね。

世界最高の121℃で生育可能な超好熱菌も日本の研究者によりインド洋の海底から発見されています。

海底は極限環境微生物の宝庫なのです。

高圧を好む微生物を探索する深海探索艇「しんかい6500」
（海洋研究開発機構）

第2章

身の回りの微生物

12 もっとも研究されている大腸菌

環境汚染の指標とされる腸内細菌の代表

「大腸菌」の名前は一般の人々でも何度か聞いたことがあると思います。もっとも研究されている微生物であり、遺伝子工学では必ずと言ってよいほど宿主に用いられ、酵素やアミノ酸など各種の有用物質生産にも幅広く利用されています。同じ大腸菌でも少しずつ型の違う菌株が存在し、工業的には安全性の確認されたK—12株やB株などが使われていますが、中にはO-157株のように病原性をもつ菌株も存在します。

大腸菌は腸内細菌の代表格のようですが、実は膨大な腸内細菌の中では少数派で0・1%もいません。しかし、腸内細菌の大部分は酸素に弱く、体外に排泄されると速やかに死滅してしまいますが、大腸菌は酸素にも強く、土壌や河川などの自然環境の中でもしぶとく生き残ることができます。大腸菌は腸内細菌なので、大腸菌が存在しているということは何らかの動物の糞尿が混入していることを示しています。大腸菌は乳糖を取り込んで有機酸を作る性質があるので、乳糖とpH指示薬を含む検出培地を使うと、大腸菌は他の微生物とは違う色のコロニーを作るので、簡単に見分けることができます。

そこで、大腸菌は環境汚染の指標とされ、水質汚濁防止法などで定める水質検査の項目の1つとなっています。河川などから水のサンプルを採取し、一定量を検出用培地に塗布して37℃の孵卵器に入れておくと、翌日には寒天培地上に点々とコロニーが出現してきます。コロニーの数を数えればサンプルの水に含まれる大腸菌の数を計算することができます。

大腸菌の数が非常に少ない水は清浄な水で、簡単な処理によりすぐに水道水として利用可能であり、遊泳を楽しむこともできます。大腸菌が多くなると、水道水にするにもさまざまな処理が必要となります。さらに汚染が進むと、遊泳禁止となり、水道水としては使えず、工業用水などに用途が限られるようになります。

要点BOX

- 膨大な腸内細菌の中では少数派
- 大腸菌は酸素にも強くしぶとい
- コロニーの数を数えれば大腸菌の数がわかる

大腸菌

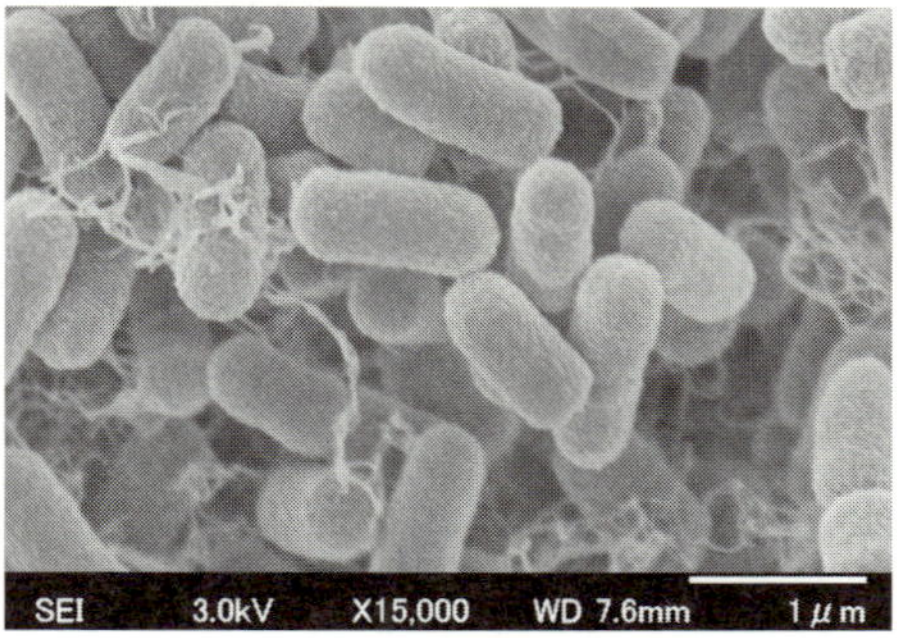

（佐藤道夫博士（明治大学農学部）より供与）

大腸菌で環境汚染の程度を測る

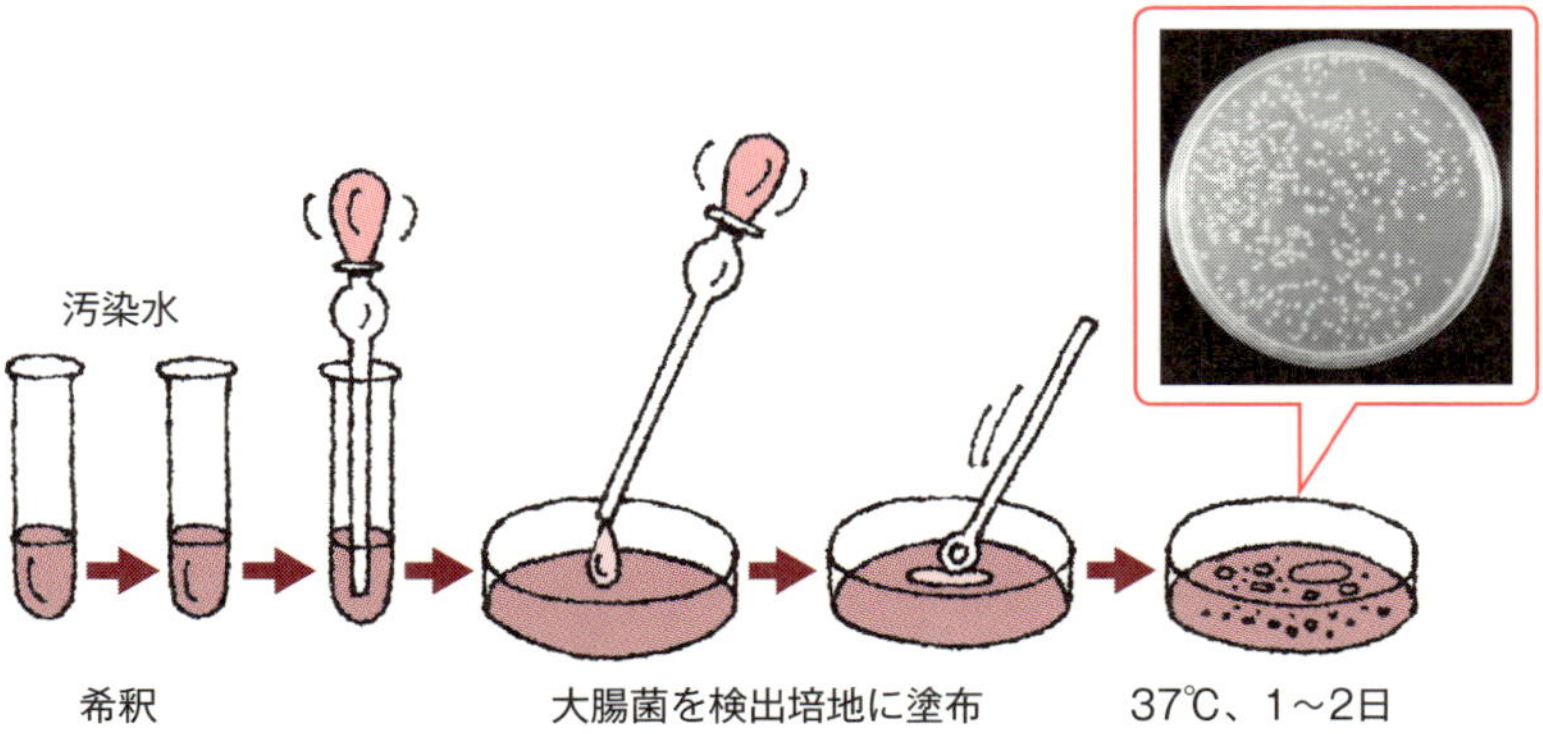

「図解 微生物学入門」（オーム社）より

形質転換と遺伝子操作

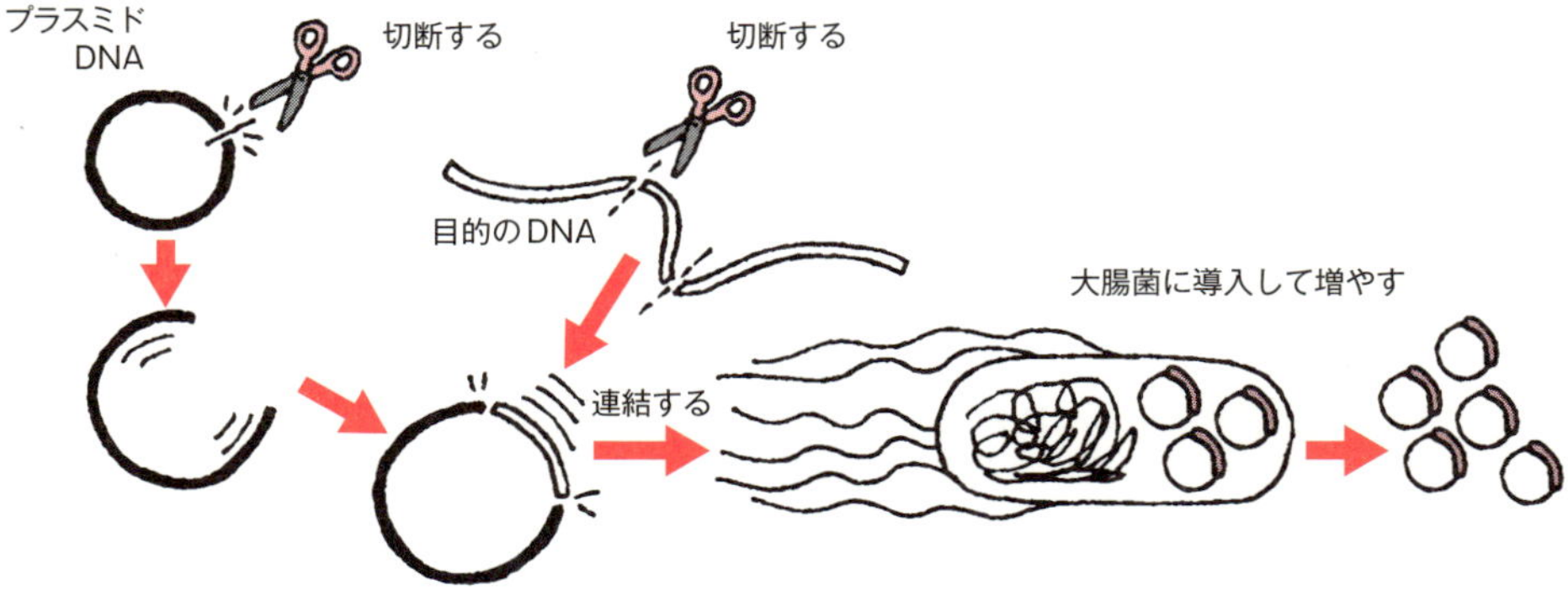

13 ほとんどのヒトから検出されるブドウ球菌

手のひらの細菌

ブドウ球菌は文字通りブドウの房のように集合する球菌であり、寒天培地上では小さくてこんもりしたコロニーを形成します。

ヒトの皮膚はバイキンだらけと信じている人は多いと思いますが、健康な人の皮膚に常在できる微生物は非常に限られていて、それほど多くの細菌は検出されません。ブドウ球菌はヒトの手のひらや鼻毛などにある常在菌の常連で、ほとんどのヒトから検出されます。黄色ブドウ球菌、表皮ブドウ球菌、腐生ブドウ球菌の3種類が主なところです。

ブドウ球菌は健康な人にはほとんど問題を起こしませんが、免疫力の弱った人には病原性を発揮する日和見感染症を引き起こします。そもそも常在菌というものは、安定した微生物の群集を形成し、他の病原菌の繁殖を抑制する効果をもっていますが、宿主が弱ると最後に牙をむくというのが常在菌の宿命です。常在菌に対して弱みを見せてはいけないのです。

黄色ブドウ球菌は毒素を産生するので、数が増えると食中毒の原因となります。わずかな黄色ブドウ球菌の混入でも時間が経過すると危険レベルに増殖する可能性がありますから、食品を扱う人は手洗いを励行し、手袋を着用するなどして衛生管理に留意する必要があります。そのような意味では、黄色ブドウ球菌こそが、一般の人々がイメージする「バイキン」の正体なのです。

ブドウ球菌は空気中にも浮遊しているので、弁当、おにぎりなど、調理された食品から完全にブドウ球菌を除くのは困難です。コンビニのお弁当などに賞味期限の時間が記載されているのはそのためです。また、市販の饅頭《まんじゅう》の袋などには、アルコールを封入したシクロデキストリンの粉が封入されていて、揮発したアルコールによりブドウ球菌の増殖を防いでいます。ブドウ球菌はグラム陽性菌であり、アルコールや抗菌剤には弱いので、そのようなこまめな対策が有効です。

要点BOX

- ●ヒトの手のひらや鼻毛などにいる常在菌の常連
- ●健康な人にはほとんど問題を起こさない
- ●黄色ブドウ球菌は毒素を産生する

黄色ブドウ球菌（スタフィロコッカス・アウレウス）

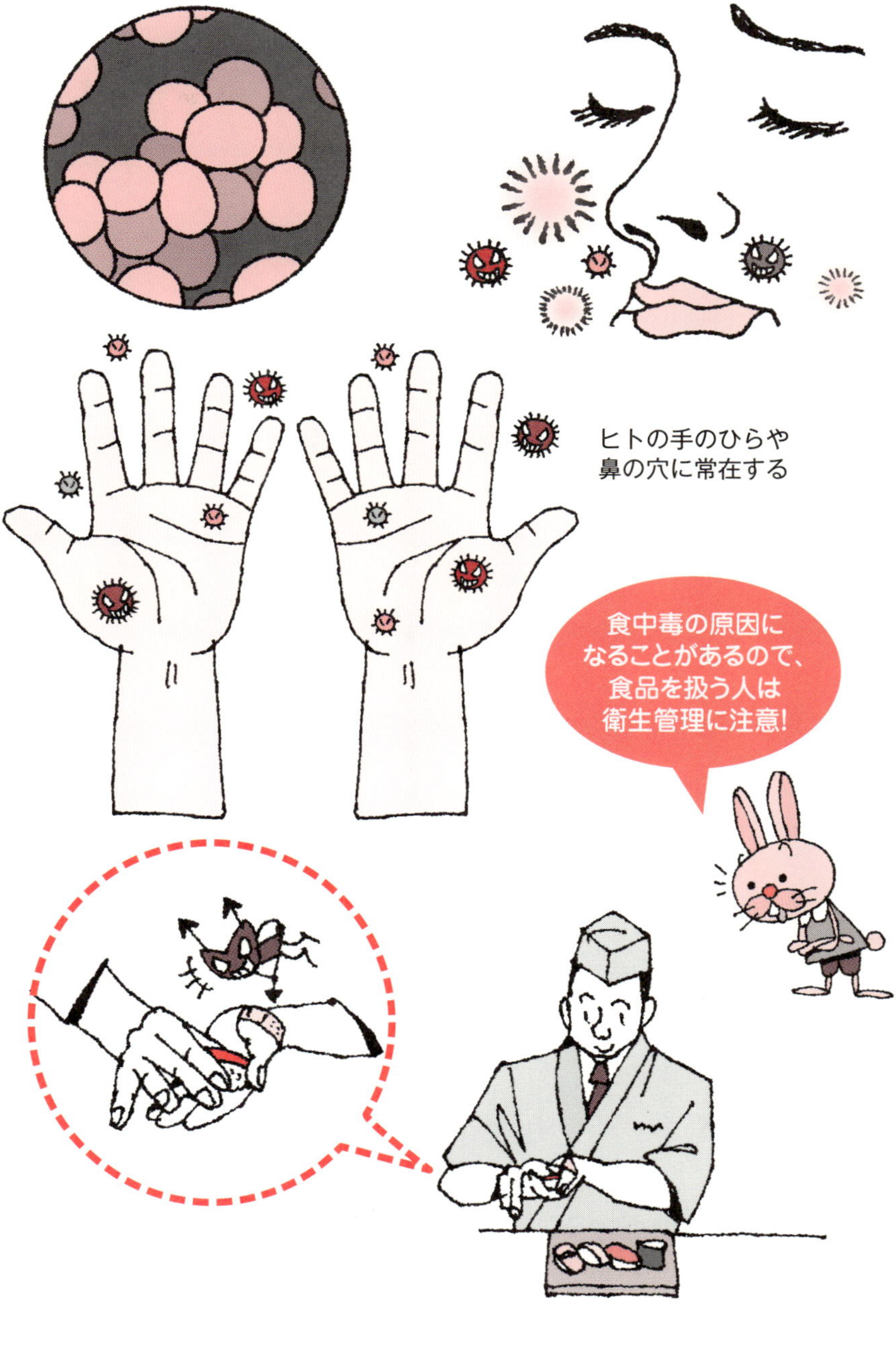

14 枯れ葉や動物の遺体などを利用する枯草菌

酵素を大量生産する働き者

枯草菌《こそうきん》は文字通り枯れ草に付いていることが多く、周辺の土壌からも容易に分離できる細菌です。

枯草菌をはじめとするバチルス属の細菌は、細胞内に耐熱性の胞子を形成するのが特徴です。枯草菌は70℃程度のお湯でも容易に死滅しますが、胞子は非常に頑丈で１００℃の沸騰水中でも生き残ることができます。さらに、胞子はじっとしているだけなので、抗菌剤もほとんど効きません。そのため、微生物の実験室や食品を扱う加工場で枯草菌の胞子をまき散らしてしまうと、非常に厄介なことになります。納豆菌は枯草菌の一種なので、酒蔵などでは作業期間中に蔵人たちは決して納豆を口にしません。

日光に当たる上に乾燥しがちな枯れ草は、微生物にとっては過酷な環境であり、枯草菌にとっても過酷ですが、胞子は生き残ることができるので、結果として枯れ草から枯草菌がしばしば分離されることになります。

枯草菌などのバチルス属の細菌は大食漢でもあり、枯れ葉や動物の遺体などをどんどん分解して利用します。そのときには、デンプンを分解するアミラーゼやタンパク質を分解するプロテアーゼなどの消化酵素を大量に生産します。せっせと酵素を生産し、せっせと植物のデンプン質や繊維質を分解するバチルス属細菌は働き者です。

デンプンを入れた寒天培地を作製し、少量の土壌を水に溶いて塗り付けて、常温や孵卵器に数日間おくと、さまざまな微生物のコロニーが出現します。そこで、ヨードの水溶液を寒天培地に滴下すると、ヨードデンプン反応によりデンプンは濃青色に染まりますが、アミラーゼを生産する微生物の周囲は白く抜けて見えます。このとき、大きな白色領域を形成する微生物は大量のアミラーゼを生産していることになります。このような微生物を分離して調べると、バチルス属の細菌が取得されることが非常に多いのです。

要点BOX

- ●周辺の土壌からも容易に分離できる細菌
- ●枯草菌などのバチルス属の細菌は大食漢
- ●バチルス属細菌は働き者

細菌の内生胞子形成

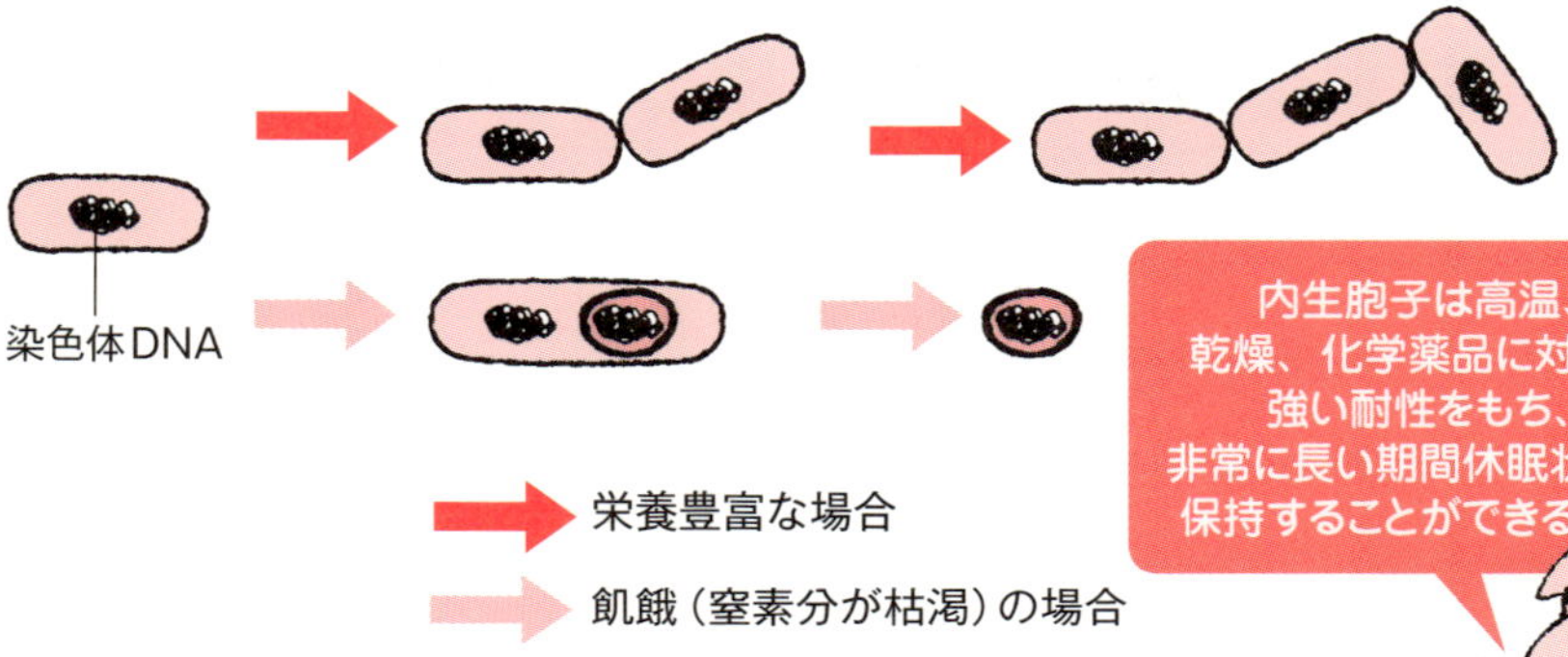
染色体DNA
栄養豊富な場合
飢餓（窒素分が枯渇）の場合

内生胞子は高温、
乾燥、化学薬品に対して
強い耐性をもち、
非常に長い期間休眠状態を
保持することができるんだ

内生胞子を形成する枯草菌

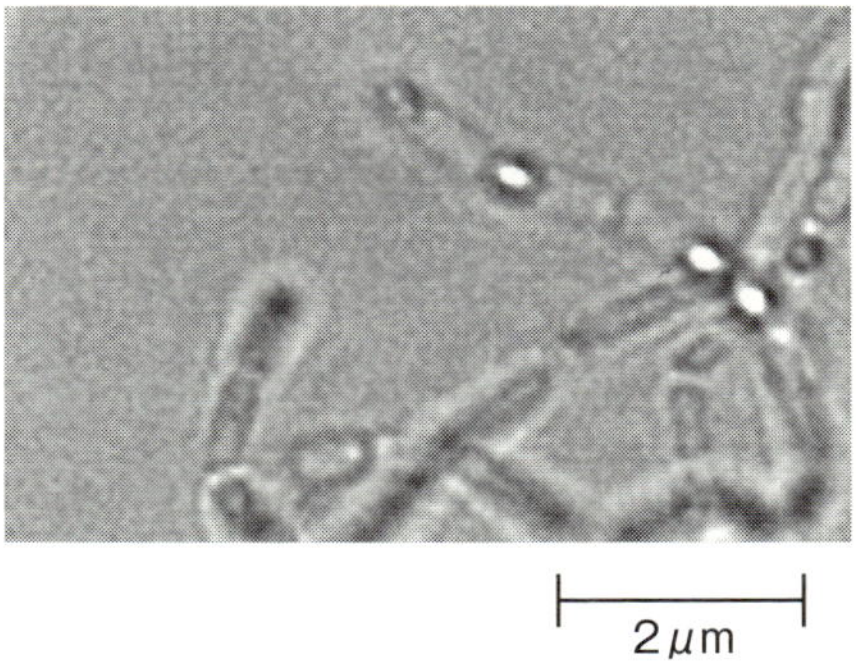
2μm

バチルス属細菌が生産する酵素の産業利用

酵素	分解基質	特徴・用途
プロテアーゼ	タンパク質	洗濯用洗剤、食器洗い機用洗剤、食肉の軟化、乳児用粉ミルク、チーズ製造、消化剤、羊毛加工
アミラーゼ	デンプン	洗濯用洗剤、食器洗い機用洗剤、繊維のノリ抜き、デンプンの糖化、酒類製造、消化剤
リパーゼ	脂肪	洗濯用洗剤、食器洗い機用洗剤、皮革の脱脂、チーズフレーバー、パン生地の安定化
セルラーゼ	セルロース	洗濯用洗剤、繊維生地の改良、ジーンズ加工、食品加工、消化剤、飼料添加剤、バイオエタノール
キシラナーゼ	キシラン	パルプの漂白、飼料添加剤

15 1本の鞭毛を回転させて遊泳する緑膿菌

バイオフィルムを作る細菌

緑膿菌《りょくのうきん》は、この菌が傷口に感染した患者がしばしば緑色の膿を流すことから付けられた不名誉な名称ですが、身近な土壌や汚水の流路などにもよく生息しています。1本の鞭毛を回転させて盛んに遊泳する、グラム陰性の好気性菌です。生育に特殊な栄養素を必要としないため、微量の有機物があれば容易に生育します。緑膿菌は、ピオシアニンと呼ばれる緑色色素を産生するため、緑膿菌が繁殖すると緑色の膜が張ったように見えます。

緑膿菌の特徴は、ある程度数が増えると、ムコイドと呼ばれるネバネバの多糖質を分泌し、その中に閉じこもって細菌が生育するバイオフィルムを形成することです。バイオフィルムは微生物を外部のさまざまな刺激や外敵から保護し、安定した環境を形成して生存を容易にする微生物の知恵であり、台所のぬめりや歯磨きを怠ったときに生じる歯垢《しこう》などが日常的なバイオフィルムの例です。

バイオフィルムは基材の表面にべったり張り付く性質があるので、強い流水があってもなかなか剥がれません。また、バイオフィルムには保湿性があるので、フィルム全体がカラカラに干からびても内部で細菌がしぶとく生き残っています。緑膿菌はグラム陰性菌なので、単独でも抗菌剤に対してある程度の自然耐性を有していますが、バイオフィルムに立てこもられると抗菌剤や抗生物質が浸透しにくくなるため、薬の効きが非常に悪くなります。

緑膿菌の病原性は微弱で、健康な人にはほとんど何もできません。しかし体力が消耗して免疫が弱くなっている人には、しつこい緑膿菌感染症を引き起こすことがあります。カテーテルや点滴などを常置した患者などにも、管から緑膿菌が感染することがあるので要注意です。院内感染の原因になることが多く、ひとたび蔓延してしまうと撲滅が難しく、治療が困難なので、医療関係者には非常に警戒されています。

要点BOX

- 身近な土壌や汚水の流路などにもよく生息
- 細菌が生育するバイオフィルムを形成する
- 医療関係者には非常に警戒されている細菌

緑膿菌（シュードモナス・アエルギノーザ）

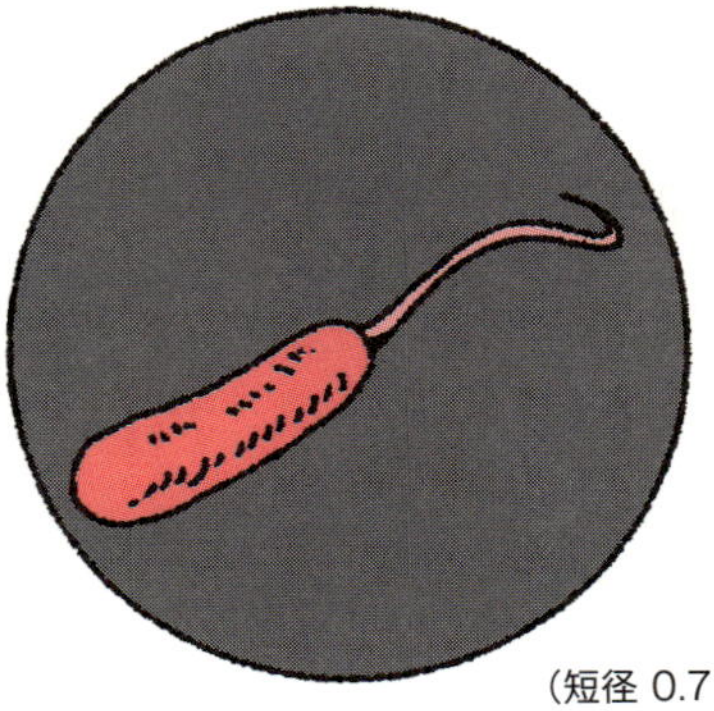

（短径 0.7μm 長径 1.5μm）

グラム陰性の好気性菌。
1本の極鞭毛で盛んに遊泳する

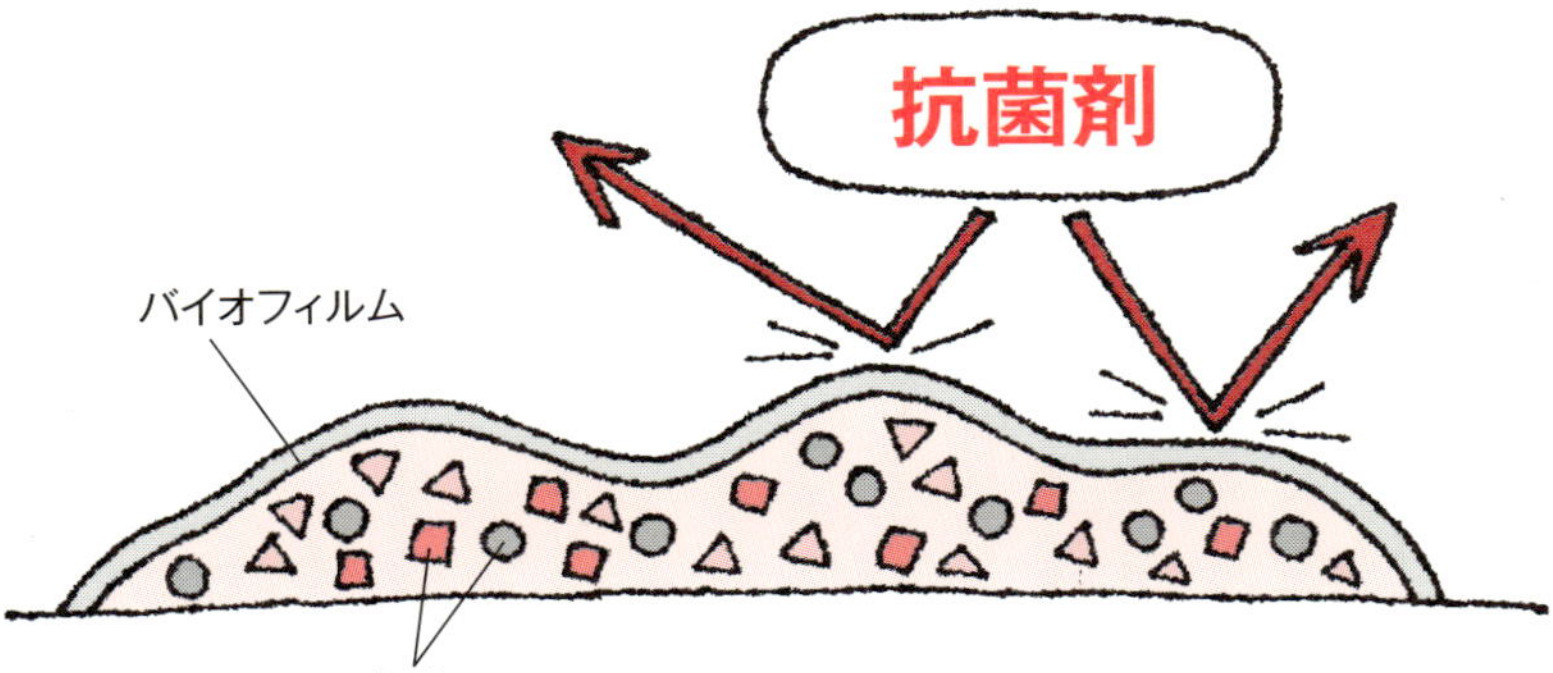

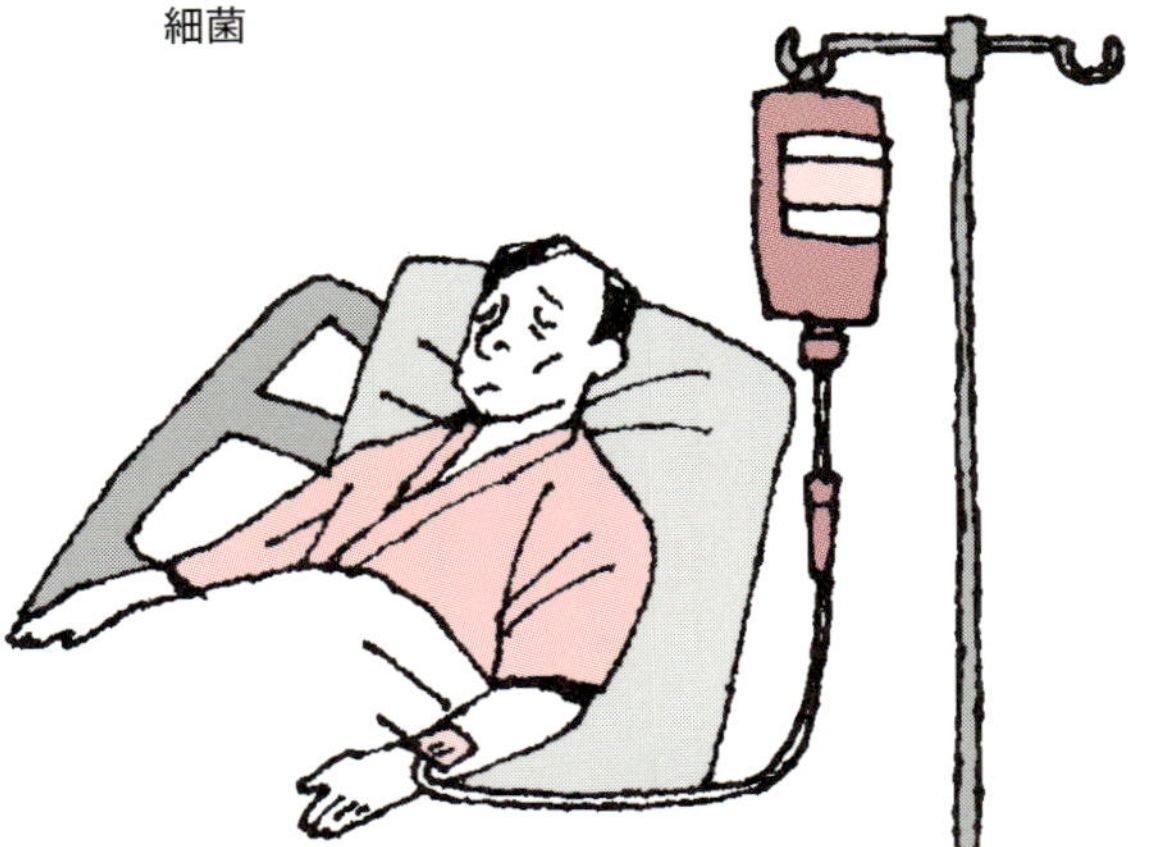

細胞外に多糖類を分泌してバイオフィルムを形成し、その中にびっしり閉じこもった細菌が生育する。抗菌剤が効かなくなるので、弱った人に感染すると大変

16 糖分が多い豊かな環境を好む乳酸菌

糖から乳酸を作る贅沢な細菌

乳酸菌は単一の微生物ではなく、グラム陽性の運動性と胞子形成性のない細菌で、糖分の50%以上を乳酸に変換する一群の微生物の総称です。乳酸桿菌や乳酸球菌など約200種の微生物が乳酸菌として認定されています。

学術的には、酸素を使わずに糖分などを分解してエネルギーを得る過程を「発酵」と言います。これに対し、酸素を使って分解する過程は「呼吸」と呼ばれます。

一般に、糖などの有機物を酸化するとエネルギーを取り出すことができます。グルコース（糖）を酸化してピルビン酸にまで分解してエネルギーを得る過程は解糖系と呼ばれ、すべての生物が備えています。酸素があれば、ピルビン酸をさらに酸化して二酸化炭素にまで完全分解し、多大なエネルギーを得ることができます。完全燃焼と同じ反応式ですね。

酸素が利用できない場合は、ピルビン酸を還元して酸化還元のバランスを取らなくてはなりません。このとき、強い乳酸脱水素酵素をもつ乳酸菌はピルビン酸を直接還元して乳酸に変換します。この過程が「乳酸発酵」です。一方、酵母はピルビン酸をアセトアルデヒドに分解し、アセトアルデヒドをエタノールに還元してバランスを取ります。これが「アルコール発酵」です。

人間は漬け物やヨーグルトの生産のためには、乳酸菌が優先して生育するようにし、お酒を造りたいときは酵母が優先して生育するように培養条件を整えてアルコール発酵を行わせます。

乳酸菌は多数の栄養素を必要とする贅沢な細菌であり、糖分などの多い豊かな環境を好みます。当然ライバルの微生物も多数生息していますが、乳酸を生成して周囲を酸性にすることによりライバルを駆逐しています。乳酸菌はあまり酸素を好まないので、乳酸菌を生育させるときには容器に蓋をして空気を遮断するのが普通です。

要点BOX

- 糖分の50%以上を乳酸に変換する
- 乳酸菌はあまり酸素を好まない
- 周囲を酸性にしてライバルの微生物を駆逐する

主な乳酸菌

乳酸菌	形態	特徴・用途
ラクトバチルス・ブルガリカス	桿菌	ヨーグルト：S. サーモフィラスと共生
ストレプトコッカス・サーモフィラス	連鎖球菌	ヨーグルト：L. ブルガリカスと共生
ラクトバチルス・カゼイ	桿菌	ヤクルト：病原菌の増殖を抑える
ラクトバチルス・ケフィール	桿菌	ケフィール：地中海ヨーグルト
テトラジェノコッカス・ハロフィラス	四連球菌	しょう油、味噌：耐塩性に優れる
ビフィドバクテリウム・ロンガム	分岐桿菌	ビフィズス菌：病原菌の増殖を抑える
ラクトバチルス・ブレビス	桿菌	漬け物に多い

ヨーグルト乳酸菌

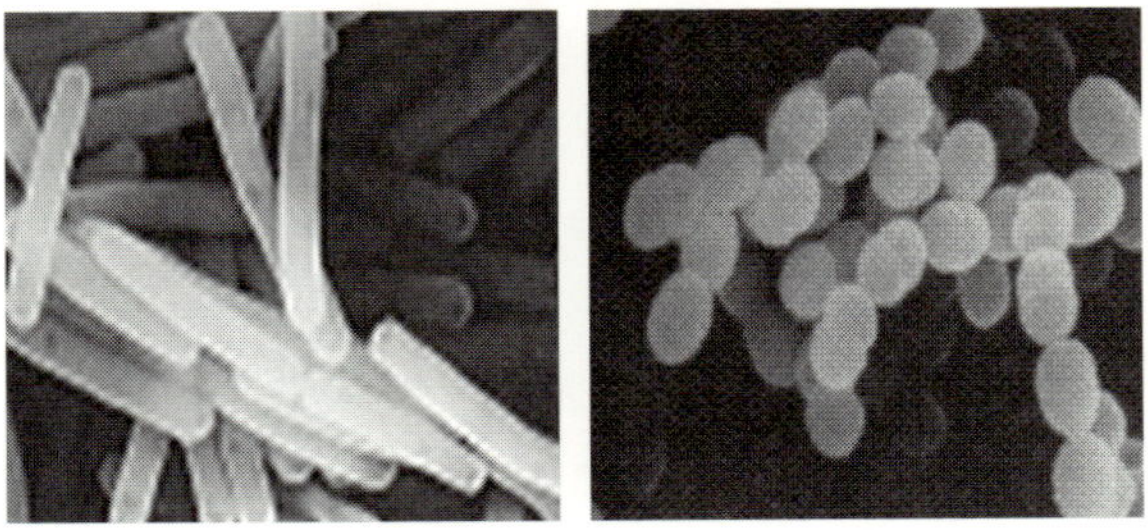

ラクトバチルス・ブルガリカス（左）とストレプトコッカス・サーモフィラス（右）

（佐々木泰子博士（明治大学農学部）より供与）

乳酸発酵とアルコール発酵

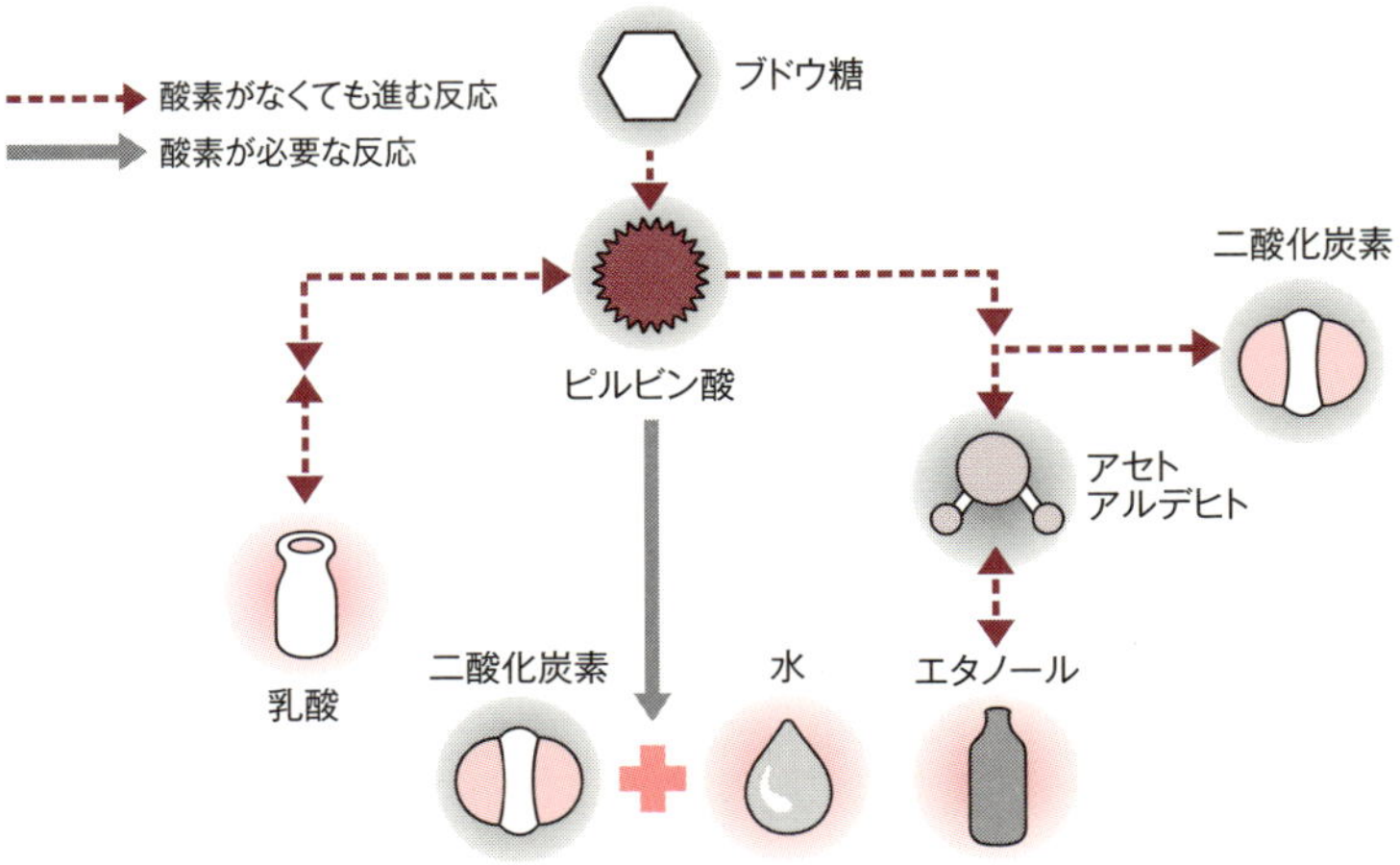

17 土壌中にたくさん生息している放線菌

抗生物質を作る多才な土壌細菌

大部分の細菌は、分裂により自分と同じ形の球菌や桿菌を増やすだけですが、放線菌《ほうせんきん》と呼ばれる一群の細菌は菌糸状に生育し、やがて空気中に菌糸を伸ばして胞子を形成します。一見してカビのような生活環をもつ複雑な形態の微生物ですが、放線菌は細菌なのでカビよりもずっと小さく、菌糸の直径は1ミクロン程度です。

放線菌は好気性の土壌細菌であり、土壌中には放線菌がたくさん生息しています。湿った土には特有の「土臭い」匂いがしますが、放線菌を寒天培地で生育させると、そっくりな土臭い匂いがします。つまり、土壌は放線菌が住んでいるから土の匂いがするのです。

放線菌の胞子が地面に落ちると、基底菌糸を伸ばして栄養分を吸収しながら生育します。栄養分が枯渇すると、空気中に気中菌糸を伸長し、菌糸の先端部が細胞壁のところでくびれて胞子を形成します。

放線菌はゲノムが大きく、大腸菌などの細菌の2倍以上の遺伝子をもっています。その多数の遺伝子を活かして非常に多彩な代謝産物を生産するのが放線菌の特徴です。多くの放線菌は褐色・赤色・濃青色などさまざまな色素を生産し、コロニーの周囲が染まって見えます。さらに、放線菌は種々の抗生物質を生産してライバルの微生物を駆逐します。生育の遅い放線菌が土壌中で繁栄しているのは抗生物質のおかげです。

抗生物質とは、「微生物が生産し、他の微生物の生育を阻害する物質」と定義されています。最初に見つかった抗生物質であるペニシリンは、アオカビが生産しますが、結核の治療薬となったストレプトマイシンやクロラムフェニコール、テトラサイクリンなどのさまざまな感染症を劇的に回復させる抗生物質の大部分は放線菌から見つかっています。新規の抗生物質を求めて、世界中の土壌から放線菌を採取する放線菌ハンターが各国の製薬会社で活躍していたのです。

要点BOX

- 放線菌は細菌なのでカビよりもずっと小さい
- 土壌は放線菌が住んでいるから土の匂いがする
- 多数の遺伝子を活かし多彩な代謝産物を生産

放線菌（ストレプトマイセスなど）

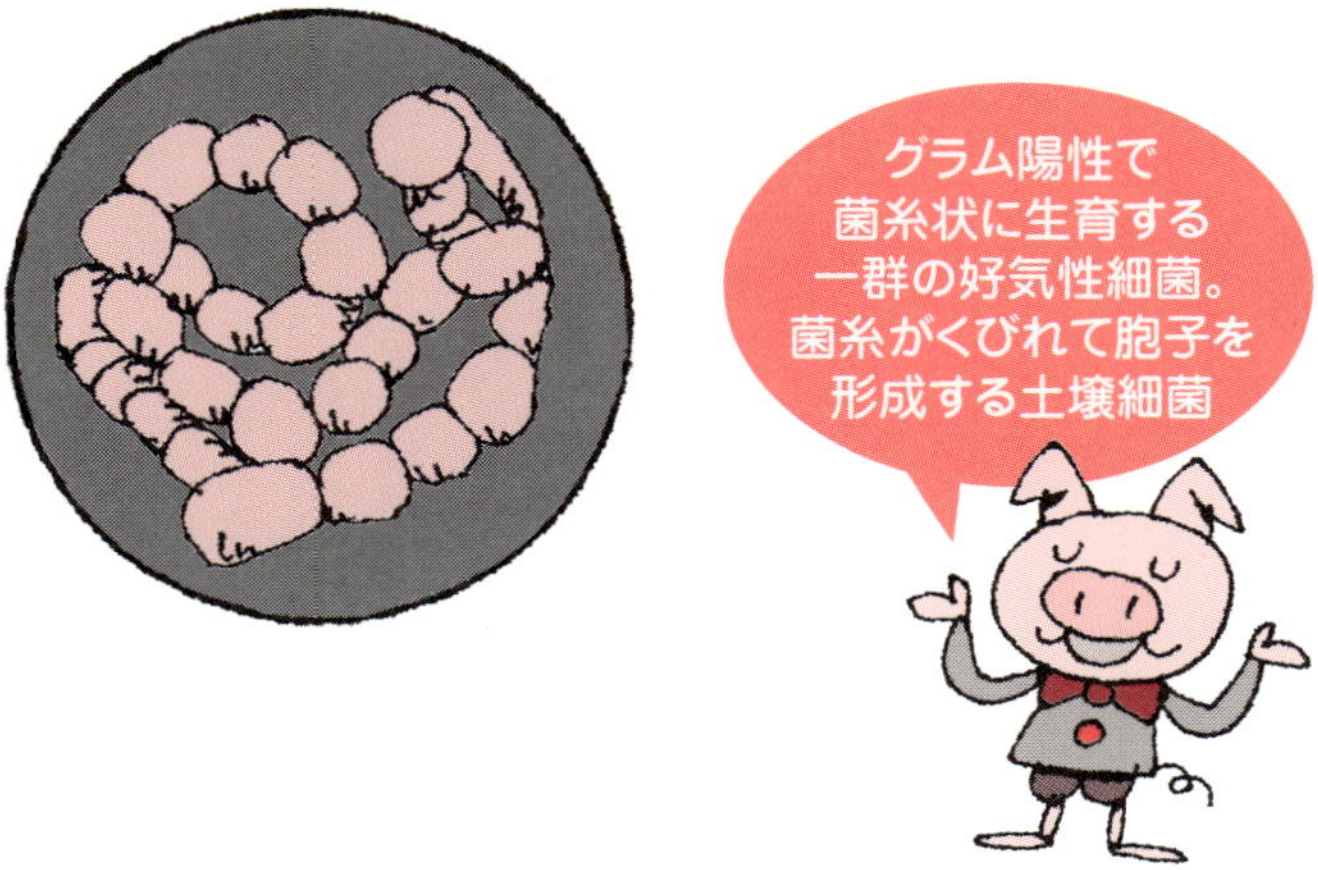
グラム陽性で
菌糸状に生育する
一群の好気性細菌。
菌糸がくびれて胞子を
形成する土壌細菌

色素や抗生物質を生産する多彩な細菌

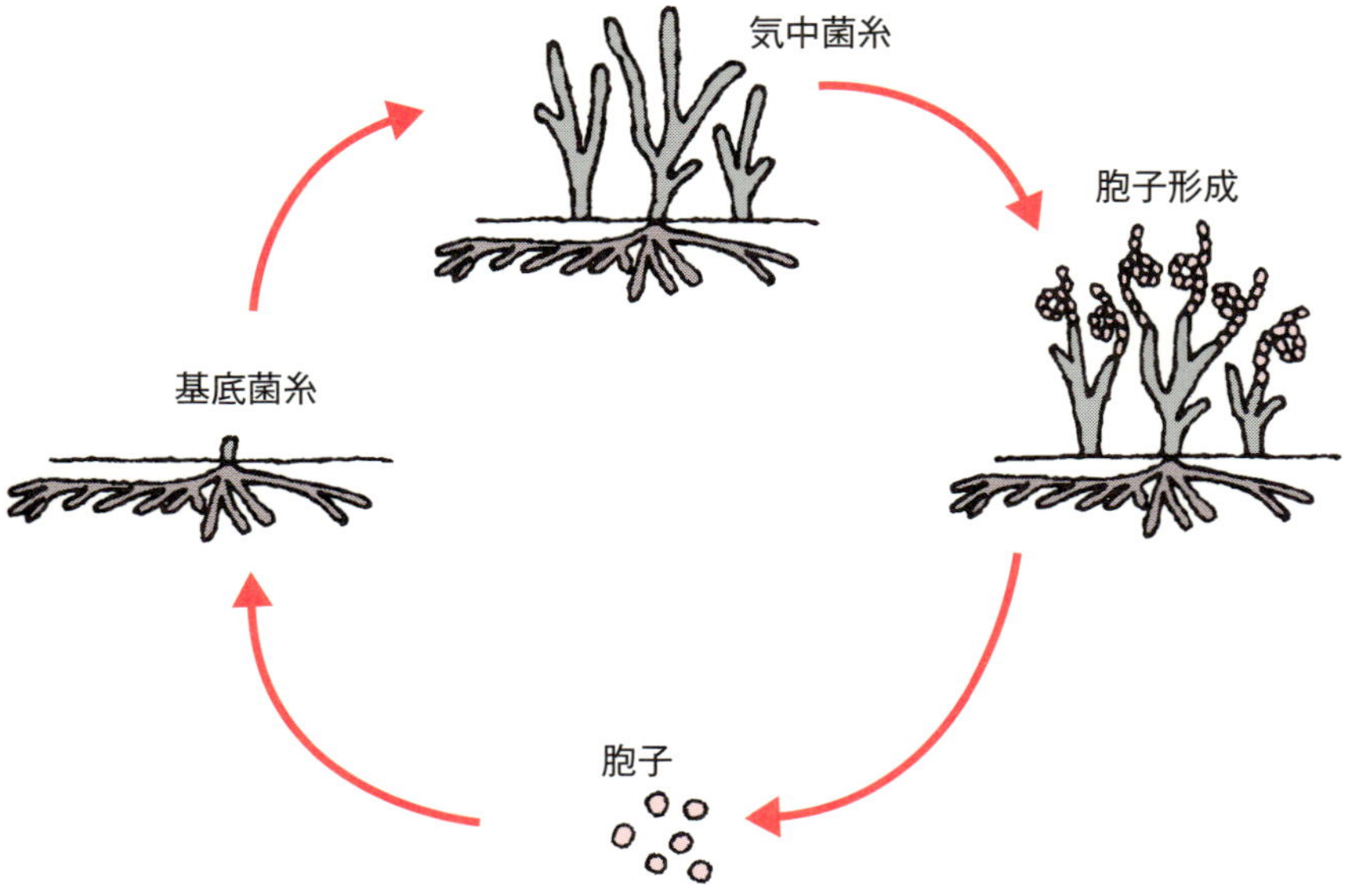
気中菌糸
胞子形成
胞子
基底菌糸

胞子が発芽して、培地中に基底菌糸を伸長して生育する。
やがて、空気中に気中菌糸を伸ばし、胞子を形成する

18 太古の地球で繁栄していた!? メタン菌

沼の底でメタンを生成する古細菌

酸素の届かない沼の底でゆっくりと有機物を分解してメタンガスを発生するメタン菌は古細菌です。古細菌は、これまで紹介してきた大腸菌や枯草菌などの真正細菌とは異なり、細胞膜がエーテル結合を有する脂質により構成される特殊な細菌の一群です。一般の細菌よりもはるかに強固で安定性の高い細胞膜をもつため、過酷な環境であった太古の地球で繁栄していたと推定されていて、古細菌の名で呼ばれています。

　古細菌の存在は、さまざまな微生物の遺伝子の配列を解析する中で明らかにされました。データベース解析の成果と言ってよいでしょう。

　古細菌は生育が遅いため、現代の地球上では非常に特殊な環境で生き残っています。現代の古細菌は、(1)メタン菌、(2)超好熱菌、(3)高度好塩菌の3つのグループとして生息しています。

(1)メタン菌は、酸素がまったくない沼の底などで、他の細菌が生成した水素ガスを用いて二酸化炭素を還元し、メタンを生成することによってエネルギーを得ています。地底の岩盤中にもメタン菌が生息して、ひっそりとメタンを生成していると考えられています。

(2)生育至適温度が85℃以上の超好熱菌のほとんどが古細菌です。これほどの温度になると、細胞膜の成分の分解が始まってしまうので、頑丈な細胞膜を有する古細菌が有利と考えられます。

(3)飽和食塩水中でも生育できるような高度好塩菌もほとんどが古細菌です。高濃度の食塩水中では浸透圧を調節するために、微生物は細胞内にグリセロールなどの適合溶質を蓄積する必要があります。適合溶質の濃度にも限度がありますので、飽和に近い食塩水中で生育可能な微生物はほとんどいません。しかし、高度好塩性古細菌は、適合溶質が塩化カリウムであり細胞内が塩漬けになっても生存可能という超能力を有しています。

要点BOX

- ●一般の細菌よりも強固な細胞膜をもつ
- ●現代の古細菌は、メタン菌、超好熱菌、高度好塩菌の3つのグループが生息している

メタン菌（メタノサルシアなど）

水素 ＋ 二酸化炭素 → メタン ＋ 水

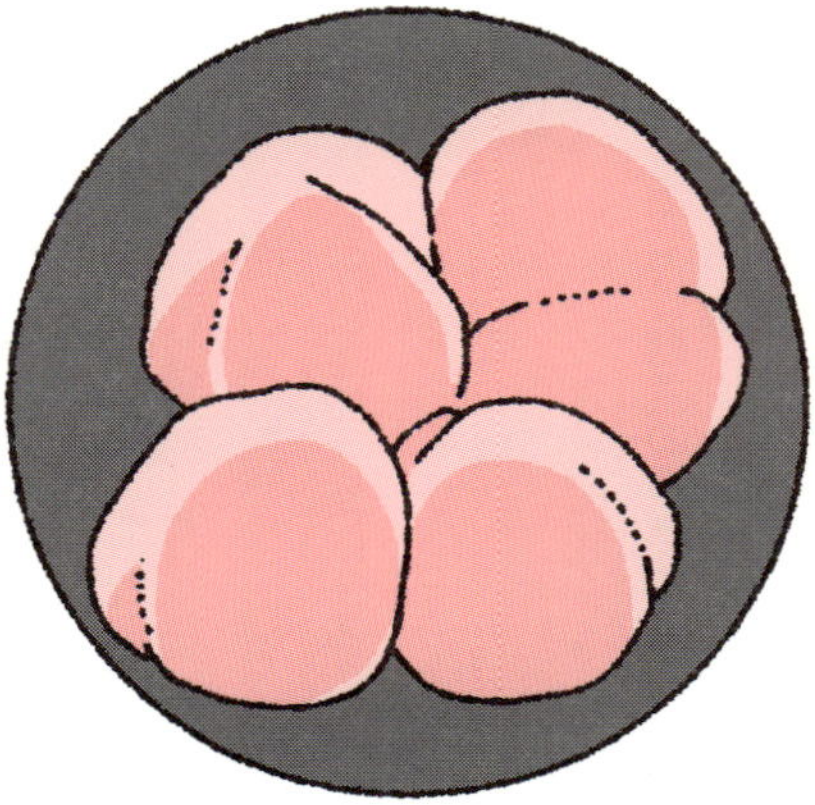

沼の底や
動物の消化管など
酸素がない環境で
メタンを生成する
古細菌

古細菌

エーテル脂質（通常の生物はエステル脂質）の細胞膜をもつ一群の微生物。通常の細菌とは異なる系統に属する。現代の地球上では、極限環境に生き残っている

メタン菌
沼の底など酸素がまったくない環境に生育

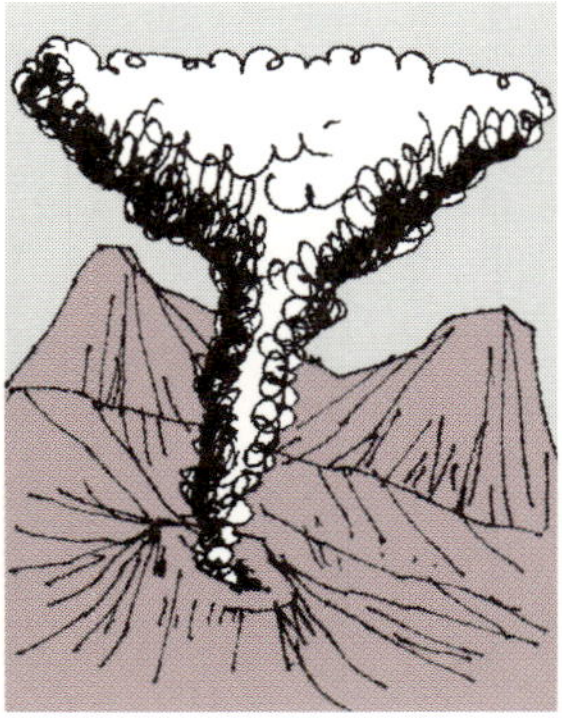

超好熱菌
火山や熱水噴出口など、極端な高温環境に生育する。生育至適温度85℃以上

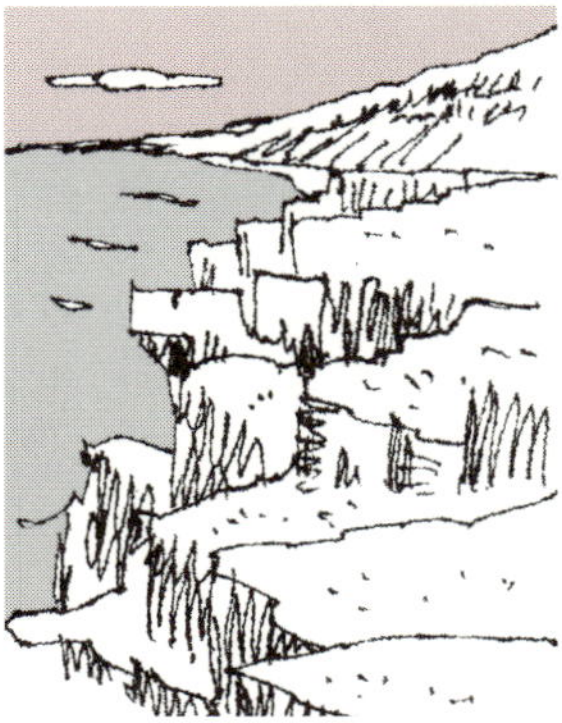

高度好塩菌
塩田など極度に塩濃度の高い環境に生育する

19 植物と同じ光合成を行うシアノバクテリア

水面に広がる光合成細菌

夏が近づくと、ため池や沼の水面に緑色の粉を振りまいたようにアオコに覆われているのを目にすることがあります。アオコの正体は藻類ではなくシアノバクテリアです。

かつてはラン藻と呼ばれていたシアノバクテリアは、光合成を行う一群の細菌です。細菌の中では植物と同じように酸素を発生する形式の光合成を行うのはシアノバクテリアだけです。光合成は簡単に言うと、光のエネルギーを利用して水を酸素と水素に分解し、この水素を用いて二酸化炭素を還元して炭水化物を得る反応です。

シアノバクテリアには、アナベナなどの繊維状に細胞が連なるタイプと、シネコシスティスなどの単細胞のタイプが存在します。繊維状のタイプには、一回り大きい異型細胞が挟まっているものがあります。異型細胞では窒素固定が行われています。窒素固定とは、空気中の窒素ガスを吸収してアンモニウムイオンに還元し、アミノ酸などを合成する材料にする反応です。豆類の根に共生している根粒菌が行う反応と同じです。

シアノバクテリアは、光合成と窒素固定の両方ができるので、炭素源も窒素源もないミネラルだけしか含まれない水にも生育することができます。シアノバクテリアが繁茂すると、シアノバクテリアを餌にしてさまざまな生物が生育できるようになります。しかし、シアノバクテリアの大発生であるアオコが発生すると、水面を覆い尽くして光や空気が水中に届かなくなってしまうため、水草や魚が死滅する上に、水道水などへの利用に支障をきたすことになります。

シアノバクテリアにとって生育のネックになるのはリン酸です。家庭や農場からの廃水に含まれるリン酸が湖水などに流入すると、アオコが発生する原因となります。アオコは環境汚染の指標でもあるのです。

シアノバクテリアの旺盛な生命力を活用して有用物質生産に利用する研究が盛んに進められています。

要点BOX

- アオコの正体はシアノバクテリア
- 光合成を行う一群の細菌
- 光合成と窒素固定の両方ができるものもいる

シアノバクテリア（酸素発生型の光合成を行う細菌）

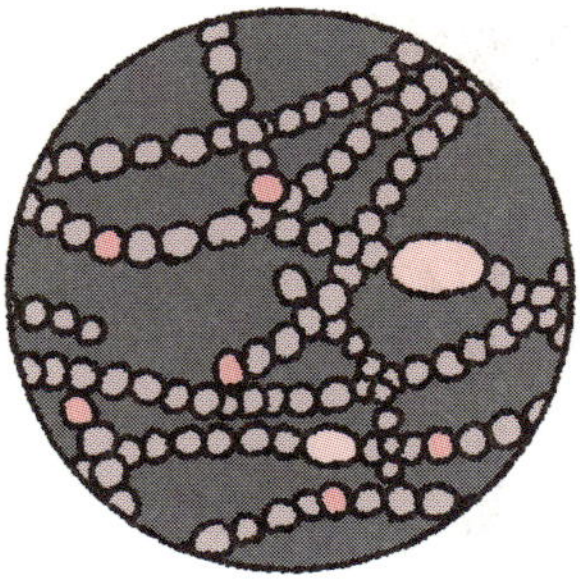

アナベナ
繊維状のシアノバクテリア。異型細胞で窒素固定も行う

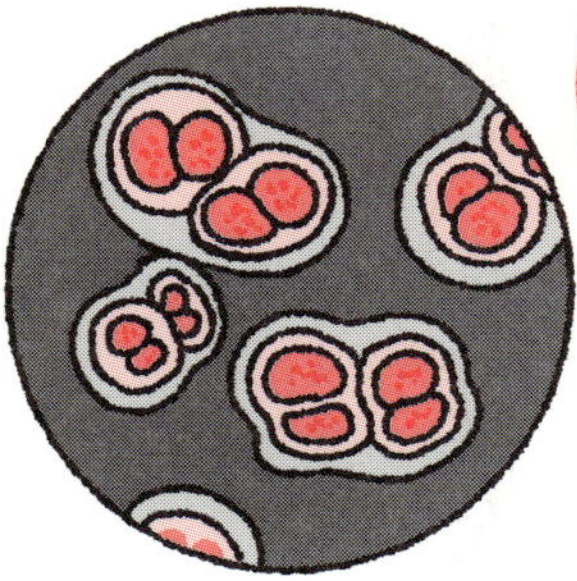

シネコシスティス
単細胞のシアノバクテリア

アオコの正体は
藻類ではなく、
シアノバクテリア
なんだね

アオコ

シアノバクテリアは水とミネラルがあれば生育できるので、水が滞ると大量発生してアオコとなる

20 酒造りやパンの製造に用いられてきた酵母

アルコール発酵する単細胞の菌類

微生物になじみのない人でも、ビール酵母やパンを作るときのドライイーストは聞いたことがあるでしょう。酵母はカビやキノコと同じ真菌の仲間ですが、一般に酵母といえば、サッカロマイセス・セレビシエというパン酵母をさします。出芽によって増殖するパン酵母は、強力なアルコール発酵能を有し、古くから酒造りやパンの製造に用いられてきました。

ライバルの乳酸菌が行う乳酸発酵とアルコール発酵の反応式を51ページに示します。この式にそれぞれの元素の重さを代入すると原料と製品の量を計算することができます。原子量は、炭素Cは12、水素Hは1、酸素Oは16です。すると、炭素が6個、水素が12個、酸素が6個含まれるグルコースの分子量は180となります。

乳酸発酵の化学式には、1分子のグルコースから2分子の乳酸が生成することが示されています。グルコースの全量が乳酸に変換するので重量の変化はありません。一方、アルコール発酵の化学式からは、180グラムのグルコースから92グラムのエタノールと88グラムの二酸化炭素が生じることが読み取れます。糖分のほぼ半分が二酸化炭素になって逃げてしまう計算なので、生じるアルコールの濃度は糖分の濃度の半分ほどになります。つまり、アルコール濃度10％のワインを醸造するためには糖分20％のブドウが必要ということになります。ここまで糖分が濃縮したブドウを栽培するのは大変なので、美味しいワインの産地は糖分がぎゅっと詰まったブドウが生産できる地域ということになります。このように、無味乾燥な化学式にはいろいろな情報が詰め込まれているのです。

顕微鏡では、コロコロした酵母の細胞の中に大きなボールのような液胞が見えます。若い細胞は液胞も小さいですが、やがて老廃物が蓄積して液胞が大きくなってきます。老若の細胞が入り交じって懸命にアルコール発酵を行う姿はほほえましいですね。

要点BOX

- 酵母はカビやキノコと同じ真菌の仲間
- 乳酸菌とはライバル関係
- 若い酵母の細胞は液胞も小さい

パン酵母

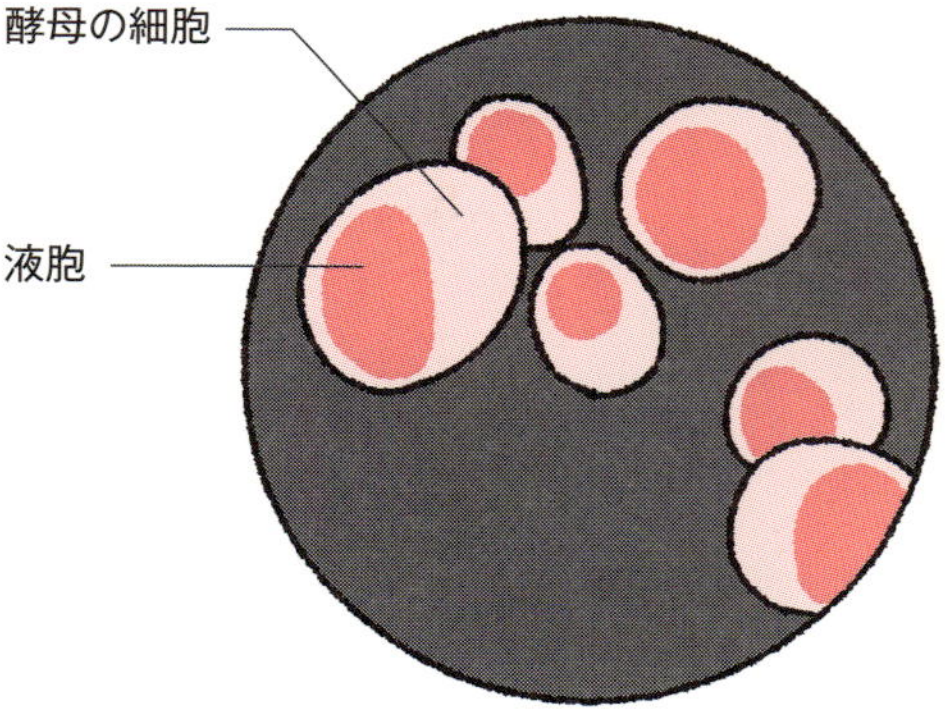
酵母の細胞
液胞

菌類の中で、生活環の
大部分を単細胞で過ごすものが
「酵母」、子実体を
形成するものは「キノコ」、
そして菌糸の集合体として
生育するものが「カビ」なんだ

乳酸発酵とアルコール発酵の反応式

【乳酸発酵】180gのグルコースから180gの乳酸が生成する。主として乳酸菌が行う。

$$C_6H_{12}O_6 \rightarrow 2CH_3CH(OH)COOH$$

グルコース　　乳酸

【アルコール発酵】180gのグルコースから92gのエタノールと88gの二酸化炭素が生成する。主として酵母が行う。

$$C_6H_{12}O_6 \rightarrow 2C_2H_5OH + 2CO_2$$

グルコース　　エタノール　　二酸化炭素

酵母の利用法

酵母細胞の利用

パン製造用酵母：パン酵母（冷凍耐性に優れるものが開発）
食品用乾燥酵母：補助食品（酵母エキス）
飼料用乾燥酵母：動物の飼料

酵母の生産物の利用

酵母の抽出物：ビタミン豊富な培地成分
食品産業用酵素：インベルターゼ、ガラクトシダーゼ
研究目的の試薬：ATP、NAD、RNA

酵母による発酵生産物

エタノール：工業用アルコール
グリセリン

アルコール飲料

ビール、ワイン、清酒

WINE
BEER

21 世界中で10万種のカビが報告されている

地球上には150万種程度のカビが生息すると推定されている

高温多湿な日本はカビの宝庫で、さまざまなカビが繁茂します。世界中で約10万種類のカビが報告されていますが、地球上には150万種程度のカビが生息すると推定されていて、まだまだ未知のカビが発見される日を待ってひっそりと生育しているのです。

カビは微生物の中では大型で、毛足の長いカビ、ビロードのようなカビ、モコモコしたカビなどの印象を肉眼で見分けることができます。カビの胞子は特有の色素のため青、赤、黒、白、緑など色とりどりです。胞子を形成するため形態が複雑で、低倍率の顕微鏡でもさまざまな特徴を識別することが可能です。

カビは主として胞子の着生状況によって分類します。清酒や味噌の醸造に用いられる麹菌は、一般にコウジカビと呼ばれるアスペルギルス属のカビであり、空中に伸びた気中菌糸の先端が膨らんで頂嚢《ちょうのう》を形成し、そこに団子状に胞子が着生するのが特徴です。緑色のビロードのように見えるアオカビはペニシリウム属のカビであり、気中菌糸が枝分れし、先端部には頂嚢を形成せずに胞子が着生します。毛足の長いクモノスカビは、気中菌糸の先端に胞子嚢と呼ばれる丸いケースを形成し、その中に胞子がぎっしり詰まっています。

発酵食品の製造やペニシリンの生産に利用される優良カビもいますが、カビの多くは食糧や衣類、建材などを劣化させるので人々に嫌われるのが普通です。特に植物に病気をもたらすカビは非常に多く、農作物の栽培では非常に警戒されています。野菜の葉を真っ白に染める「うどんこ病」、イネに壊滅的な打撃を与える「いもち病」、北米で猛威を振るった「クリ胴枯病」などが有名ですが、他にも灰色カビ病、ベト病などカビのために作物が毎年大きな被害に遭っています。

動物に対して病原性をもつカビは限られていますが、水虫は白癬菌《はくせんきん》（トリコフィトン）と呼ばれるカビにより発症します。命に関わることはありませんが、不愉快なカビですね。

要点BOX

- ●高温多湿な日本はカビの宝庫
- ●カビの胞子は青、赤、黒、白、緑と色とりどり
- ●一般的には人々に嫌われる

カビの形態

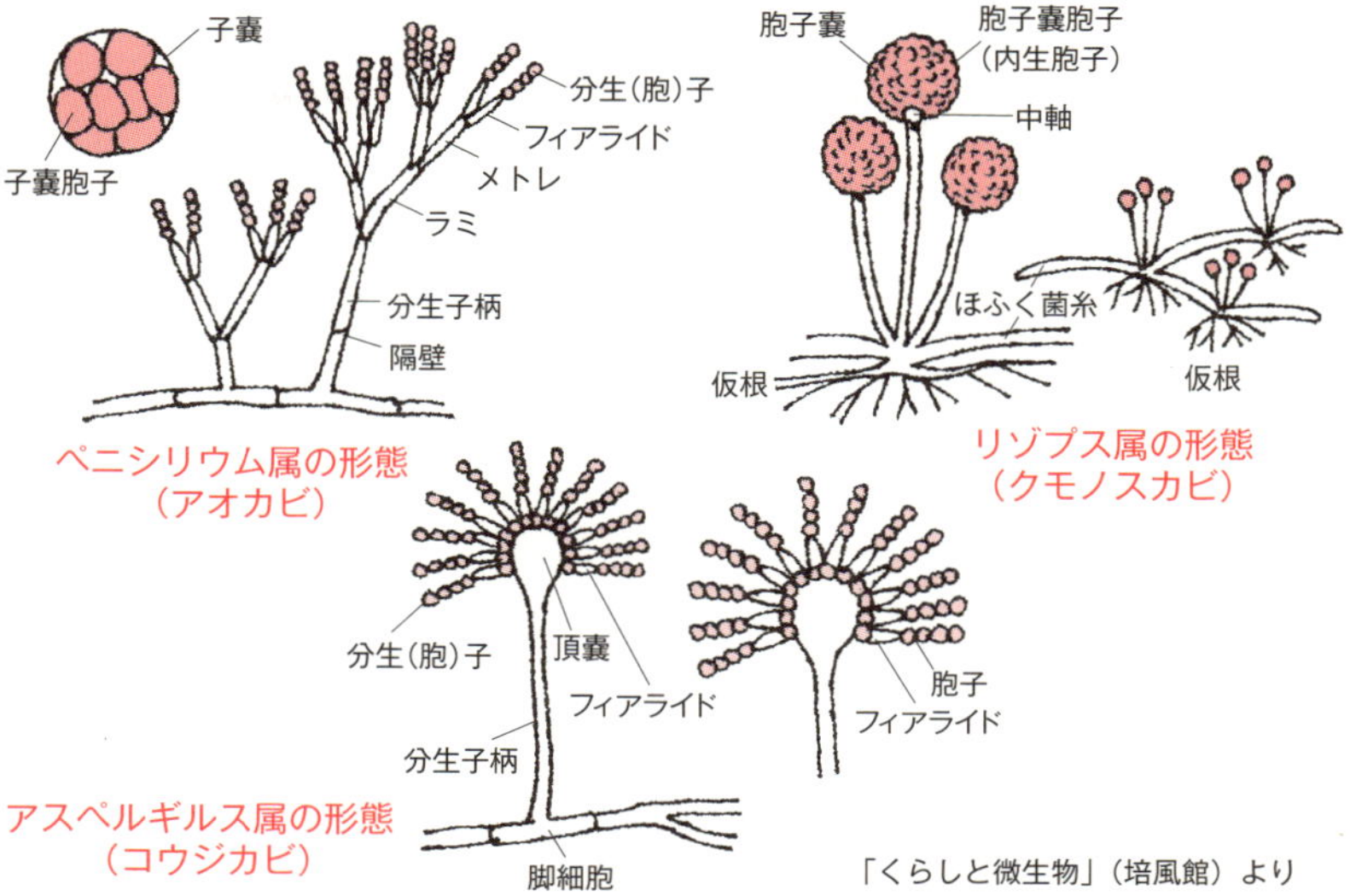

「くらしと微生物」(培風館)より

麹菌

黒麹菌アスペルギルス・アワモリ(電子顕微鏡写真)

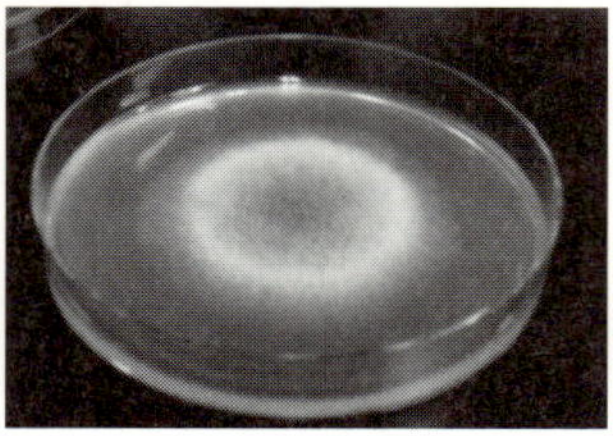

黄麹菌アスペルギルス・オリゼー(プレート培養)

主なカビ

属名	特徴	生態：利用
ケカビ	胞子嚢柄先端に球状の胞子嚢を作る毛足の長いカビ	野菜、果実に生える チーズ製造(凝乳酵素)に用いる
クモノスカビ	綿状の菌糸体に仮根をもつ 糖化力強い	ブドウ糖・紹興酒製造 リノレン酸製造
コウジカビ	頂嚢にフィアライドをもつ 集落は白、黄、褐色、黒などいろいろ アミラーゼ、プロテアーゼ生産	清酒、味噌、しょう油製造 クエン酸、焼酎製造 カツオブシ製造
アオカビ (ペニシリウム)	ホウキ状のフィアライドに連鎖状の分生子 (アオカビ)	ペニシリン製造 チーズ製造
紅コウジカビ	紅色色素モナスコルビン生成	紅乳腐、紅槽製造
アカパンカビ	遺伝学の研究材料	パンなどの食材
イモチ病菌	付着器を形成してイネに侵入する	イネの病原菌
ツチアオカビ	土壌、木材に生育する緑色のカビ	木材を分解するセルラーゼを生産

Column

光を感知するカビ

麹菌を寒天培地に植菌して1週間ほどデスクに放置すると、緑色の胞子の濃淡により弓道の的のように同心円状のコロニーが形成されます。緑色の濃いところは胞子が高密度に着生し、薄いところは胞子がほとんど付いていません。

胞子の着生に濃淡ができるのは、麹菌が光を感知しているためです。麹菌は、中心から外側に向かって菌糸が伸長する時期に光が当たると胞子の形成が抑制され、暗い時期に伸長した菌糸には大量に胞子が着生するため、昼夜の繰り返しに伴って同心円状のコロニーが形成されていきます。

麹菌と近縁のアスペルギルス・ニドランスというカビは、麹菌とは逆に明るいときに胞子を形成し、暗いときには胞子をあまり作りません。カビにとっては、明るいときは空気中に露出しているときなので胞子を形成して新天地をめざすチャンスであり、暗いときは地中にあるときなので胞子の形成を抑える方が合理的です。実際に、野生のカビの多くは明るい方が胞子の形成が良好です。

なぜ、麹菌は明るいときに胞子を作らないのでしょうか。麹菌は日本人に飼い慣らされてきたカビなので、長年の間に酒蔵などでの作業中に余計は胞子を付けないカビが選抜され、育種されてきたと考えられています。人間の都合により、カビの習性が変わってしまうこともあるのですね。

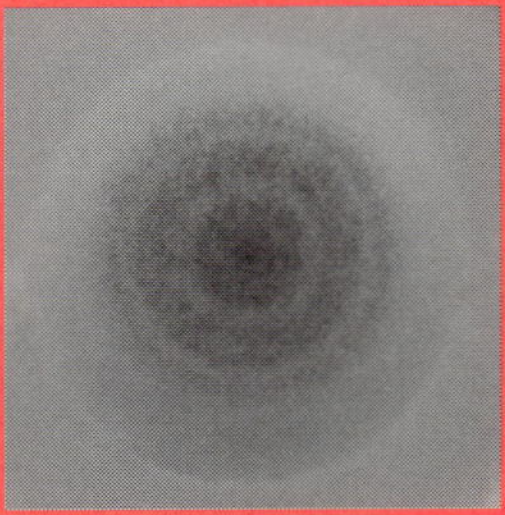

同心円状の
コロニーが
形成されるんだ

第3章

微生物の取扱い方

22 微生物を培養する培地

液体培地と固体培地

微生物を培養するためには、まず「培地」を用意しなければなりません。微生物の種類と培養の目的によりさまざまな培地が工夫され、使用されています。培地は形状により「液体培地」と「固体培地」に大別されます。

液体培地は、肉エキスや糖分、ミネラルなど培地成分の水溶液であり、フラスコや試験管を用いて微生物を培養します。固体培地には、液体培地を寒天により固めた寒天培地や、穀物などの粉末の培地などがあります。寒天培地はシャーレや試験管で固めて、培地の表面に微生物を生育させます。試験管に斜めに寒天培地を調製した斜面培地は、生育させた微生物を長期保存するときなどに用います。

培地の成分により、肉エキスや酵母エキスなどの天然成分を含む天然培地と、糖分やミネラルなどの純粋な物質だけを混合した合成培地に分けることができます。一般的な微生物の培養には、糖分や牛乳カゼインなどのタンパク質を分解したペプトンや、酵母エキスなどを含む天然培地が用いられますが、厳密な解析や成分分析などの目的では、手間をかけて合成培地を調製します。農薬や木材のセルロースなど特定の化合物を分解できる微生物を探索するときは、標的とする成分が唯一の栄養源となる培地を調製し、その培地の上で生育できる微生物を探索して分離するのが一般的です。

細菌の培養にはペプトンや肉エキスがよく用いられますが、カビや酵母の培養には糖分やデンプンを加えます。カビに胞子を形成させたいときは、窒素分の少ない培地にするなど、目的により培地の成分を選択して調製します。大腸菌群の検出用培地など、特定の微生物を検出できる培地も開発されています。感染症に冒された患者の痰や血液などの体液を採取し、病原菌検出用の培地に植菌することにより、病原菌を突き止め、治療に結び付けられています。

要点BOX

- ●フラスコや試験管を用いる液体培地
- ●固体培地には液体培地を寒天により固めた寒天培地と、穀物などの粉末の培地などがある

いろいろな培地

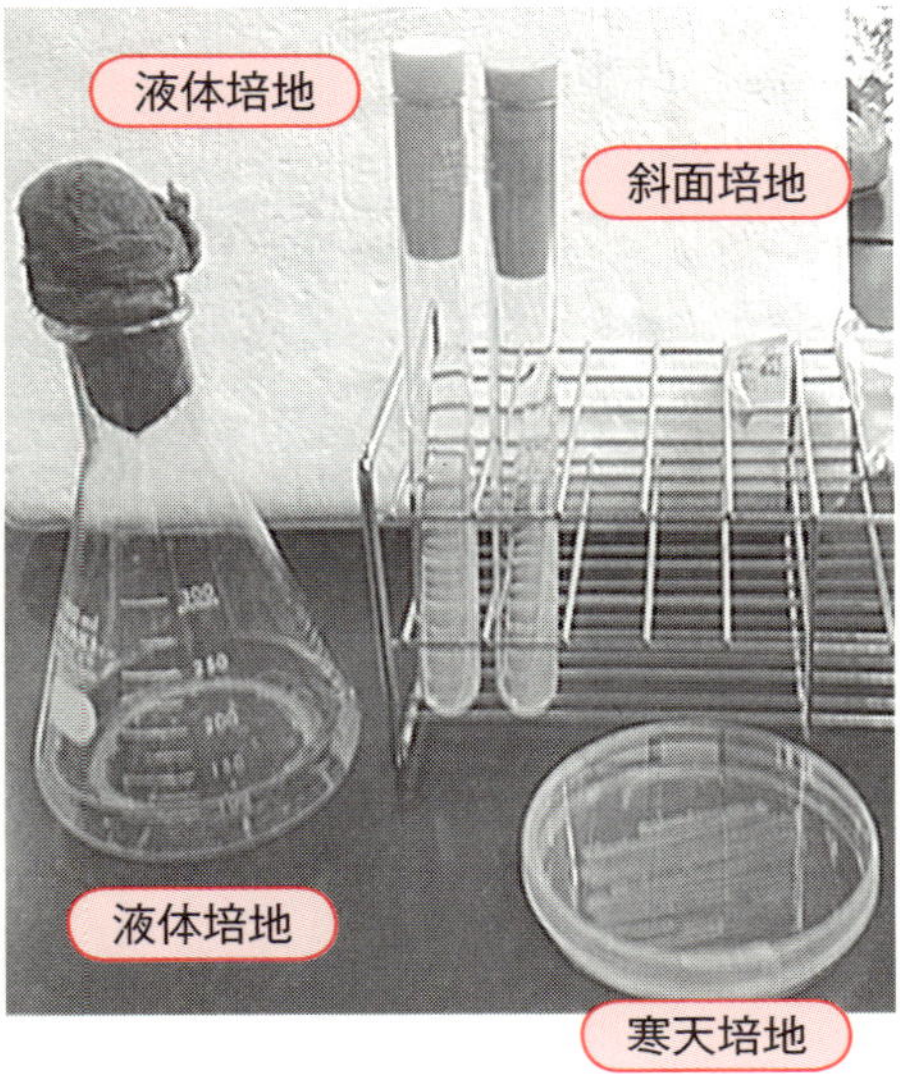

【天然培地（YPD培地）】
肉エキスなどの天然成分を含む培地

酵母エキス	10g
ポリペプトン	20g
グルコース	20g
蒸留水	1000mL

【合成培地（M9培地）】
純粋な物質の成分だけで構成される培地

(a)‐(d)の成分を別個に滅菌し、
次の割合で混合する。
滅菌蒸留水 1000mL、(a) 100mL、
(b) 20mL、(c) 10mL、(d) 10mL

(a)M9塩溶液　$Na_2HPO_4 \cdot 2H_2O$ 60g、
KH_2PO_4 30g、NH_4Cl 10g、NaCl 5g、
蒸留水　1000 mL

(b)	グルコース	20％水溶液
(c)	$MgSO_4$	0.1 M水溶液
(d)	$CaCl_2$	0.01 M 水溶液

特殊な機能をもつ
微生物を選抜するためには、
さまざまな成分を含む
選択培地が工夫されて
いるんだ

病原菌検出でも使われる培地

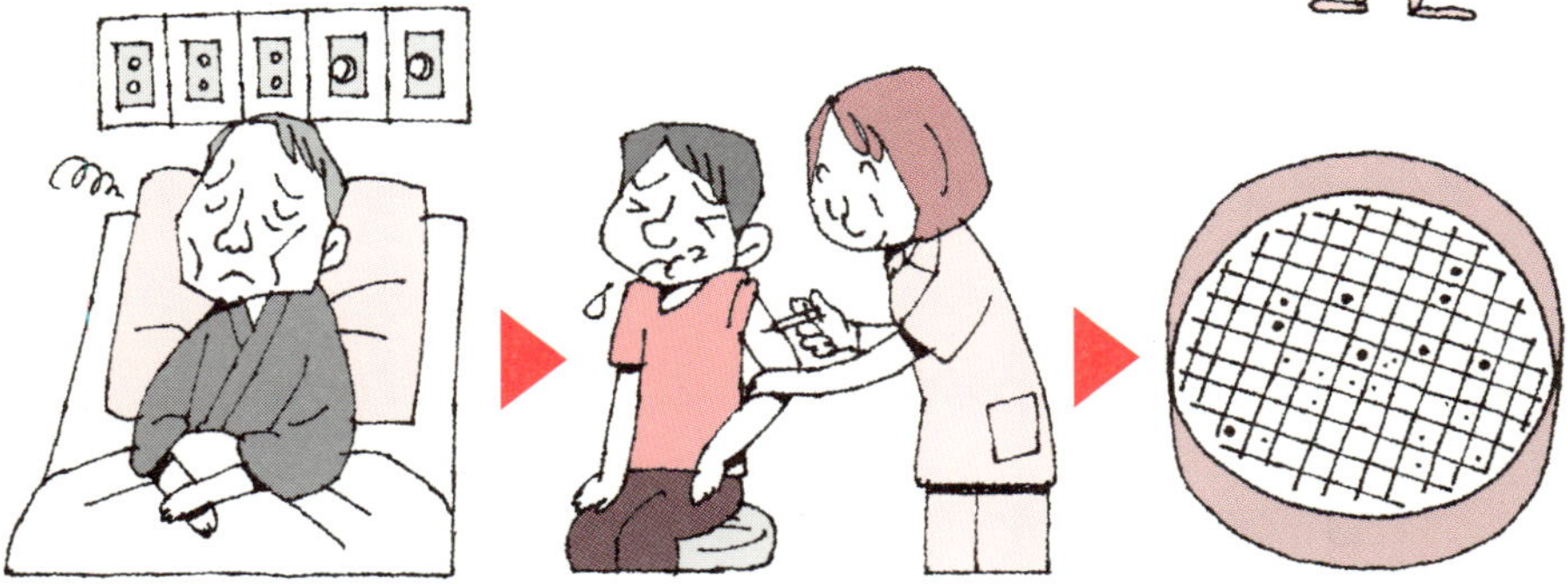

感染症に悩む患者　→　患者の体液など　→　病原菌検出用培地

23 微生物の初心者が最初に学ぶ無菌操作

雑菌の混入を防ぐ微生物取扱いの作法

微生物を扱うことになった初心者は、必ず「無菌操作」と呼ばれる器具の使用法と作法を修行することになります。無菌操作とは、外部の微生物に汚染されないように培地や試料を取り扱う手順のことであり、無菌操作が不完全だと雑菌が混入して汚染されるコンタミネーションが発生し、実験全体が水泡に帰すはめになります。研究者にとってコンタミネーションは恥ずかしい失敗なので、無菌操作には熟達しなければなりません。

無菌操作には「クリーンベンチ」と呼ばれる実験台が用いられます。ベンチの内部の空気は特殊フィルタにより清浄に保たれ、使用しないときは殺菌灯により内部を滅菌します。クリーンベンチの中では、使用時に随時ガスバーナーを点火します。滅菌済みの培地成分を分注して、寒天培地を作製する作業もクリーンベンチの中で行います。直径9センチメートルのシャーレに約20ミリリットルの培地成分を目分量で流し込み、寒天が冷えて固まるまでクリーンベンチの中で保管します。

微生物の植菌や植え継ぎなどの操作には、先端を輪にしたニクロム線に柄をつけた「白金耳《はっきんじ》」と呼ばれる器具を用います。微生物のコロニーや培養液に、白金耳の先端の輪を接触させて微生物を付着させ、新たな培地や試験管などに移すなどの操作を行います。微生物を操作するたびに、白金耳の先端をバーナーの炎で焼いて滅菌し、次の作業に前の微生物が混入しないようにします。

微量の溶液は「ピペットマン」と呼ばれる器具を用いて操作します。ピペットマンは片手で扱う小型ピペットであり、別に滅菌しておいた先端のチップを1回の操作ごとに取り替えながら、任意の量の溶液を測り取ることができる器具です。また、培地成分の滅菌や不要になった培地の処分、試薬や器具の消毒や滅菌も無菌操作の重要な手順の一環です。

要点BOX

- 無菌操作とは外部の微生物に汚染されないように培地や試料を取り扱う手順
- コンタミネーションは恥ずかしい失敗

クリーンベンチ

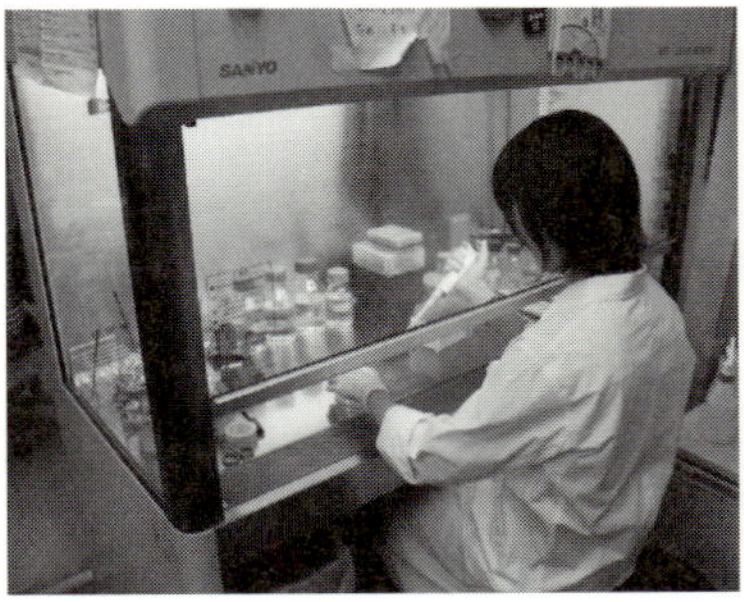

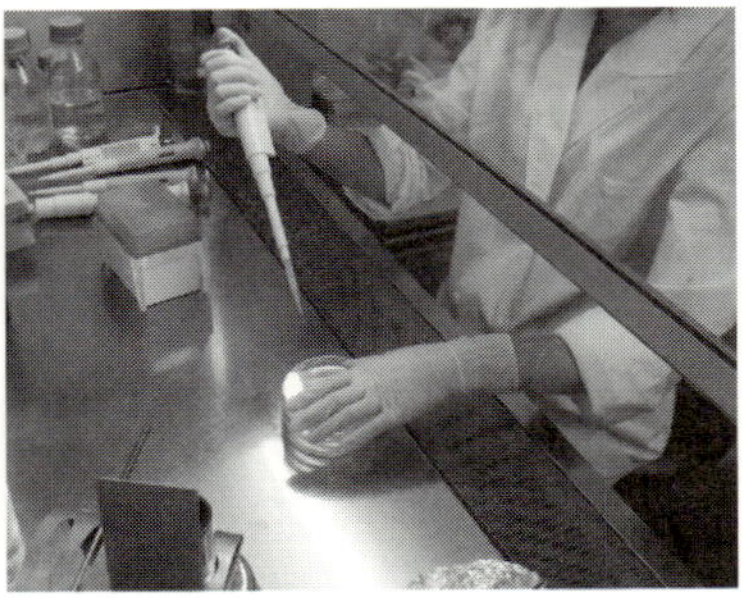

微生物実験に用いる内部を清浄に保つ規格の実験台。微生物が通過できないHEPAフィルタを通した空気を内部の実験台に導くことにより雑菌の侵入を阻止する。使用しないときは、内部の紫外線の殺菌灯を点灯する

ガスバーナーの上昇気流を利用した無菌操作

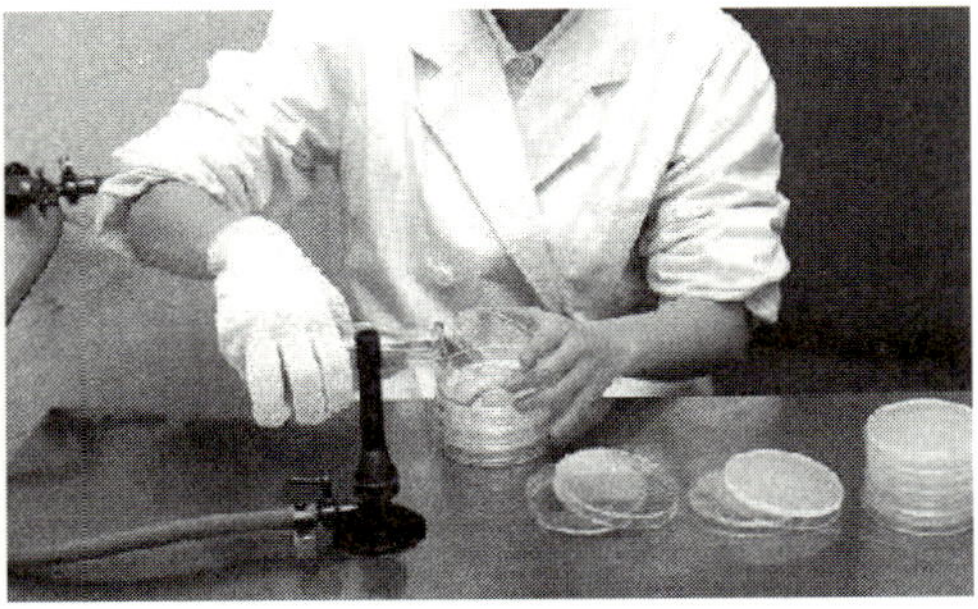

バーナーの炎の近傍は雑菌が落下しないので、手早い操作により雑菌の混入を防ぐことができる

ピペットマン

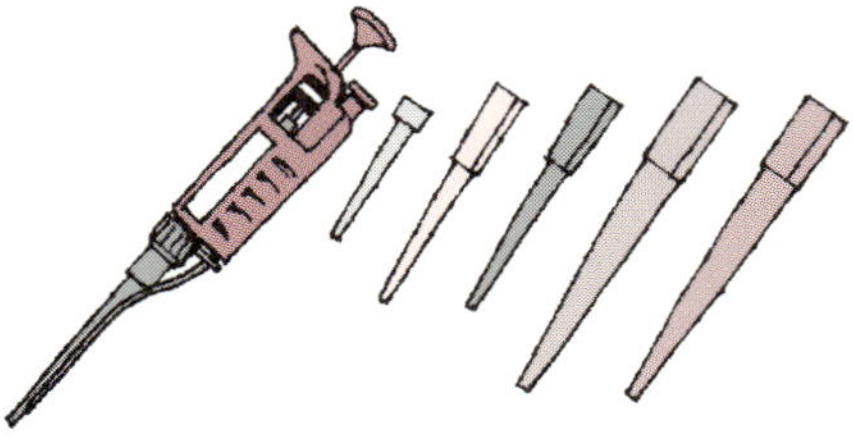

ピストンの操作により先端のチップに任意の容量の液体を吸入・排出する器具。滅菌済みのチップを次々に取り替えて使用する

ホルダーにニクロム線を取り付けた器具（白金耳）

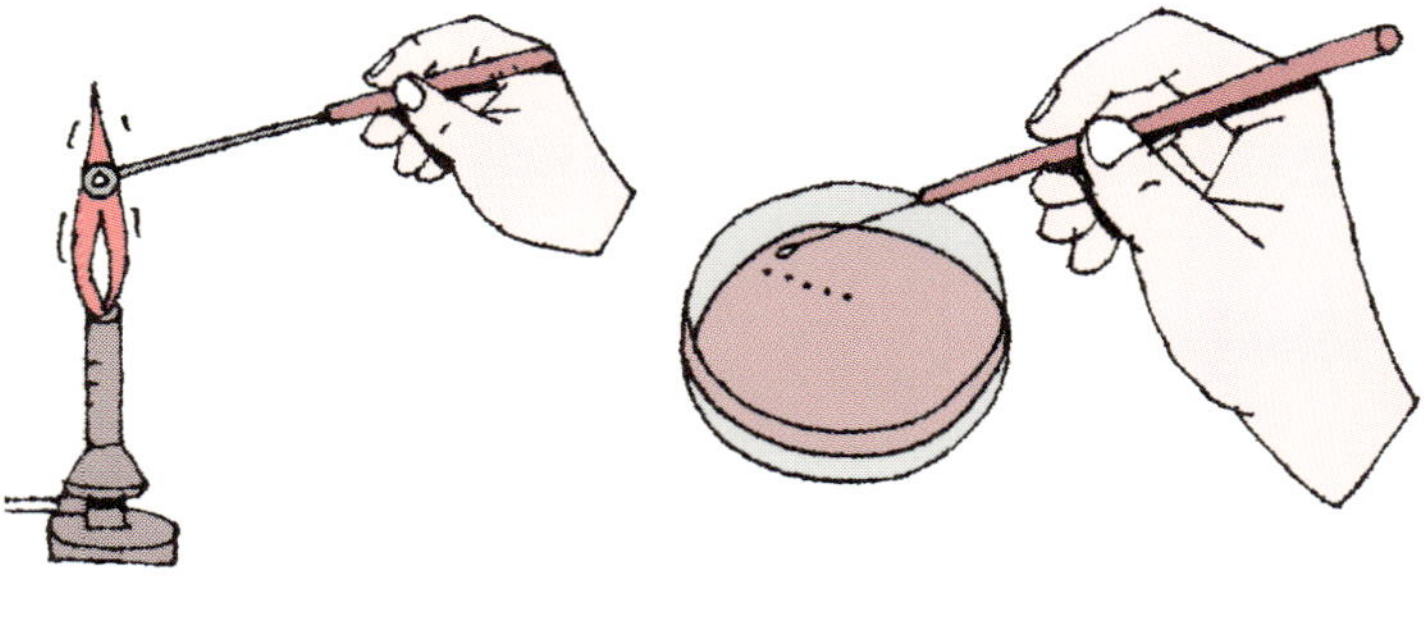

先端をループ状にした白金耳が用いられる。バーナーの炎で火炎滅菌して、微生物の植え継ぎ操作などに用いる

24 水蒸気により加熱され滅菌

高圧蒸気滅菌とフィルタ除菌

特定の微生物を生育させるためには、まず雑菌をまったく含まない培地を用意する必要があります。熱に強い培地成分や器具は加熱処理により滅菌します。

微生物を扱う実験室には必ず「オートクレーブ」と呼ばれる蒸気滅菌器が常備されています。培地成分を測り取ったフラスコを専用のカゴに入れてオートクレーブに収め、蓋をがっちり締めてからスイッチを入れると、内部が水蒸気により加熱されます。

一般的な実験室では、もっとも耐熱性の高い枯草菌の耐熱胞子が確実に死滅する条件として、120℃で20分間の条件が設定されています。水は2気圧では121℃で沸騰するので、滅菌中のオートクレーブの内部は約2気圧に保たれています。加熱が終了して内部の温度が100℃以下に下がってから試料を取り出し、実験に用います。加熱により沈殿や、化学反応が生じる成分を滅菌するときは注意が必要です。たとえば、アミノ酸と糖分を混合して加熱すると、メイラード反応と呼ばれる反応が起こって褐色の成分が生成します。このような成分が実験の妨げとなる場合は、別々に加熱滅菌して冷えてから混合するなどの工夫が必要となります。

ガラス器具や金属器具などのように水蒸気に接触させたくない器具類は、水蒸気の代わりに熱風により加熱する乾熱滅菌を行います。生物の耐熱性は、水蒸気による湿熱条件よりも乾熱条件の方がずっと高いことから、乾熱滅菌では170℃で60分という厳しい条件で加熱を行います。

抗生物質やビタミンなどのように、加熱すると分解してしまう成分はフィルターで除菌します。もっとも小さい細菌は0・5ミクロン程度なので、0・22ミクロンの規格のフィルターを用いてろ過することにより、雑菌を除きます。

実験に用いる試薬や成分に合わせて滅菌方法を選択することが重要です。

要点BOX

- ●オートクレーブと呼ばれる蒸気滅菌器
- ●1耐熱胞子の死滅は20℃で20分間の条件設定
- ●蒸気の代わりに熱風により加熱する乾熱滅菌

オートクレーブ（蒸気滅菌器）

熱に強い培地成分を水蒸気で120℃、20分加熱して、耐熱性胞子を形成する微生物を含めて完全に死滅させる

オートクレーブで
20 分間 121℃に
保って滅菌を行えば、
生き残る微生物は
まずいないので、
安心して培地を
使用できるんだ

乾熱滅菌

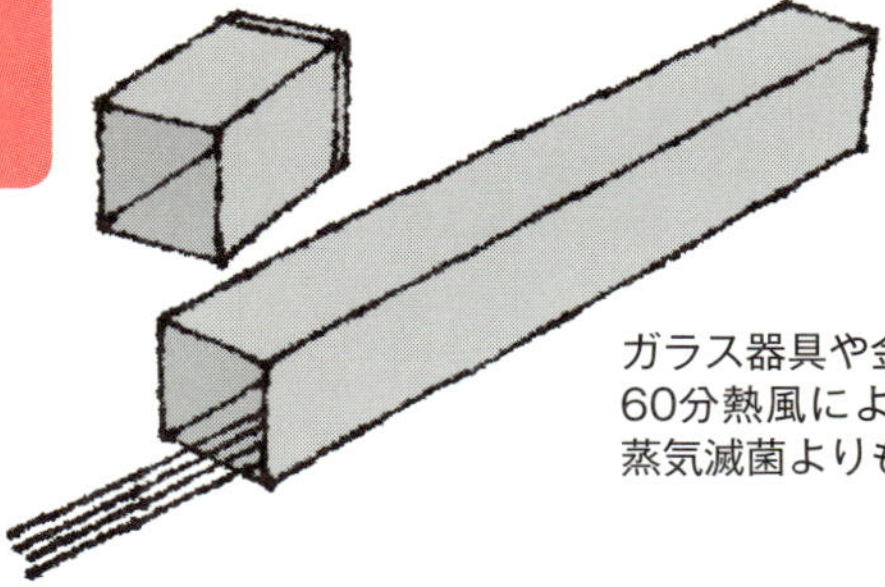

ガラス器具や金属器具などは170℃、60分熱風により加熱して滅菌する。蒸気滅菌よりも強い加熱条件が必要

フィルタ除菌

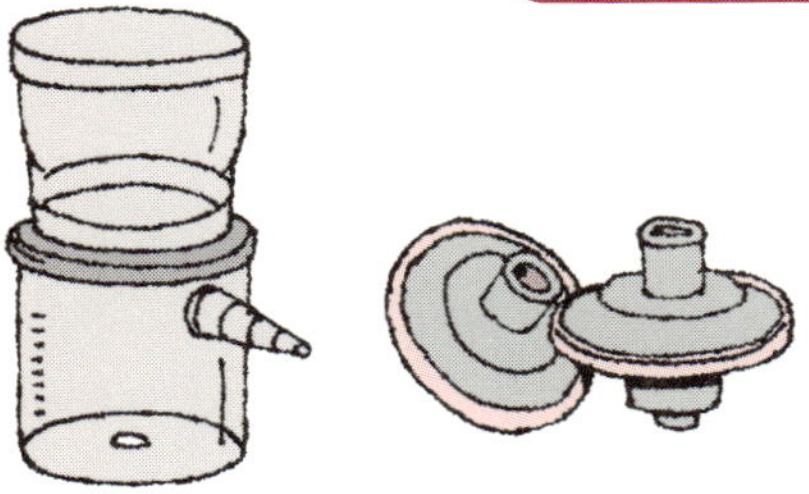

抗生物質やビタミンなどの熱に弱い培地成分は、微生物を通過させない規格のフィルタで除菌する

25 微生物の分類と学名

学名の付け方と菌株

生物学者は、地球上のあらゆる生物について形態や遺伝子の組成を比較検討し、体系的に分類しています。生物の分類体系は階層的に構成されていて、ヒトの分類学的位置を示すと、〈真核生物ドメイン－動物界－脊椎動物門－哺乳動物綱－霊長目ヒト科－ヒト属－ヒト種〉となります。

さらに、18世紀の植物学者カール・フォン・リンネ（1707－1778）の提唱により、すべての生物種には分類体系の下から2つの属名と種名によるラテン語の学名が付けられています。学名のおかげで、言語の異なる研究者の間でも生物種を間違いなく指定することができるようになっています。

交配可能で繁殖能のある子孫を残せることが、同一種の生物としての基本的な条件です。ヒトはホモ属サピエンス種なので、「ホモ・サピエンス」が学名であり、ラテン語で「考える人」という意味です。ちなみに「バチルス」は桿菌、「コッカス」は球菌、「ラクト」は乳の意味なので、「ラクトバチルス」なら乳酸桿菌です。

哺乳類や鳥類の新種が発見されることは滅多にありませんが、微生物については続々と新種が発見されています。興味深い微生物が単離できたときは、まずコロニーや菌体の形態を観察し、さまざまな生理試験を行って情報を収集します。次に16SリボソームRNAの遺伝子を単離して塩基配列を決定し、データベースに照合します。微生物の種名が推定されると、微生物の公的保存機関から標準菌株を取り寄せて性質を比較検討します。

微生物は交配による種の確認ができないので、一定の基準に従って類似性により分類します。発見した微生物を新種として認定してもらうためには、分析データとともに、2カ所以上の公的な保存機関に菌株を委託する必要があります。こうして、世界中の研究者が情報を共有することができるのです。

要点BOX

- 生物の分類体系は階層的に構成されている
- 学名により言語の異なる研究者の間でも生物種を間違いなく指定することができる

ヒトとヒョウの分類学的位置

学名 ＝ 属名 ＋ 種名（ラテン語）

分類体系の最後の属名と種名を学名とする。ヒトはホモ・サピエンス、ヒョウはパンテーラ・パルドス

ドメイン	界	門	綱	目	科	属	種
真核生物ドメイン	動物界	脊椎動物門	哺乳動物綱	霊長目	ヒト科	ヒト属	ヒト種
真核生物ドメイン	動物界	脊椎動物門	哺乳動物綱	食肉目	ネコ科	ヒョウ属	ヒョウ種

慣用名	学名（属名 ＋ 種名）	学名の由来
大腸菌	エシェリキア・コリ	エシェリキア：発見者、コリ：大腸
黄色ブドウ球菌	スタフィロコッカス・アウレウス	スタフィロ：房状、コッカス：球状、アウレウス：金色
乳酸菌	ラクトバチルス・ブルガリクス	ラクト：ミルク、バチルス：桿状
赤痢菌	シゲラ・ダイセンテリエ	シゲラ：志賀潔、ダイセンテリエ：赤痢
パン酵母	サッカロマイセス・セレビシエ	サッカロ：砂糖、マイセス：カビ、セレビシエ：ビール
黄麹菌	アスペルギルス・オリゼー	アスペルギルス：キリスト教の撒水器の形、オリザ：米
イネ	オリザ・サティバ	オリザ：米、サティバ：栽培された
ヒト	ホモ・サピエンス	ホモ：ヒト、サピエンス：考える

微生物同定の手順

微生物の単離
↓
形態・生理試験
↓
16SリボソームRNA遺伝子の配列解析
↓
標準菌株との比較
↓
DNA-DNAハイブリダイゼーション
↓
同定

【1】微生物を単離する
【2】コロニー・菌体の形態および生育を観察する
【3】各種の染色性を検討する
【4】各種の生理的性質を調査する
【5】各種の生化学的性質を調査する
【6】16SリボソームRNA遺伝子をクローン化し、塩基配列を解析する
データベース検索を行う
【7】想定される菌種の標準菌株を公的保存機関から入手する
【8】標準菌株と各種の形態・性質を比較検討する
【9】DNA-DNAハイブリダイゼーション試験
（70%以上のハイブリ値があれば同一種とする）

新規の種名の認定には、2カ所以上の公的保存機関への菌株の委託が必要

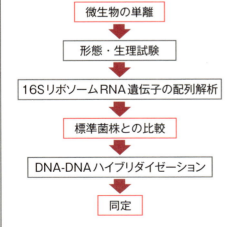

26 微生物の単離は一期一会

ときには煩雑な手続きが必要となる微生物の採取法

　既存の微生物の研究に限界を感じ、より優れた能力をもつ微生物が欲しいと思ったとき、研究者は野外に出かけて微生物の採取と単離を行います。同じ人間でも顔や能力に違いがあるように、同一種の微生物でも有用物質の生産性などさまざまな個性をもつ微生物が生息しています。

　微生物の第一の分離源は土壌です。土の中には非常に多様な微生物が生息しているので、さまざまな地形や環境から土壌を採取し、蒸留水などで希釈して寒天培地に塗布します。このとき、目的とする微生物によって培地も慎重に選択する必要があります。

　たとえば、難分解性のセルロースを分解する酵素を生産する微生物が欲しい場合は、セルロースを唯一の炭素源とする培地を用いるのが有効です。寒天培地を保温器で数日間保管すると、培地の表面に点々とコロニーが出現してきます。

　1枚の培地上にさまざまな形態のコロニーが形成されていますが、1個のコロニーは1個の微生物から増殖したものなので、単一の微生物の集団と考えられます。そこで、狙いのコロニーから無菌操作により微生物を釣り上げて、新しい培地に植菌して培養します。この培地に出現するコロニーはすべて同一種の微生物であり、形態や大きさがきれいに揃っているはずです。この操作を「微生物の純粋分離」と言います。

　微生物をどこから分離するかは運次第でもありますが、目的によっては動物の糞、沼の汚泥、工場廃水、火山の温泉などから採取する必要に迫られることもあるでしょう。分離源によっては病原性への配慮も必要ですし、海外での採取には国家レベルの権利が絡みますので、煩雑な手続きが必要となります。

　分離した微生物は貴重な遺伝子資源です。ひとたび失われてしまうと、同じ場所に出かけても同じ微生物が採取できることはまずありません。微生物の単離は「一期一会」なのです。

要点BOX

- 微生物の第一の分離源は土壌
- 微生物をどこから分離するかは運の要素も
- 分離した微生物は貴重な遺伝子資源

微生物の単離プロセス

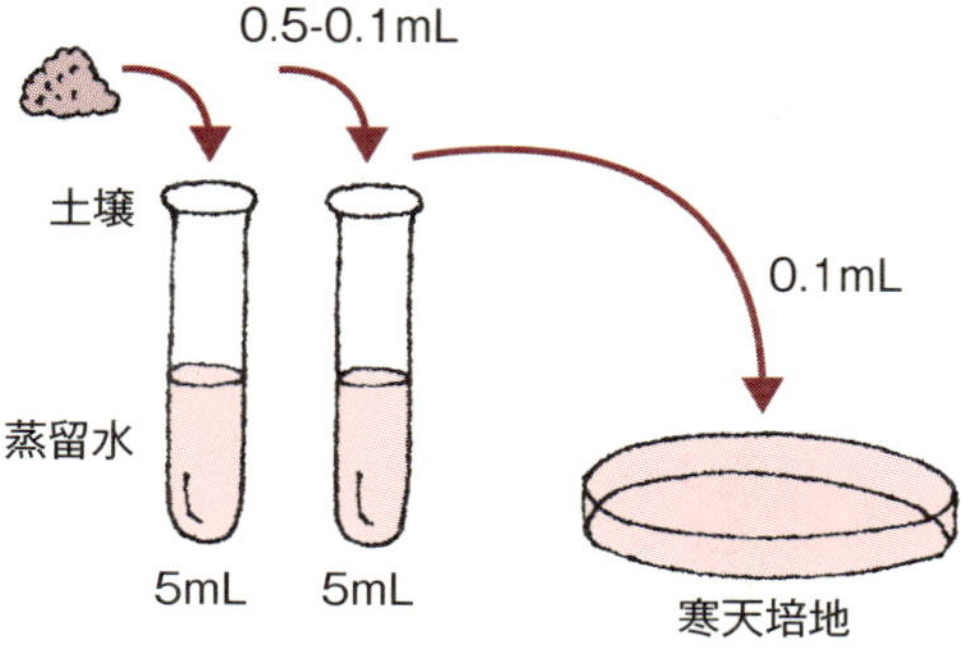

土壌などの試料を採取し、蒸留水などに希釈して寒天培地に塗布する。数日間、保温して培養するとさまざまな微生物が生育して多彩なコロニーが出現する

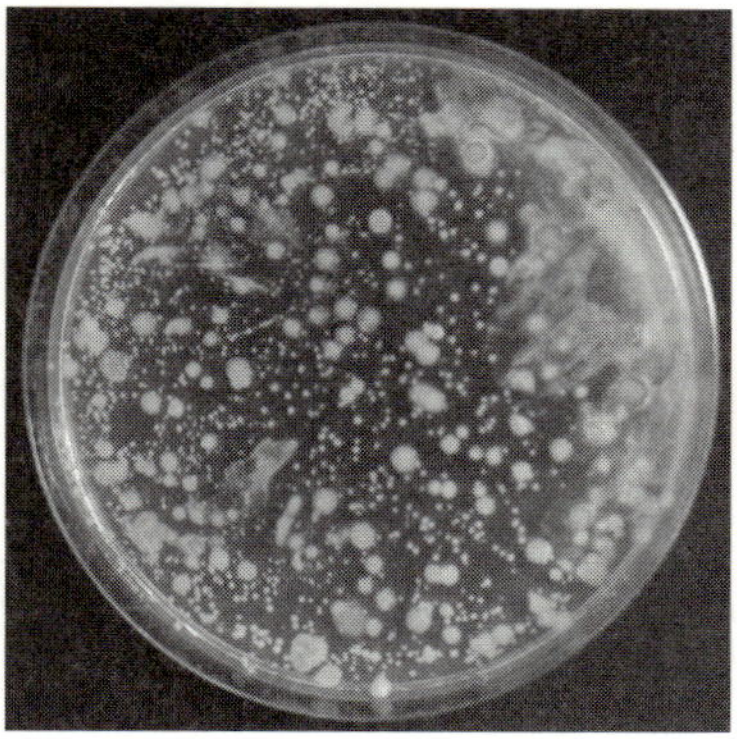

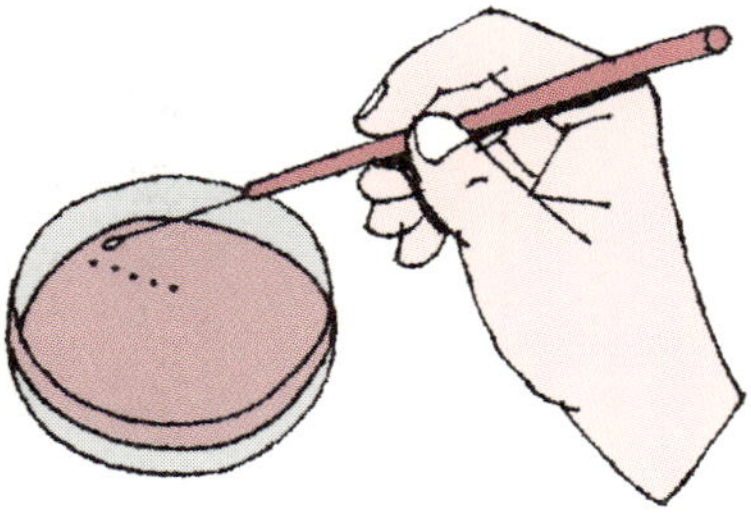

無菌操作により目的の微生物を釣り上げる

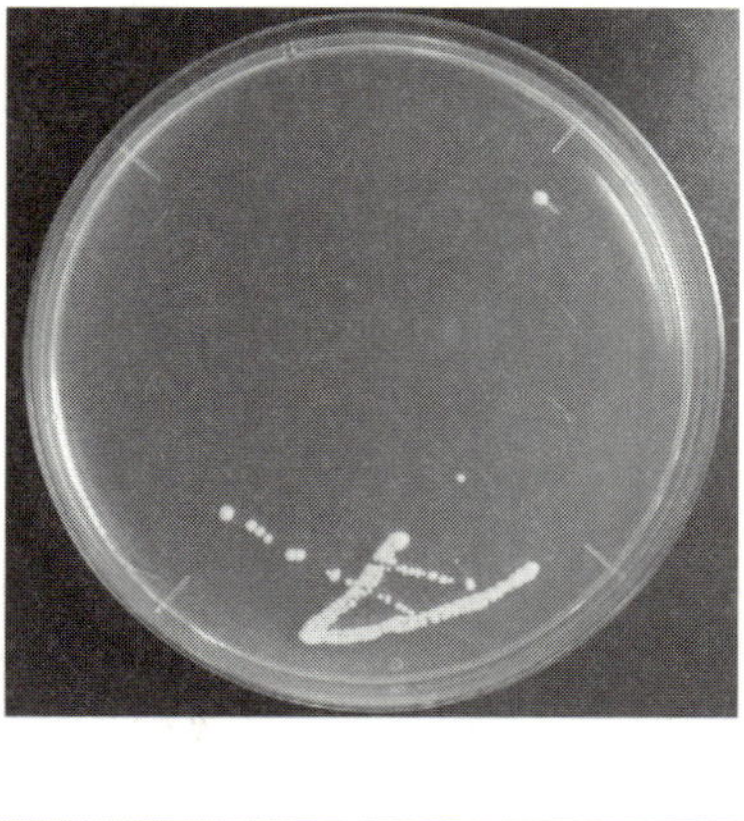

- 1個の微生物の集落（コロニー）は1個の微生物に由来すると考えられる
- 1個のコロニーは単一の微生物集団である
- 目的とする微生物の単離して、純粋培養する

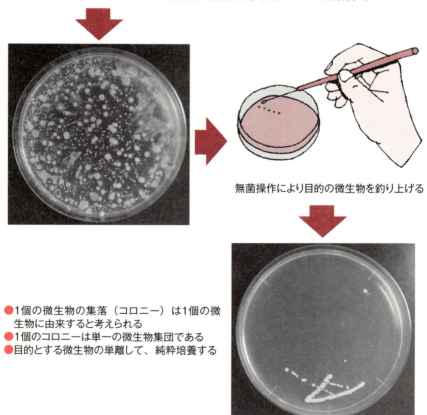

27 一定の条件が求められる微生物の培養

液体培養と固体培養

微生物を培養して価値のある情報を得るためには、一定の条件で培養する必要があります。第一の条件は温度であり、微生物を植菌した寒天培地は「インキュベータ」と呼ばれる恒温器で培養します。大腸菌や乳酸菌などの細菌は37℃、カビや酵母などの真菌は30℃に設定するのが普通です。

液体培地を用いる培養のときは、培養液がよどんでいると、すぐに酸素が使い切られてしまうので、通気の確保が重要になります。培養液の入ったフラスコに通気性のある栓をして「振とう培養器」の台に固定し、台を振動させることによって培養液を常にかき回して通気を確保します。枯草菌や麹菌のように大量の酸素を必要とする微生物の場合は、フラスコに入れる培養液を控えめにして激しく振動する必要があります。

詳細な培養データを収集するときは、コンピュータ制御の「ジャーファーメンター」と呼ばれる培養装置を利用します。通気条件や温度などを細かく制御しながら、溶存酸素、pH、微生物の濃度などをリアルタイムで記録することができます。大手企業の研究所には高性能のジャーファーメンターがずらりと並んで、研究開発の効率化に威力を発揮しています。

工業的な有用物質生産の現場では、大きな培養装置に一定量の培地を入れて培養を行い、培養が終了してから生産物と微生物の菌体を回収する「回分培養」が一般的ですが、新しい培地を連続的に注入し、あふれた培養液を回収する「連続培養」が採用される場合もあります。連続培養では、常に最高の条件で微生物を増殖させることが可能であり、生産性が高いのが特徴です。

一方、微生物の栄養分となる基質を必要に応じて追加しながら行う培養は「流加培養」と呼ばれます。培養が終了してから生産物を回収するので、回分培養の一種ですが、比較的単純な装置で高い生産性が確保できるので、採用されることの多い培養法です。

要点BOX

- ●第一の条件は温度
- ●生産物と微生物の菌体を回収する回分培養
- ●連続培養は常に最高の条件で微生物を増殖する

インキュベータ（恒温器）

本来は卵を孵化させるために内部温度を一定に保つ箱（孵卵器）のこと。細菌の培養に用いられる

振とう培養器

フラスコなどに入った培養液を振とうすることにより、空気と接触させて通気を確保する

ジャーファーメンター

（写真提供:株式会社高杉製作所）

温度、通気量、撹拌速度、pHなどを制御しながら微生物の培養を行う装置。5L ～20L程度の培養に用いられることが多い

連続培養装置

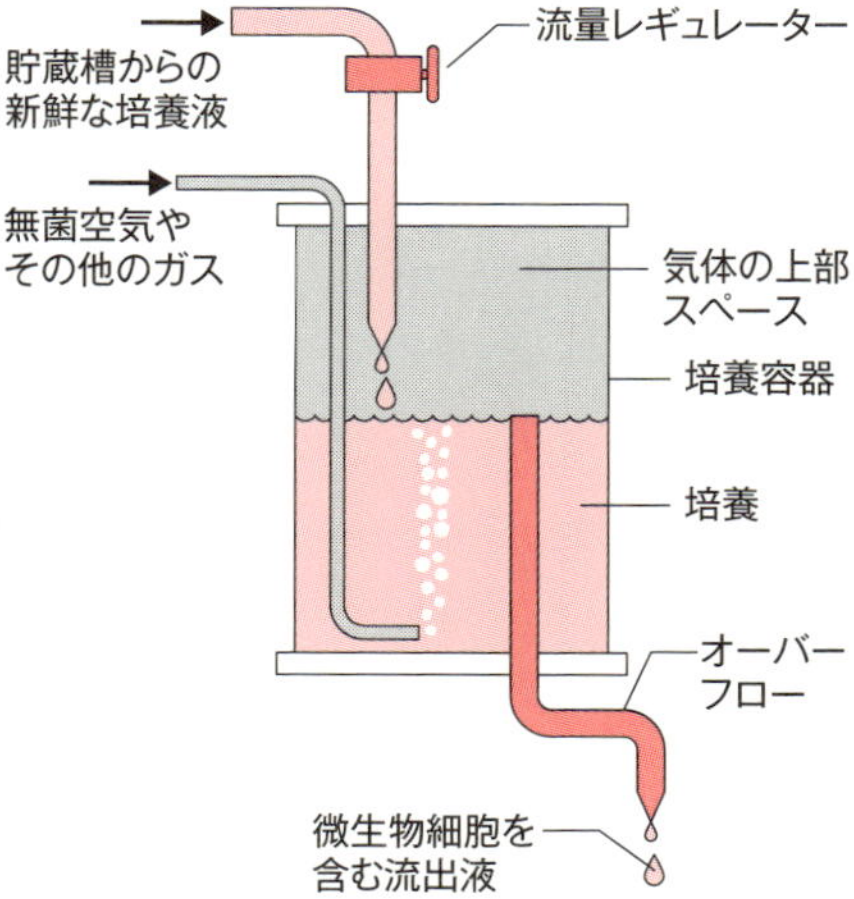

回分培養
最初から一定量の培地を培養器に入れて行う培養法。微生物菌体や、反応生成物は培養終了後に回収する
流加培養
培養中に基質（栄養分）などを追加しながら培養する。培養液は培養終了後にまとめて回収する
連続培養
新鮮な培地を連続的に投入し，同時に等量の培養液を抜き取る培養法

28 微生物の観察に欠かせない顕微鏡

微生物はほとんど透明で拡大しても非常に見にくい

微生物の観察には顕微鏡が不可欠です。現在の光学顕微鏡は、対物レンズと接眼レンズが組み合わされています。試料からの光は対物レンズを通過して実像を形成します。実像は実際に光が集まる像なので、さらに接眼レンズを用いて拡大することができます。このとき、総合倍率は対物レンズの倍率と接眼レンズの倍率を合わせたものになります。通常は接眼レンズは10倍に固定され、４倍から１００倍までの複数の対物レンズから適切なレンズを選んで使用します。

顕微鏡で識別できる最短距離を解像度と言いますが、可視光線の波長は０・４〜０・７ミクロンなので、これよりも小さい物体は波長の波にのみ込まれて像がぼやけることになります。実際の解像度は０・２ミクロンくらいが限度で、これよりも小さいウイルスなどは光学顕微鏡では観察することができません。

細胞の微細な内部構造やウイルスの観察には、可視光線よりもはるかに波長の短い電子線を用いる電子顕微鏡を利用する必要があります。

光学顕微鏡は１００倍を超える倍率では視野が非常に暗くなるので、光源の光を集約するコンデンサが必要になります。また、微生物はほとんど透明で拡大しても非常に見にくいので、染色して観察するのが一般的です。しかし、これでは厚化粧の舞台俳優を強いライトで照らして鑑賞するようなものなので、素顔とはかけ離れています。そこで、自然のままの微生物を観察するために特殊な光学系を採用した位相差顕微鏡や微分干渉顕微鏡が普及しています。

また、通常の光学顕微鏡では、試料の下から光を照射して上の対物レンズで拡大するので、試料は逆光となり、しかも左右反対に見えることになります。これでは顕微鏡の下で操作するには不便なので、上部から光を当てて試料の微生物が立体的に見える実体顕微鏡が開発されています。実体顕微鏡は顕微鏡で見ながら細かい作業を行うことができます。

要点BOX

- 顕微鏡で識別できる最短距離を解像度と言う
- 細胞の微細な観察は電子顕微鏡を利用する
- 試料を見ながら作業を行える実体顕微鏡

光学顕微鏡

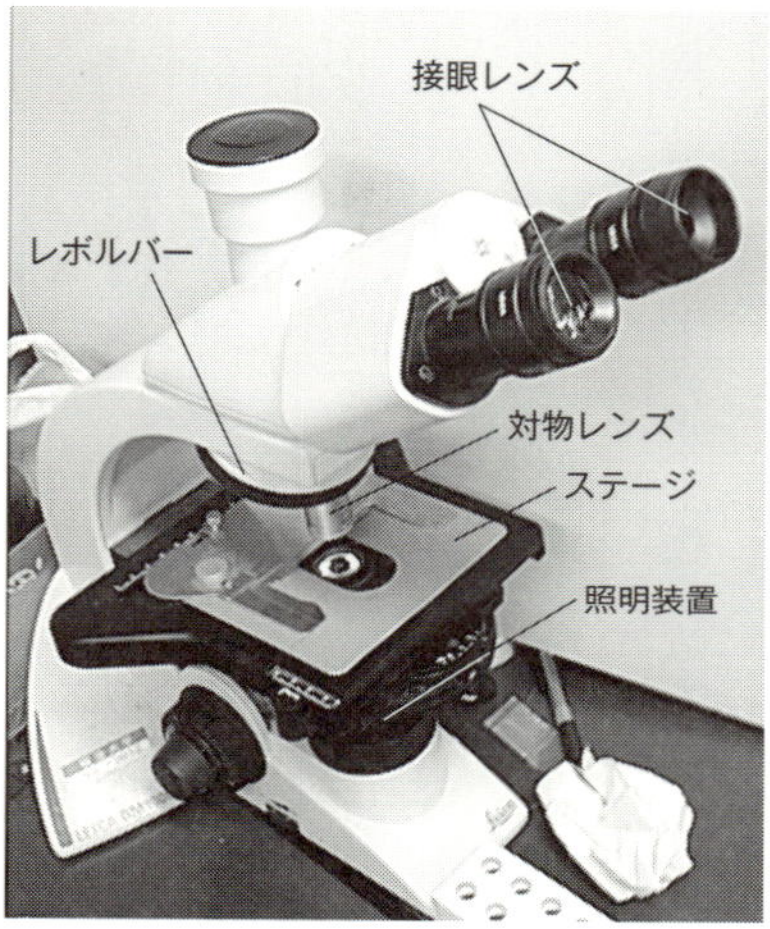

実体顕微鏡

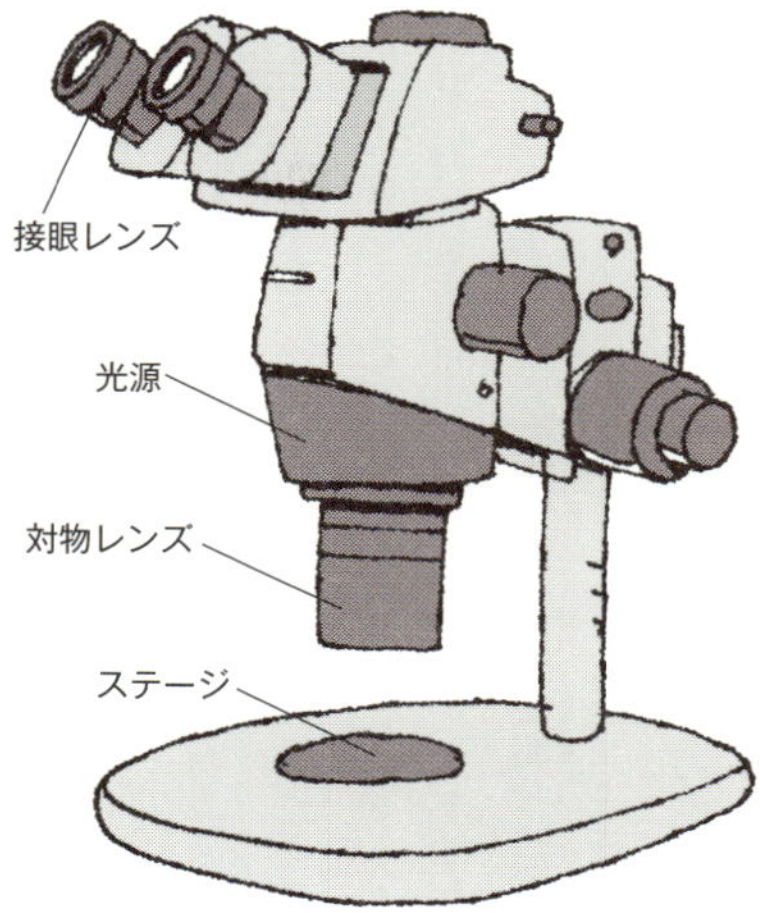

虚像を観察する仕組み

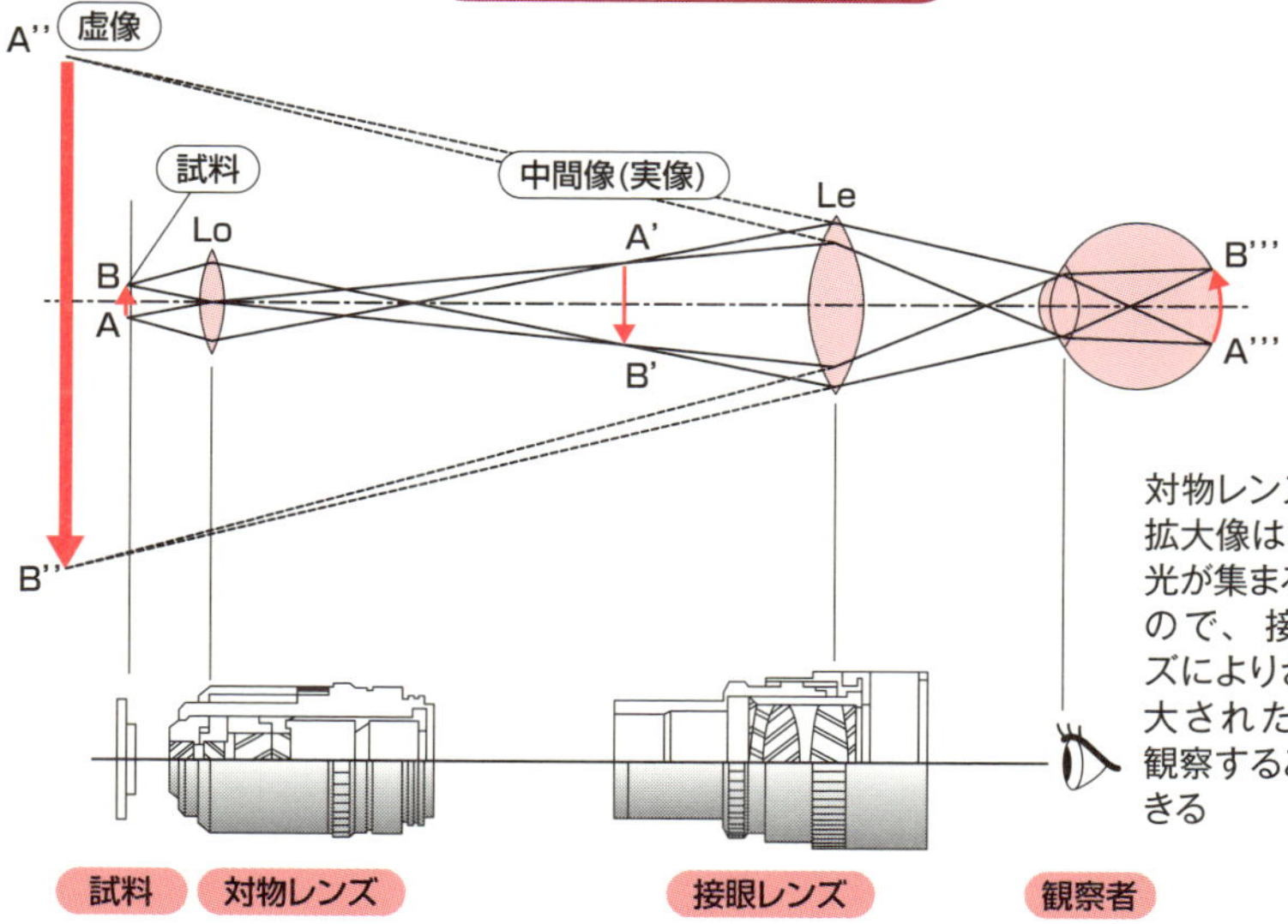

対物レンズによる拡大像は、実際に光が集まる実像なので、接眼レンズによりさらに拡大された虚像を観察することができる

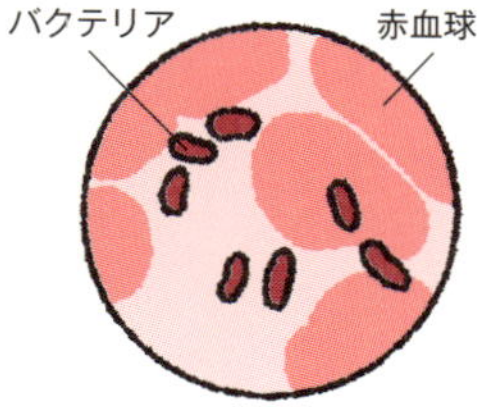

光学顕微鏡で観察した細菌

約1000倍で観察できるが、逆光になる。染色して観察する

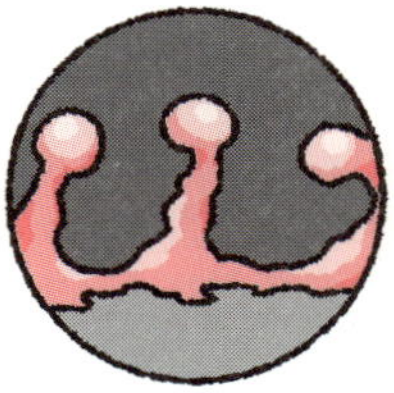

実体顕微鏡で観察した粘菌

50倍程度でしか観察できないが、順光で立体的。顕微鏡下で操作できる

29 微生物の数え方と測り方

一筋縄ではいかない微生物の計測

河川水や発酵中の培養液などの試料に含まれる微生物の数を計測することは基本的な作業ですが、なかなか一筋縄ではいきません。

縦横の線が刻まれた特殊なスライドグラスに試料を滴下し、顕微鏡により微生物を数えるのがもっとも直接的な方法です。もっともよく使われる「Thomaの計算盤」では、1区画が縦横0・05ミリメートル、深さ0・1ミリメートルなので、1区画に平均して5個の微生物がいたとすると、濃度は培養液1ミリリットルあたり約2000万個と算出することができます。しかし、この方法は手間がかかる割に精度が低いので、他に手段がある場合にはあまり使われません。

微生物が増殖すると、透明だった培養液がだんだん濁ってきます。培養液の濁り具合を「吸光光度計」により測定し、微生物の濃度を割り出すのがもっとも簡便な方法です。この場合、同じ濁り具合でも微生物の大きさにより数が異なってくるので、あらかじめ微生物の濃度と濁り具合の関係を調べて検量線を作製しておく必要があります。また、微生物の濃度が高くなると誤差が大きくなることや、泡立つ成分を生産する微生物が数えられないこと、生きている細胞と死んでいる細胞の区別がつかないことなどが短所となります。

微生物の生きている細胞とは分裂増殖できる細胞のことですから、培養液を新鮮な培地に滴下して培養し、出現するコロニーの数を数えて生きている細胞の数を推定するのが生菌数測定です。10倍ずつ段階希釈が必要で非常に手間がかかり、結果が出るのに数日かかるので、特段の理由がないと行われません。

微生物の計測は永遠の課題ですが、現在は生きている細胞と死んだ細胞を染め分ける便利な染料が開発されています。試料の顕微鏡画像をコンピュータ解析して瞬時に細胞の濃度を計測することも可能であり、計測技術は日進月歩で進歩しています。

要点BOX

- ●もっともよく使われるThomaの計算盤
- ●培養液の濁り具合を利用する測定方法
- ●計測技術は日進月歩で進歩している

直接計数法

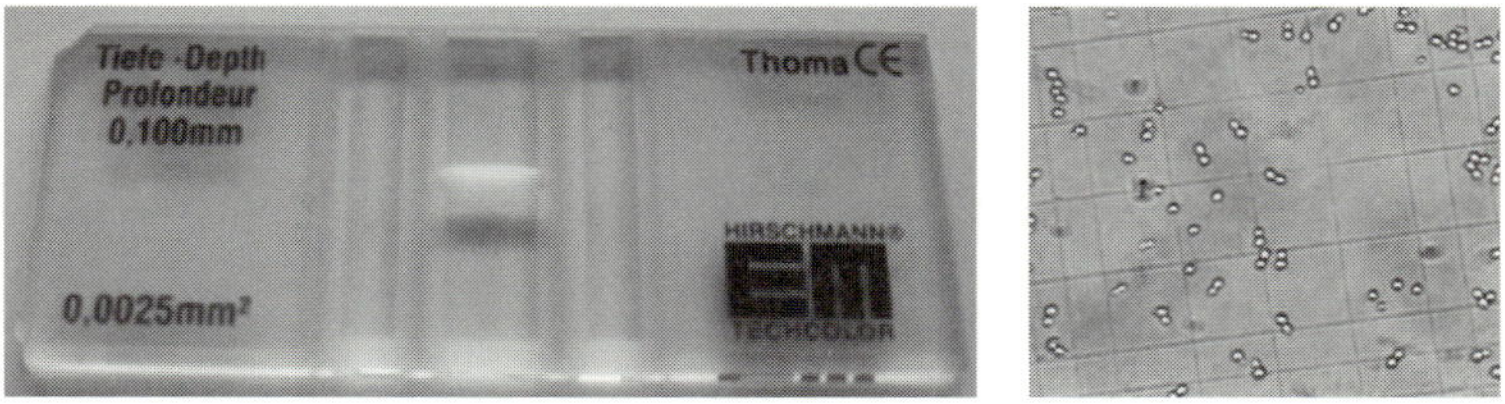

Thomaの計算盤は、特殊なスライドグラスに0.05mm x 0.05mm x 0.1mmのラインが刻まれている（深さ0.1mm）。顕微鏡で細胞の数を数えて、濃度を計算する

吸光光度計

微生物が繁殖すると培養液が濁るので、吸光光度計で濁度を測定して濃度を計算する

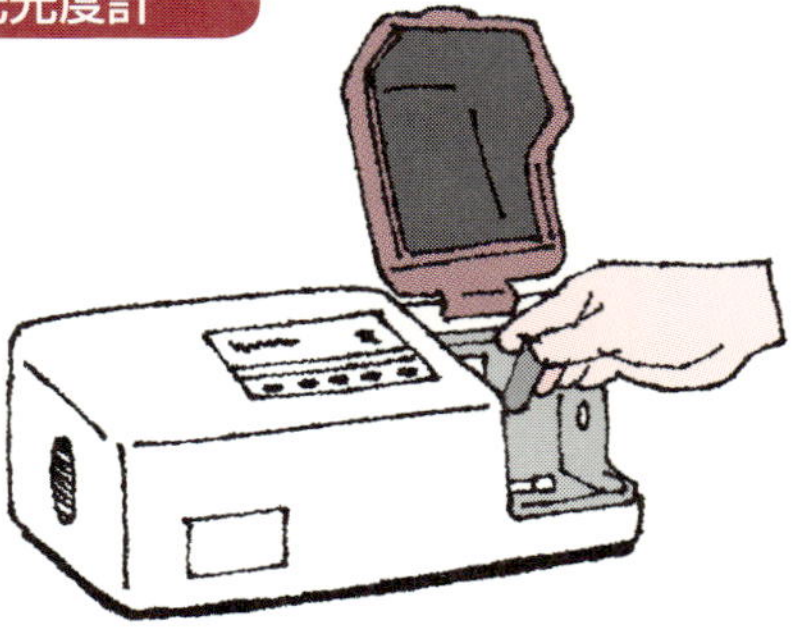

段階希釈法による生菌数測定

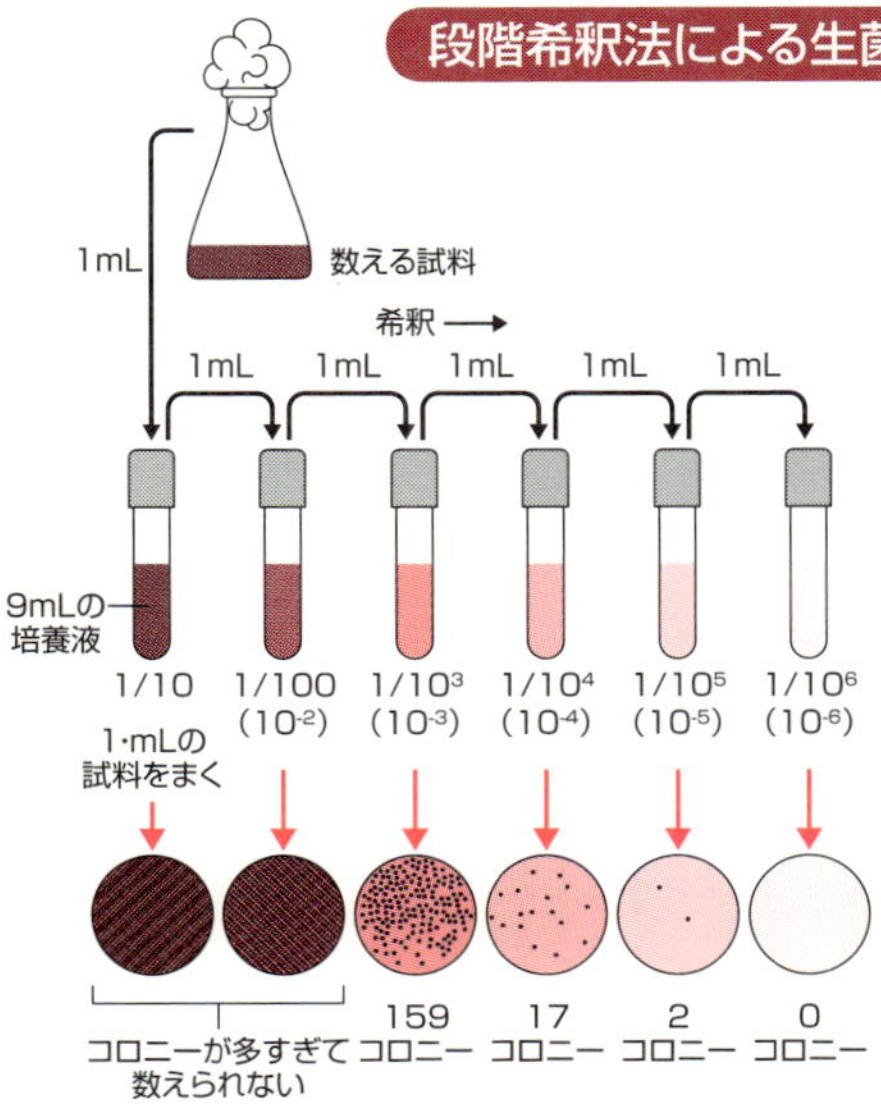

培養液を順次希釈して寒天培地に塗布して培養し、適当な数のコロニーが出現したプレートのコロニーを計数する。時間がかかるが、生きている微生物の濃度を測定することができる

用語解説

検量線：物質の量や濃度など測定データとの関係を示したグラフ。

30 貴重な微生物の菌株の保存と入手法

特殊能力をもつ微生物の菌株は宝物

有用物質を生産する微生物や特殊能力をもつ微生物の菌株は、計り知れない価値をもつ宝物なので、失われることのないように保管する必要があります。

菌株保存のもっとも単純な方法は、試験管の寒天培地に生育させた微生物を低温の保管庫に保管することです。微生物の研究機関には数千本の試験管が保管されていますが、保存が長期に及ぶと死滅することがあるので、定期的に新しい培地に植え継いで維持していかなければなりません。植え継いでいる間に、微生物の性質が変質してしまうこともあります。

微生物の培養液にグリセロールなどの保護剤を加え、ろ紙に染み込ませて凍結乾燥し、ガラス管に密封しておくと場所も取らずに保管ができます。また、他の研究者に送るのも容易です。保存中の微生物は休眠状態にあるので、変質する心配もありません。密封管は作製に手間がかかることと、ガラス管を割らないと微生物を利用できないことなどが短所です。

貴重な菌株は、培養液に保護剤を加えてマイナス70℃の高性能冷凍庫に保管するか、マイナス196℃の液体窒素に漬けて凍結保存されます。特に液体窒素を用いる方法はもっとも確実性の高い方法ですが、設備に多額の費用がかかることと、停電などへの対応策を講じる必要がある点が難点です。以上のようにおのおのの保存方法は一長一短なので、目的と予算に応じた保管方法の選択が重要です。

価値のある菌株は、公的な微生物保存機関に預託することも危険分散の有効な手段です。日本では製品評価技術基盤機構（NITE）、酒類総合研究所、理化学研究所などが組織的な微生物の保管業務を行っています。また、研究のために特定の微生物の菌株を入手したいときは、これらの研究機関のホームページから必要な菌株を探し出し、使用目的や責任者名などを明記した依頼書を送ることにより、菌株の分譲を受けることができます。

要点BOX

- ●目的と予算に応じて微生物の保存法を選択
- ●価値のある菌株は公的な微生物保存機関に預託
- ●菌株の分譲を受けることもできる

アンプル

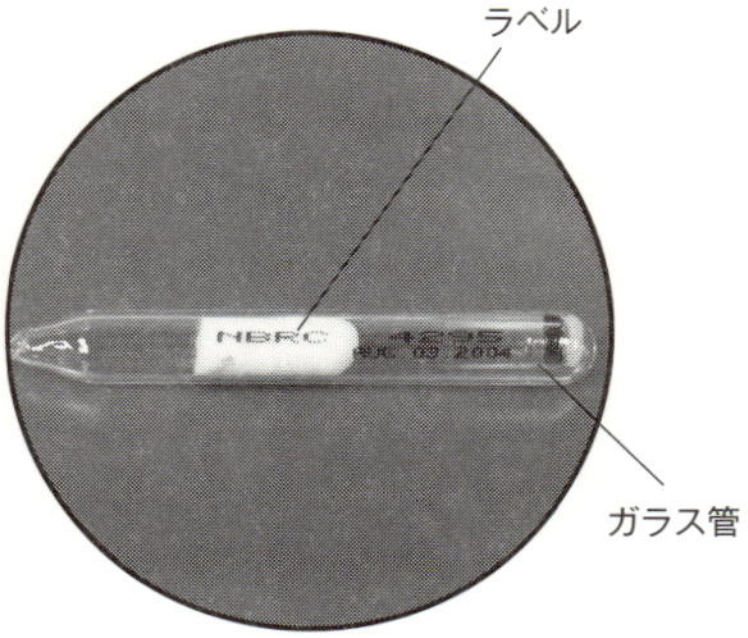
ラベル
ガラス管

微生物の培養液にグリセロールなどの保護剤を加えてろ紙に浸透させ、凍結乾燥し、ガラス管に密封保存する。手間がかかるが、保管場所をとらない。菌株の郵送などに便利

スラント

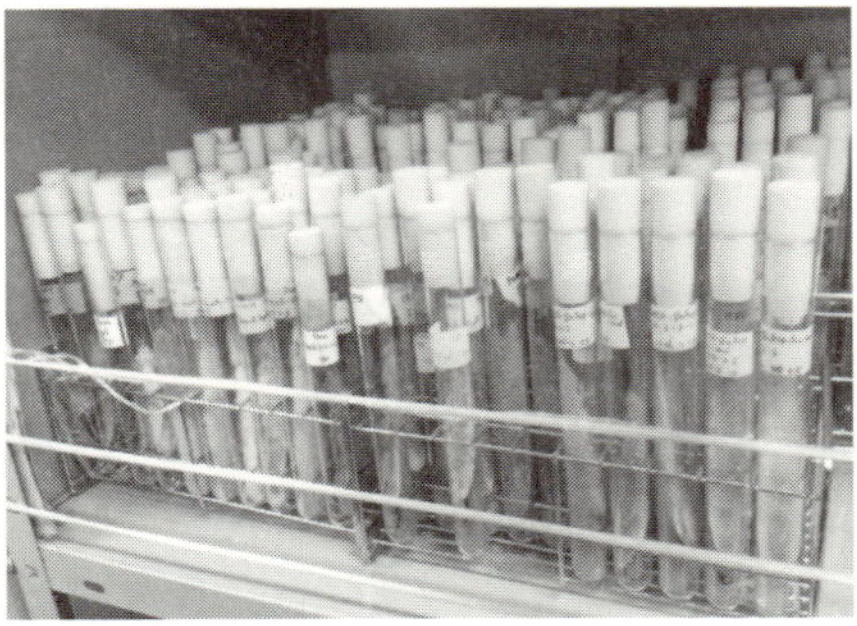

斜面培地で微生物を保存する。簡便な保存法だが、死滅することがあるので、1年に1、2回植え継ぎを行って、活性を保つ必要がある

菌株は公的な
保存機関などから
入手できるよ

凍結保存

菌株は極低温で凍結し、すごく寒い場所で保存される

微生物の培養液に保護剤を加えて急速凍結し、−70℃程度の超低温フリーザーに保管する。または、培養器を液体窒素に漬けて−196℃で保管する。確実な保管方法だが、大がかりな設備を要し、停電対策なども必要

大規模培養の苦労

試験管やフラスコの培養により有益な結果が得られた微生物を工業的に利用する場合は、培養規模をスケールアップする必要があります。小規模の培養で得られた条件を大規模培養に適用する場合、一筋縄でいかない苦労があります。

一般に、スケールアップすると通気の確保が最大の問題として立ちはだかります。たとえば、培養装置の内径と深さを10倍にすると、容積は1000倍になりますが、表面積は100倍にしかならないので、容積あたりの表面積が10分の1となり、通気量が大幅に不足する結果となります。また、巨大な培養槽は底部の水圧が無視できなくなること、撹拌に大きなエネルギーが必要なこと、装置の滅菌が大がかりになることなどの問題が次々に発生します。

一方、装置の建設費用はだいたい表面積に比例するので装置の規模を10倍にすると容積あたりの建設コストが10分の1になり、経済効果が大きくなります。

そこで、企業の技術者はフラスコの培養で得られた情報を元に、10リットル規模のジャーファーメンターを用いてデータを収集し、さらに数百リットル規模のパイロットプラントを運転して最適な培養条件を模索します。その上で数万リットル単位の商業プラントの稼働に踏み切ることになります。規模が大きくなると、失敗したときの損害も大きくなるので慎重を期してスケールアップを行っていくことになります。

パイロットプラントを運転し、最適な培養条件を模索する

第4章

産業に貢献している微生物

31 旨味物質の1つであるグルタミン酸発酵

日本の発酵工業の草分け

味覚を構成する基本味は「甘味」「塩味」「酸味」「苦み」「旨《うま》味《み》」の5つです。このうち旨味は、20世紀初頭に従来の4つの基本味では説明できない味覚として池《いけ》田《だ》菊《きく》苗《なえ》博士(1864〜1936)が提唱したものの、実在が証明されたのが21世紀に入ってからであり、世界的にもローマ字の「umami」が通用します。

旨味物質の1つであるグルタミン酸は、昆布出汁の主成分です。グルタミン酸を加えると旨味が格段に増大することから、初期には昆布などから抽出して生産していましたが非常に高価でした。そこで、何とかして微生物により生産できないものかと探索が行われました。グルタミン酸は微生物にとって必要な栄養素なので、グルタミン酸を放出する微生物など存在するはずがないと懸念する声もありましたが、1956年に鵜《う》高《だか》重《しげ》三《ぞう》博士(1930〜2015)により、グルタミンを生産するコリネバクテリウム・グルタミカムが発見されました。

この細菌は、ビタミンの一種であるビオチンを制限すると増殖できなくなり、ひたすらグルタミン酸を生産するようになります。増殖できなくても、糖分などの培地の栄養分をどんどん取り込んでしまうので、細胞内に余剰物資が蓄積してしまいます。コリネバクテリウムは、糖を代謝するクエン酸回路からグルタミン酸を合成し、余剰物資を生体に与える影響の少ないグルタミン酸に変換して蓄積します。やがて細胞の内圧が高まると、コリネバクテリウムは内圧調整バルブを開いてグルタミン酸の形で余剰物資を放出すると考えられています。

コリネバクテリウムのおかげで安価な糖蜜とアンモニアを原料にグルタミン酸が生産できるようになり、「味の素」と呼ばれる旨味調味料の価格が劇的に低下しました。この発見は微生物を利用してアミノ酸などの有用物質を生産する発酵工業の草分けとなり、20世紀の日本の10大発明の1つに数えられています。

要点BOX

- 世界的にもローマ字の「umami」が通用している
- 初期には昆布から旨味を抽出していた
- 20世紀の日本の10大発明の1つ

グルタミン酸生産菌（コリネバクテリウム・グルタミカム）

バルブが開いてグルタミン酸を放出

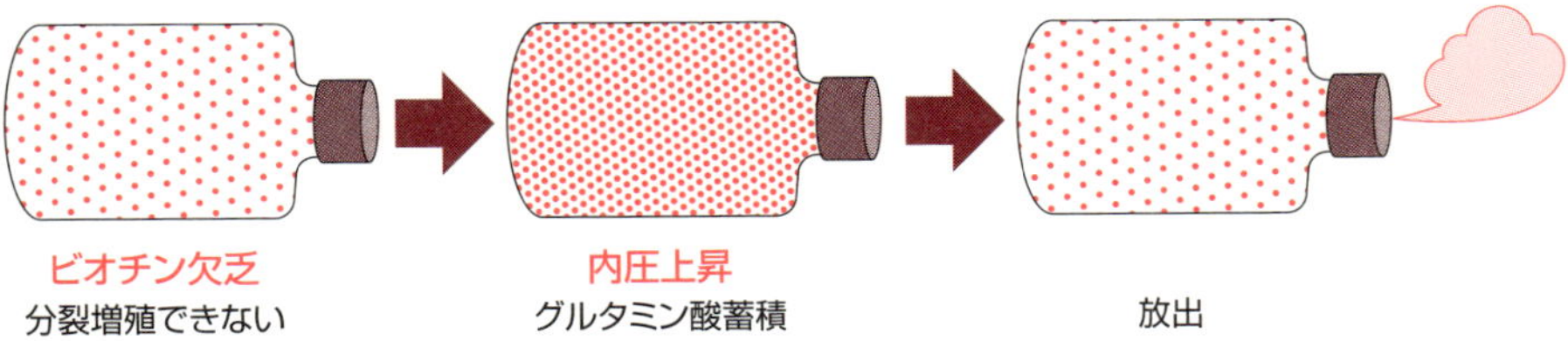

グルタミン酸の合成経路

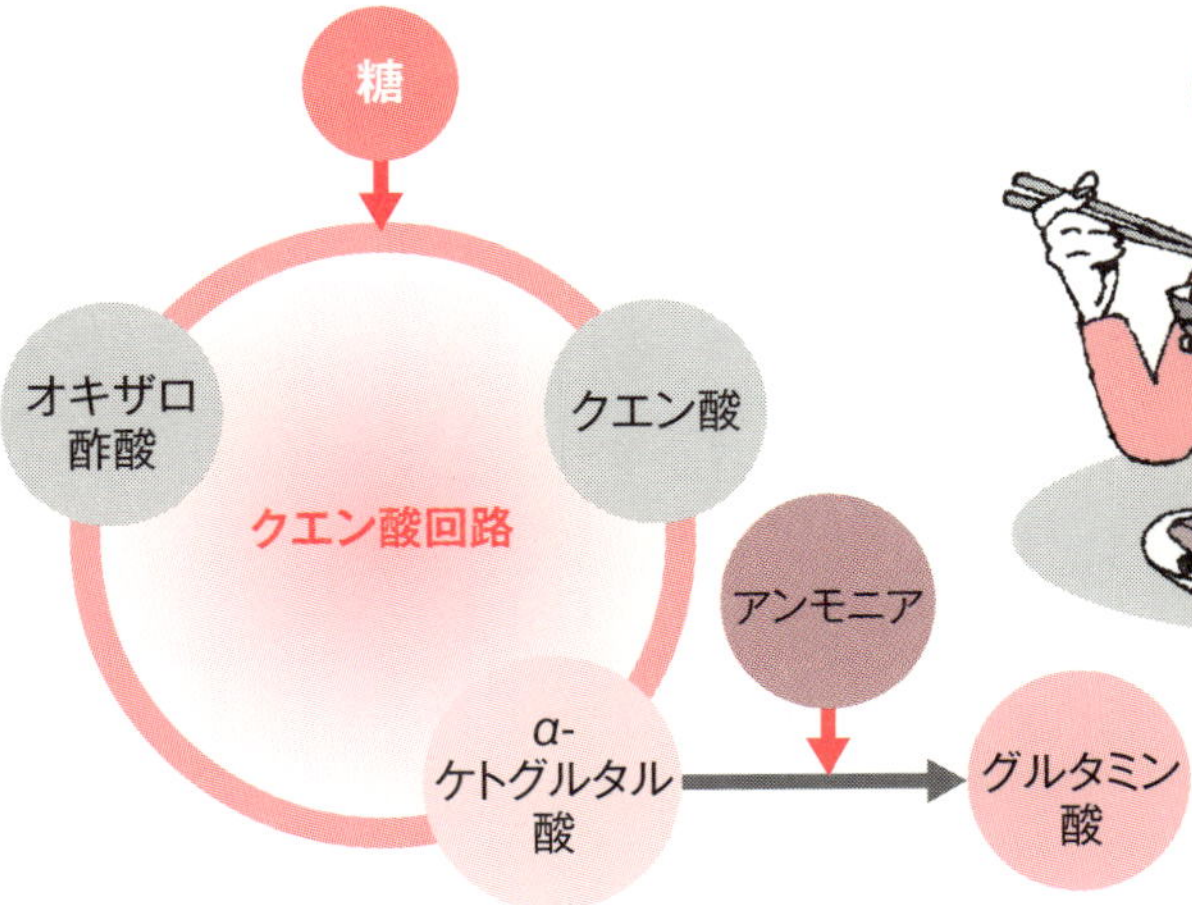

旨味調味料は
食卓に欠かせない

32 微生物を用いたアミノ酸発酵

アミノ酸サプリメントの生産法

タンパク質を構成するアミノ酸は20種類ありますが、現在ではすべてのアミノ酸が微生物を用いた発酵生産により生産されています。もっとも生産量が多いのは旨味調味料に用いられるグルタミン酸ですが、次に多いのは家畜の飼料添加物として利用されるリジンです。家畜の飼料としてもっとも安価なのはトウモロコシですが、トウモロコシのタンパク質はバランスが悪く、リジンが不足してしまうので添加物としてリジンを補うわけです。

リジンなどのアミノ酸は、大腸菌やコリネバクテリウムなど安全性が確認された細菌を宿主とし、突然変異や遺伝子組換えによって特定のアミノ酸を生産するようになった菌株を育種して生産します。

生物は、限られた栄養素を無駄遣いしないために、アミノ酸などの成分を必要な分しか合成しない機構をもっています。アミノ酸の代謝経路では、糖を分解するクエン酸回路のオキザロ酢酸からアスパラギン酸が合成され、アスパラギン酸を出発点にしてリジンが合成されています。このとき、リジンが十分にあると、最初の反応を触媒する酵素の働きを停止させるフィードバック阻害が働いて、リジンの合成を停止するのです。

リジンを大量生産するためには、このフィードバック阻害を解除しなければなりません。そこで、リジンに類似した構造をもつアナログ化合物を与えると、リジンがないのにフィードバック阻害が発動してしまうので、リジン不足で死滅してしまいます。フィードバック阻害が解除された突然変異株だけが生き残るので、このような菌株から目的のアミノ酸を効率良く合成する株を選抜して用います。

各種のアミノ酸は、栄養補給用のサプリメントとしての錠剤や重症の患者への点滴成分、さらに代謝を高めて脂肪酸燃焼を促進する効果のあるアミノ酸を組み合わせたスポーツドリンクなどに幅広く利用されています。

要点BOX

- ●タンパク質を構成するアミノ酸は20種類
- ●すべてのアミノ酸が微生物を用いた発酵生産
- ●アミノ酸は代謝を高めて脂肪酸燃焼を促進する

リジンの合成経路

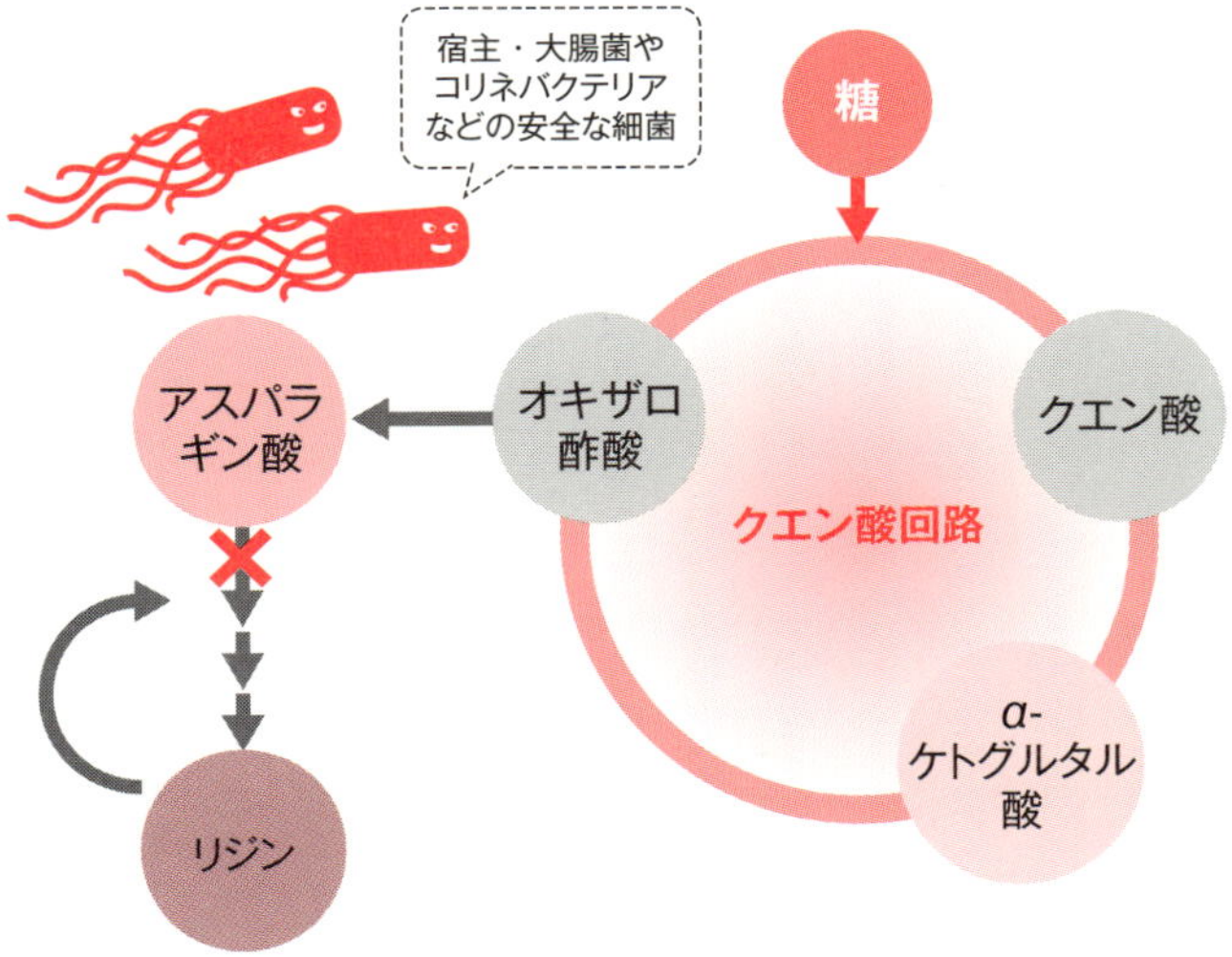

フィードバック阻害

リジンが溜まるとリジンを合成する酵素の反応を阻害する

↓

フィードバック阻害を解除した細菌を育種してアミノ酸を生産する

33 日本人が発見した洗剤用酵素

洗剤になぜ酵素を入れるのか

洗濯用洗剤の主成分は界面活性剤です。界面活性剤の効果は、本来は混じり合わない水と油をなじませて泡立てることにより、繊維にこびりついた油汚れを水中に分散させて繊維から除去することです。しかし、衣服の繊維に付着したタンパク質や油などの汚れ成分そのものを分解することができれば、もっと効率良く汚れを除くことができるはずです。

このような考え方から現在の洗濯用洗剤には、皮膚の汚れを分解するタンパク質分解酵素（プロテアーゼ）、油汚れを分解する油脂分解酵素（リパーゼ）、食べ物の染みを分解するデンプン分解酵素（アミラーゼ）などが配合され、洗浄力を強化しています。

洗剤に添加する酵素には、①界面活性剤に耐性をもつ、②アルカリ性で働く、③ミネラルを含む硬水に強い、④冷水でもお湯でも働く、⑤長期保存が可能、⑥人体に毒性を持たない、⑦大量生産が可能である、など多くの条件をクリアする必要があります。現在の技術では都合の良い酵素を設計することはできないので、良好な酵素を生産する微生物を探してこなければなりません。

多くの条件の中でもっとも難しいのは、②アルカリ性で働くという条件です。そこでアルカリ性環境で生育する微生物は、アルカリ性で働く酵素を生産するだろうという逆転の発想から、理化学研究所の掘《ほり》越《こし》弘《こう》毅《き》博士（１９３２～２０１６）と花王との共同研究により発見された好アルカリ性細菌は、見事にアルカリ性で強力な活性をもつ酵素を生産しました。こうして開発された世界初の酵素配合洗剤が販売されたのは１９８７年です。汚れが絡みついた繊維を分解するアルカリ性セルラーゼのおかげで、従来の４分の１以下の量の洗剤で、繊維の奥に絡みついた頑固な汚れも落とすことができる驚異的な洗浄力は世界に驚きをもって迎えられ、次々に酵素配合洗剤が開発されることになりました。

要点BOX

- 洗濯用洗剤の主成分は界面活性剤
- 逆転の発想から発見された好アルカリ性細菌
- 従来の4分の1以下の洗剤で驚異的な洗浄力

洗剤用酵素の生産菌

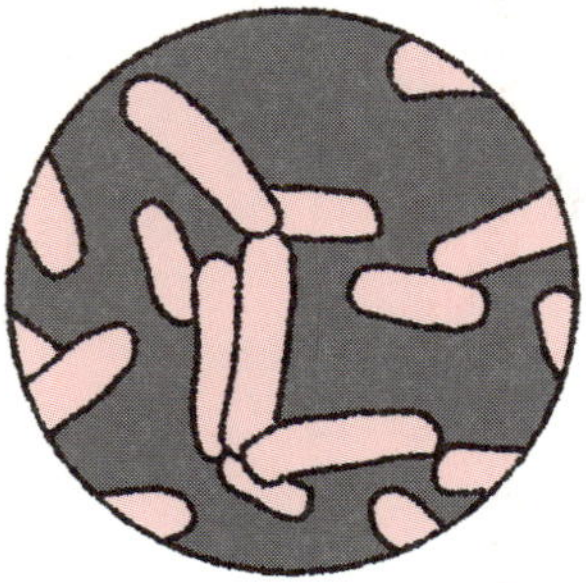

グラム陽性の好アルカリ性バチルス属桿菌。pH10.5で良好に生育する

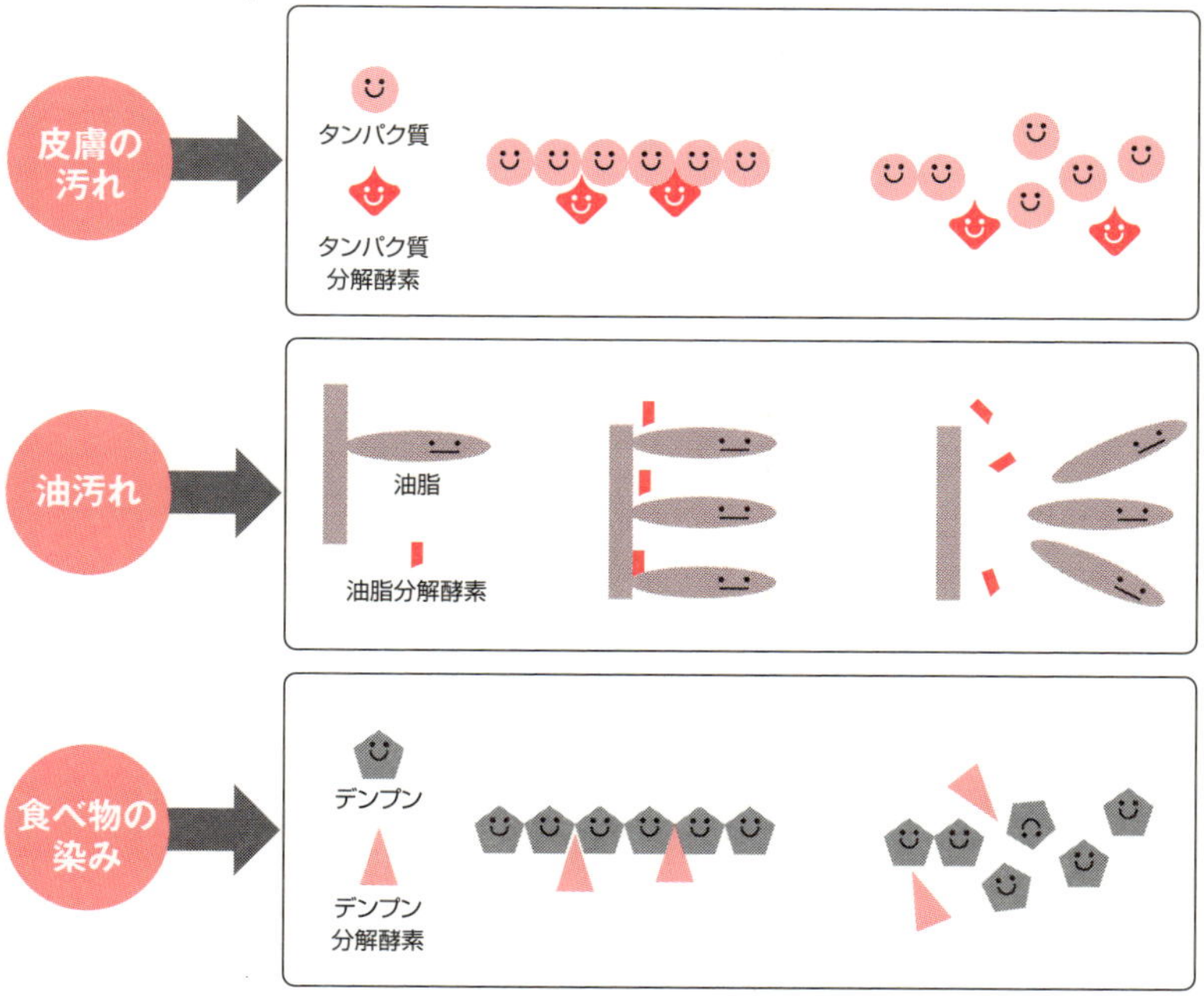

好アルカリ性細菌の探索

↓

洗剤のアルカリ性に耐える酵素

↓

酵素配合洗剤

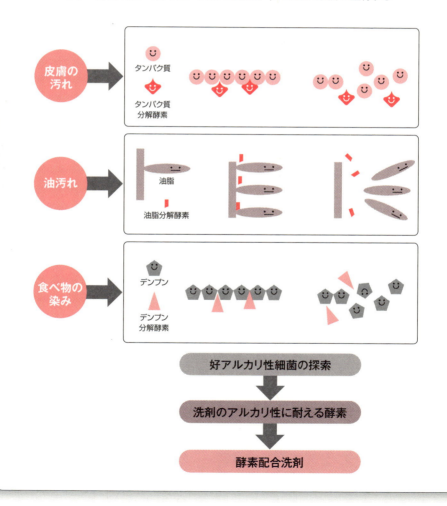

34 デンプンを分解する酵素

デンプンの分解は重要な工業プロセス

デンプンは、グルコースと呼ばれる糖が多数連結した多糖です。デンプンは、アミラーゼと呼ばれる酵素により分解されますが、安価なデンプンの分解により利用価値の高い糖が得られることから、デンプンの分解は重要な工業プロセスとなっています。

デンプンはお湯にはよく溶けますが、冷水にはほとんど溶けません。片栗粉は水に溶いてもほとんど溶解せずに容器の底に沈んでいますが、フライパンで熱した食材に投入するとたちまち溶解してとろみとなります。そのためデンプンを工業的に分解するときは、温度が高い方が有利です。多くのデンプンが水に溶けるため反応速度が早くなり、格段に効率が上がります。高温の方が水溶液の粘性が低くなるため、撹拌用のプロペラや、溶液をパイプで送るためのポンプの負担が少なくなります。さらに、高温ならば雑菌が混入する危険性も低くなるので、デンプン分解のプロセスの多くは60～70℃で操業されています。

高温のプロセスを稼働するためには、高温に耐える酵素が必要となります。通常の大腸菌や枯草菌は50℃くらいで死滅してしまうので、生産される酵素の多くも高温では活性を失ってしまいます。そこで、65℃を超える高温で生育可能な好熱性微生物が、温泉や熱を発する堆肥などから探索され、分離された細菌から耐熱性酵素が次々に発見されました。火山の多い日本は、温泉など高温になる環境が多く、好熱性微生物の探索には有利でした。耐熱性の高い酵素は安定性が高く、プロセスの中で長もちするので経済的です。耐熱性の高い酵素の多くは、生育の早い好気性の細菌であるバチルス属細菌および近縁のゲオバチルス属細菌により生産されています。

デンプンの分解によって得られたグルコースを、別の糖に変換する反応の触媒として作用するイソメラーゼを用いることにより、さわやかな甘味をもつフルクトースなど付加価値の高い糖の生産も行われています。

要点BOX

- ●デンプンはお湯にはよく溶ける
- ●冷水にはほとんど溶けない
- ●デンプン分解のプロセスは60～70℃で操業

耐熱性酵素の生産菌：バチルス・ステアロサーモフィルス

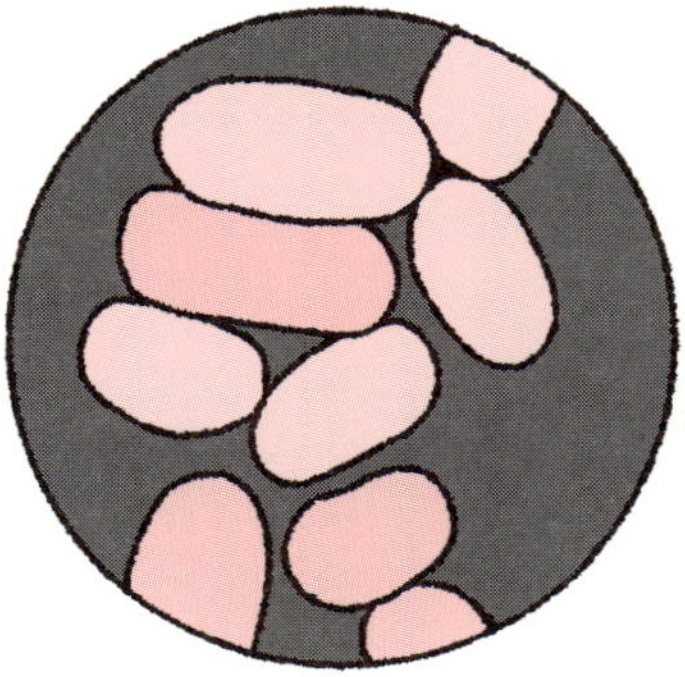

グラム陽性の好気性桿菌。
55℃で良好に生育

耐熱性酵素の利用

好熱性細菌の探索

↓

高温に耐える酵素

↓

高温でプラント稼働

温度が高いとデンプンが
よく溶けるので効率が良い!

異性化糖の生産

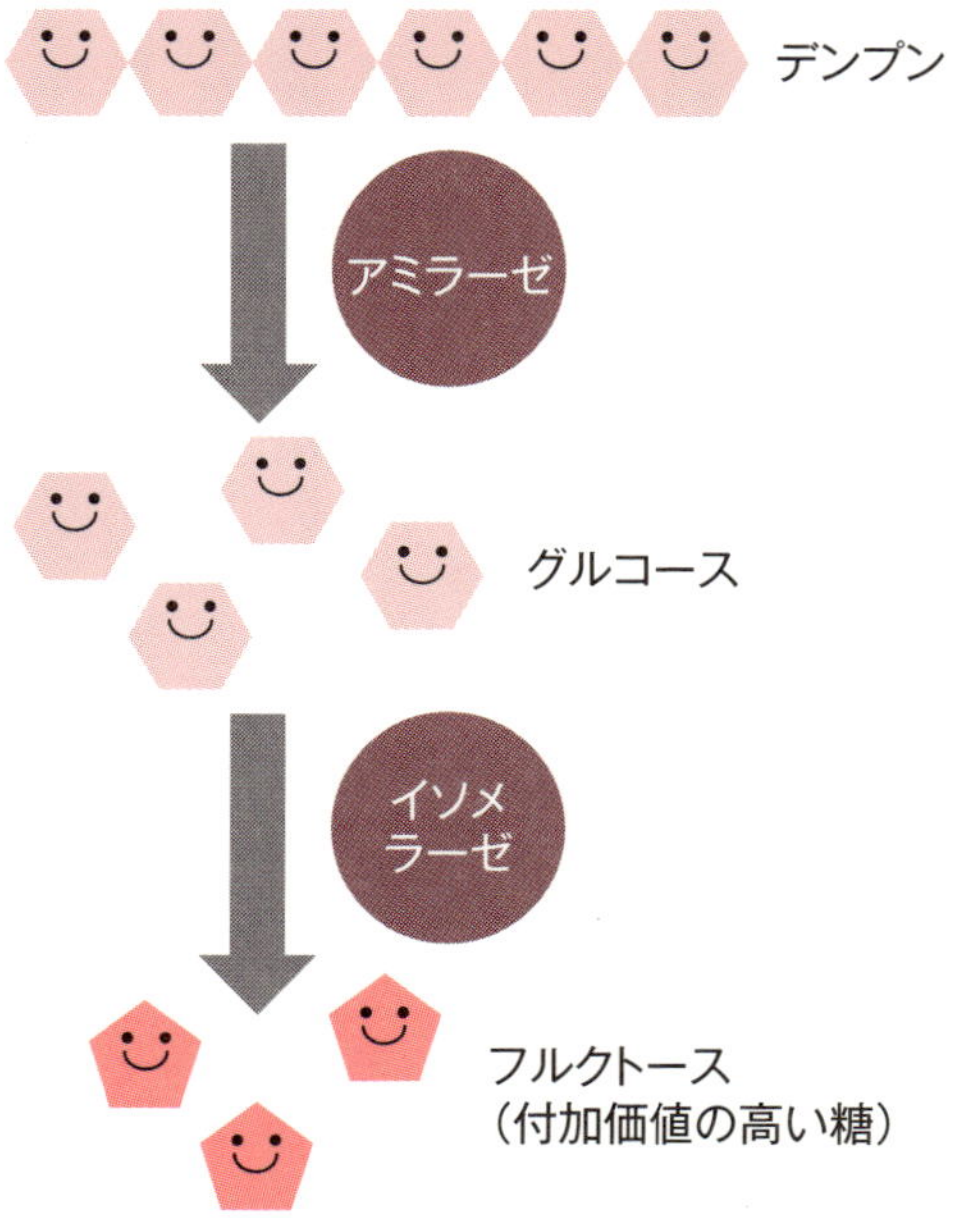

35 環境にやさしいポリ乳酸

生分解性プラスチックとして大量に生産されている

日本のプラスチックの生産量は1000万トンあまりです。ピークであった2000年頃に比べて3割程度減少していますが、石油から作られたプラスチックがまだまだ大量に使い捨てられています。生産量としては、4大プラスチックと呼ばれるポリエチレン、ポリプロピレン、ポリスチレン、ポリ塩化ビニルが7割を占めています。

通常のプラスチックは自然界では分解されないので、投棄されると環境汚染の原因になってしまいます。そこで、野外に放出されると自然に分解される生分解性プラスチックが注目されるようになっています。生分解性プラスチックとして唯一大量生産されているポリ乳酸は、多数の乳酸分子が連結した構造をもち、年間1万トン近く生産されています。乳酸は炭素原子に連結する4つの官能基の向きにより、D-乳酸とL-乳酸のますが2種類が存在し、石油から化学触媒により乳酸を合成すると、2種類の乳酸が等量混合したラセミ体となります。しかし、ラセミ体の乳酸からポリ乳酸を作ると、脆くてプラスチックとして使い物にならないので、ポリ乳酸はどちらか一方の乳酸から生産しなければなりません。乳酸菌はどちらか一方の乳酸しか作らないので、ポリ乳酸の原料の生産には乳酸菌が用いられます。工業的には、生産性が高いラクトバチルス・デルブリュキーと呼ばれる長桿菌が乳酸の生産に用いられています。

ポリ乳酸の最大用途は農業用のシートです。シートの切れ端が畑の土に混ざってしまっても、やがて分解されるので安心して使うことができます。また、山野でコンバットスーツに身を固めてサバイバルゲームに興じる人々が発射するBB弾はポリ乳酸でできています。環境汚染を最小限に留めるための配慮ですね。生分解性プラスチックはプラスチックとしての性質に限界があることから、どうしても用途が限られますが、環境にやさしいので盛んに研究が進められています。

要点BOX

- 通常のプラスチックは投棄されると環境汚染に
- ポリ乳酸は多数の乳酸分子が連結した構造
- ポリ乳酸の最大用途は農業用のシート

乳酸生産菌（ラクトバチルス・デルブリュキー）

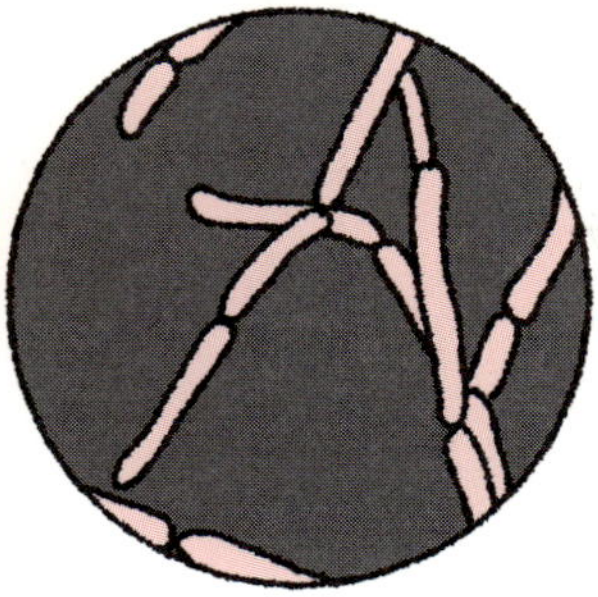

グラム陽性の微好気性の細長い桿菌。糖分から効率良くL-乳酸を生産する

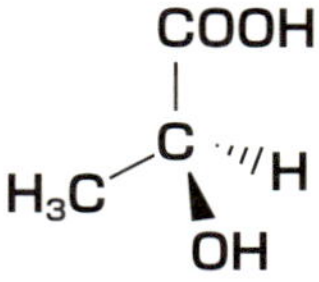

L-乳酸

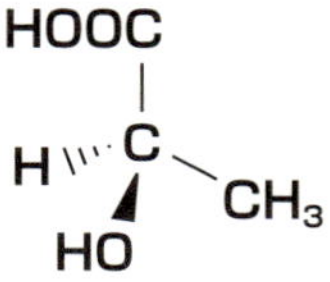

D-乳酸

環境にやさしい生分解性プラスチック

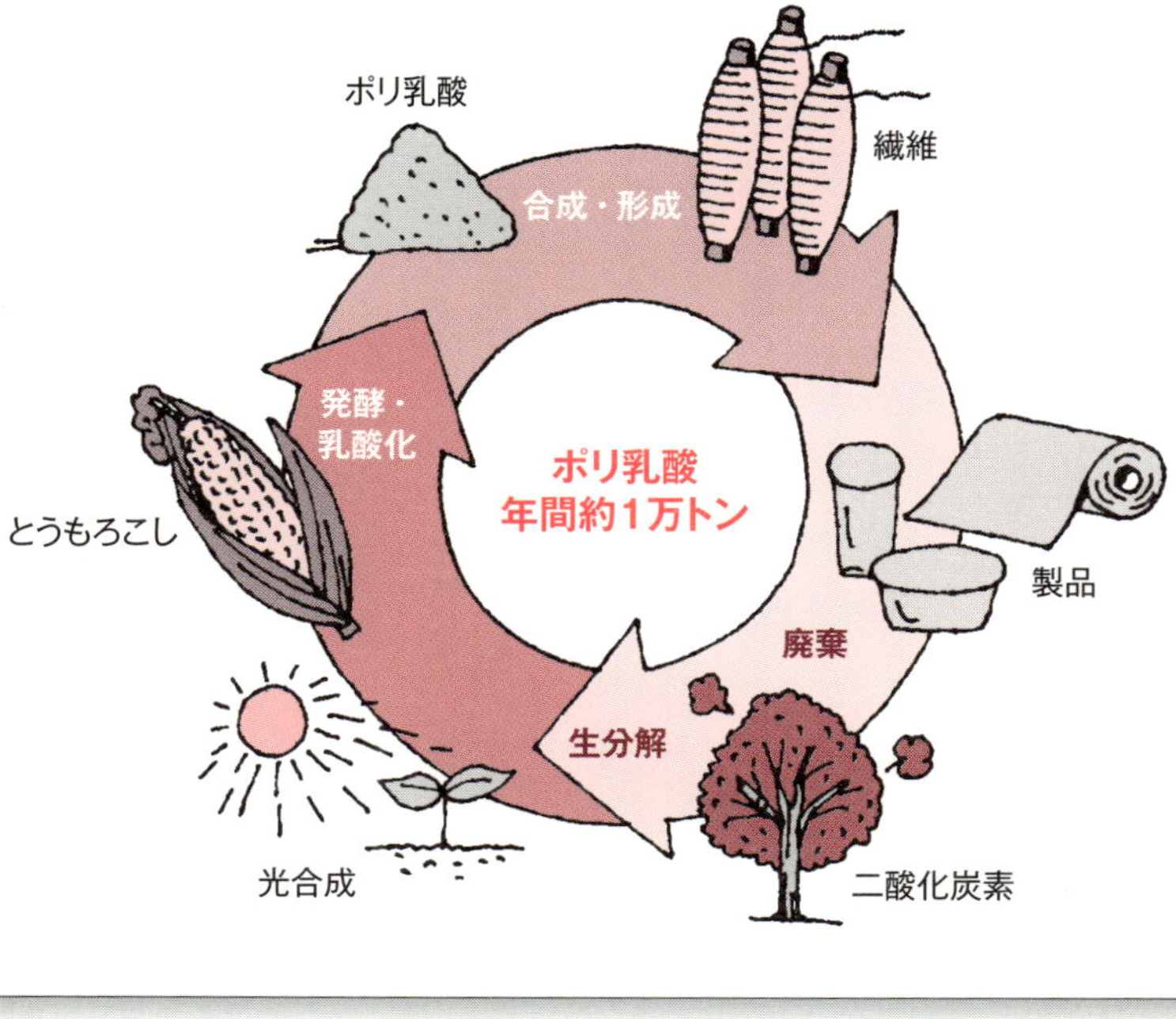

36 アルコール発酵とエタノール生産

本当に地球に優しいバイオエタノールの生産をめざして

自動車はガソリンで走りますが、エタノールで走らせることもできます。エタノールは化石燃料ではなく植物から作ることができますから、地球温暖化に関与しない再生可能な自然エネルギーとして開発が進められてきました。

サトウキビやトウモロコシなどの生物資源から生産されるエタノールは、バイオエタノール（正式にはバイオマスエタノール）と呼ばれますが、アルコール発酵に酵母を用いるため、原料により製法と効率に大きな違いがあります。

サトウキビを原料とする場合、搾り取った糖蜜をそのままアルコール発酵に用いることができるので、非常に効率良くエタノールを生産できます。主としてブラジルで行われる方式です。

米国で作られるバイオエタノールはトウモロコシを原料にしています。トウモロコシのデンプンを糖分に分解する工程が必要となる上に、トウモロコシの生産にもエネルギーが必要なので、あまり効率が良くありません。さらに、食料とするべきトウモロコシを消費することに対して、強い批判も寄せられています。

サトウキビの絞りかすやトウモロコシの茎、稲わらなどの食料にならないバイオマスを利用してバイオエタノールを生産できれば理想的ですが、このようなバイオマスの主成分は固いセルロースであり、難分解性のリグニンが絡みついているので、糖分に分解するのが難しくなっています。現在の技術では、強酸と共に加熱してリグニンを除く前処理が必要なので、非常に効率が悪く実用的ではありません。

本当に地球に優しいバイオエタノールの生産をめざして、各国で研究が進められていますが、ネックになっているのがセルロースを分解するセルラーゼの確保です。落ち葉や小枝を分解する細菌に限らず、木材を腐朽させるキノコやカビなども探査の対象として、強力なセルラーゼを生産する微生物が探し求められています。

要点BOX

- 自動車はエタノールで走らせることもできる
- サトウキビからは効率良くエタノールを生産
- 強力なセルラーゼを生産する微生物の探求

酵母（サッカロマイセス・セレビシエ）

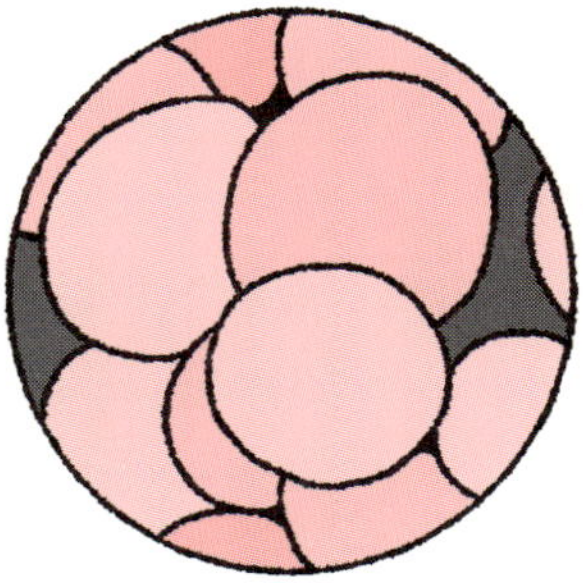

アルコール発酵能に優れる株が用いられる

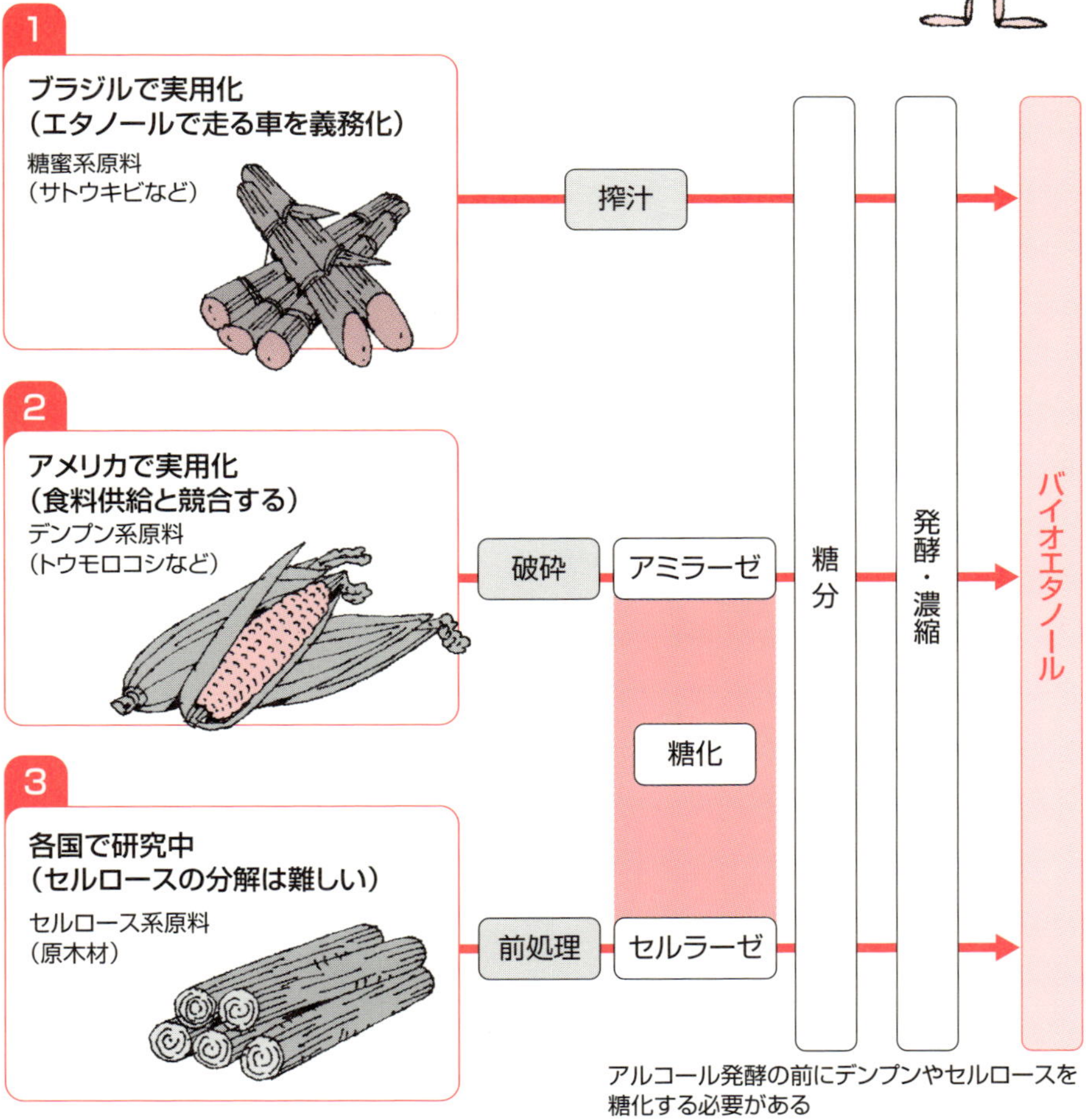

アルコール発酵の前にデンプンやセルロースを糖化する必要がある

37 クエン酸を作る黒カビ

クエン酸は麹菌の近縁種

酢酸や乳酸などの酸性の有機物には、カルボキシル基（-COOH）と呼ばれる官能基が含まれています。硫酸や塩酸などの鉱酸と違って、穏やかな弱酸ですが、それでもヒトの舌には強い酸味が感じられます。

非常に酸味の強いレモンにはクエン酸が含まれています。クエン酸にはカルボキシル基が3個存在するのでかなり強い酸です。酸味料として使用される他に、台所の水回りや湯沸かし器の洗浄剤にも用いられる利用範囲の広い化合物です。クエン酸は石油を原料として化学反応により生産されますが、クエン酸を生産する微生物がいくつも知られています。

再生可能資源であるバイオマスを原料に、バイオ燃料や樹脂などの化成品を製造するプラントや技術をバイオリファイナリーと言います。バイオリファイナリーは万能ではなく、石油から合成する方が合理的な化成品はたくさんありますが、乳酸やエタノールのようにバイオリファイナリーで生産すべき化成品として、実用化に向けた研究が進められている化合物がいくつもあります。

クエン酸は、3つのカルボキシル基によって鉄イオンを強く吸着する性質をもっています。麹菌の近縁種であり、黒い胞子を形成するアスペルギルス・ニガーは、鉄分が不足すると鉄分を集めるためにクエン酸を大量に生産するので工業利用されています。

バイオリファイナリー研究は産業化を見据えた研究開発なので、最終的にはコストの問題になります。困ったことに原油価格は国際情勢によって乱高下するので、バイオリファイナリーの最終目標の効率を定めることが難しくなります。原油が高騰しているときは、盛んに研究開発が進められますが、原油が安くなるとすぐに採算が取れなくなってしまうのです。しかし、地球温暖化対策は待ったなしの問題です。目先の情勢にとらわれず、長期的視点からじっくり開発を進めていきたいものです。

要点BOX

- ●クエン酸にはカルボキシル基が3個存在する
- ●クエン酸を生産する微生物はたくさんある
- ●バイオリファイナリー研究は最終的にはコスト

クエン酸生産菌（アスペルギルス・ニガー）

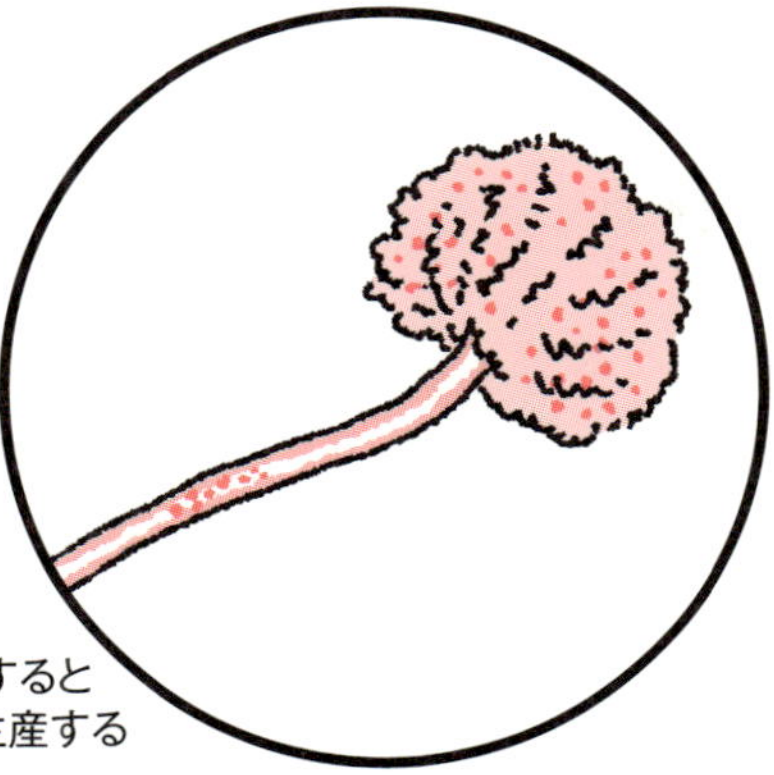

鉄分が不足すると
クエン酸を生産する

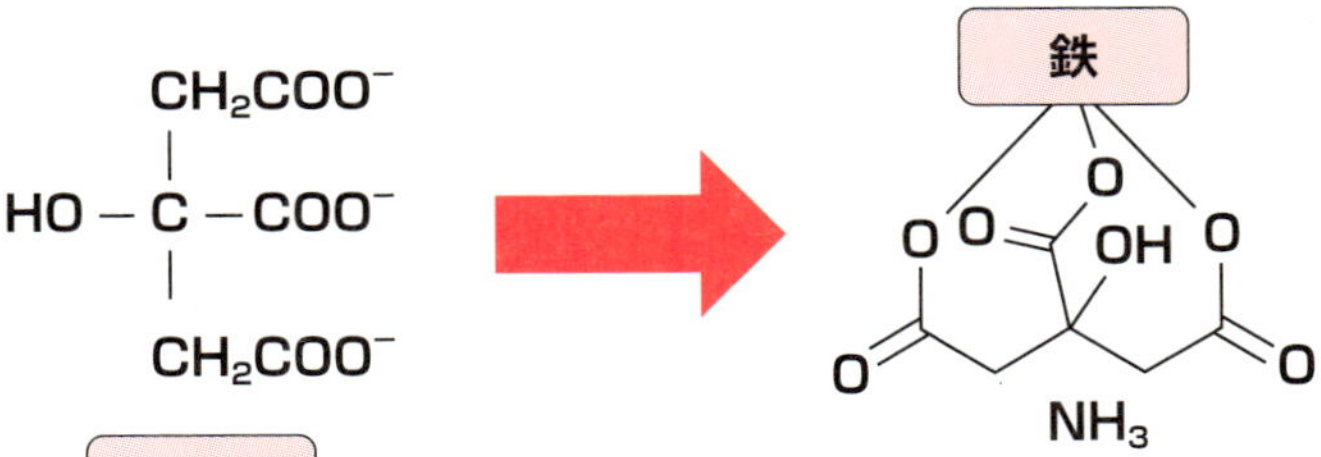

クエン酸

鉄イオンをキレート

クエン酸の用途

38 感染症からの生還を実現した抗生物質

ペニシリンとストレプトマイシン

1940年代までは日本人の死因の1位は結核でした。さらに腸チフス、コレラ、赤痢などの感染症により乳幼児が次々に亡くなり、大したケガではなくても傷口が化膿すると敗血症を起こし、亡くなる人が多かったのです。

イギリスの細菌学者アレクサンダー・フレミング（1881〜1955）がアオカビから抗生物質ペニシリンを発見すると状況が一変しました（60項）。息も絶え絶えの患者が注射1本でみるみる回復したのですから当然です。ペニシリンはグラム陽性の細菌にしか効かなかったので、守備範囲の異なる抗生物質が次々に探索された結果、不治の病とされた多くの感染症から生還できるようになりました。

抗生物質は、「微生物が生産し、他の微生物の生育を阻害する物質」と定義されます。ペニシリンは細菌の細胞壁の合成を阻害することにより、細菌の生育を阻害します。細菌は増殖するときにペプチドグリカンの細胞壁を再編する必要がありますが、ペニシリンが存在すると細胞壁がスカスカになって破裂します。アオカビは菌類なので細胞壁成分が異なるため、自分が生産したペニシリンにやられることはありません。

土壌から微生物の分離を試みると、威勢よく広がっている微生物が、ある微生物の小さなコロニーの周りだけ避けて生育しているのを見ることがよくあります。これは、小さなコロニーの微生物が抗生物質を生産しているためと考えられます。実際に、抗生物質の多くは生育の遅い土壌細菌である放線菌から見つかっています。

抗生物質には、病原菌を殺してもヒトには毒性を及ぼさない選択毒性が重要です。細菌とヒトは、タンパク質合成装置であるリボソームの構造が異なるので、市販されているストレプトマイシン、クロラムフェニコール、テトラサイクリンなどの抗生物質はいずれも放線菌が生産する細菌専用のタンパク質合成阻害剤です。

要点BOX

- ●偉大なフレミングの功績
- ●ペニシリンは細菌の細胞壁の合成を阻害する
- ●ヒトには毒性を及ぼさない選択毒性が重要

抗生物質

微生物が生産し、他の微生物の生育を阻害する物質。抗生物質の6割以上が放線菌から見つかっている

放線菌の周囲は抗生物質のためブドウ球菌が生育できない

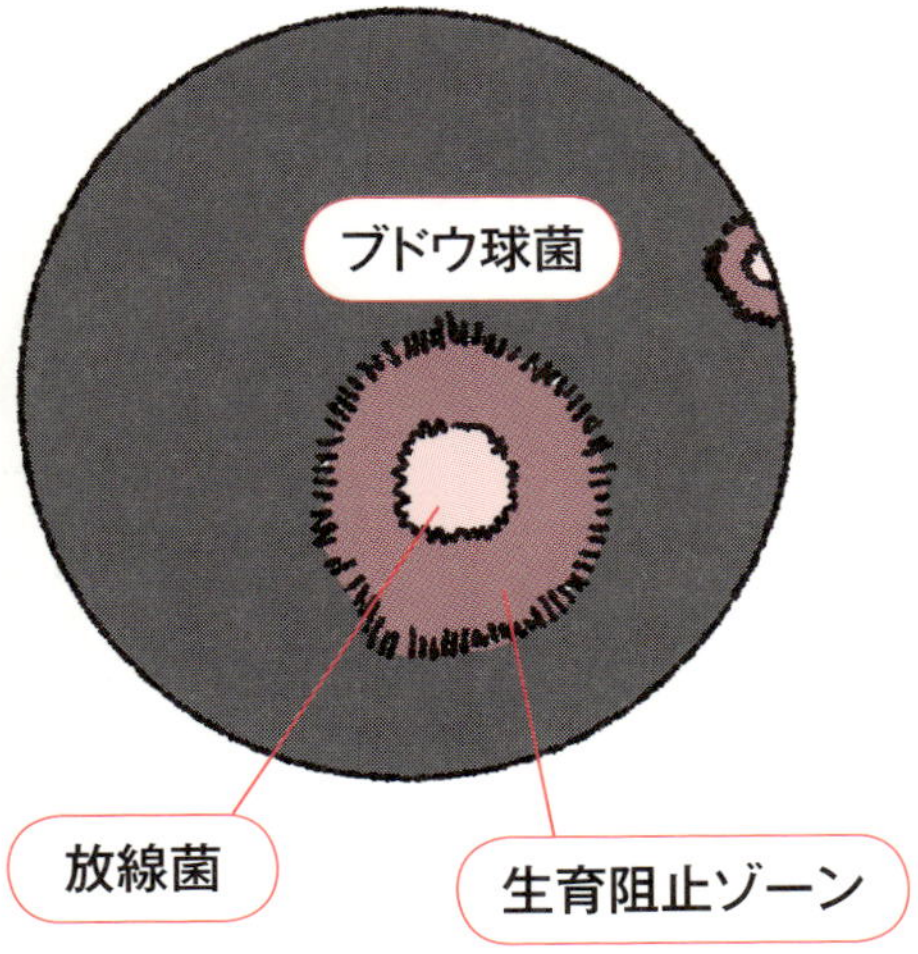
ブドウ球菌
放線菌
生育阻止ゾーン

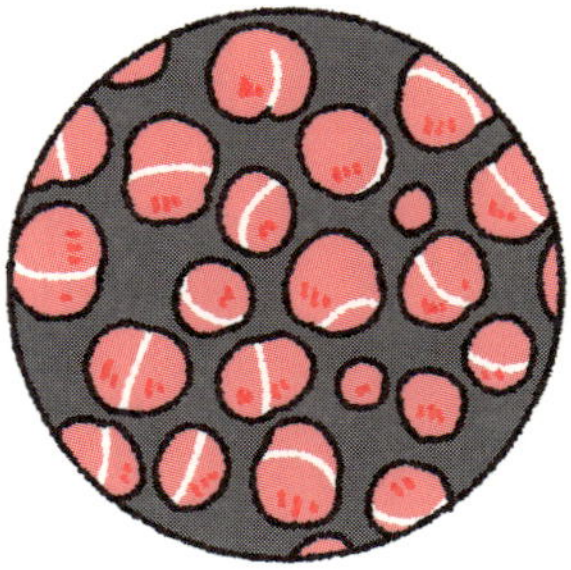

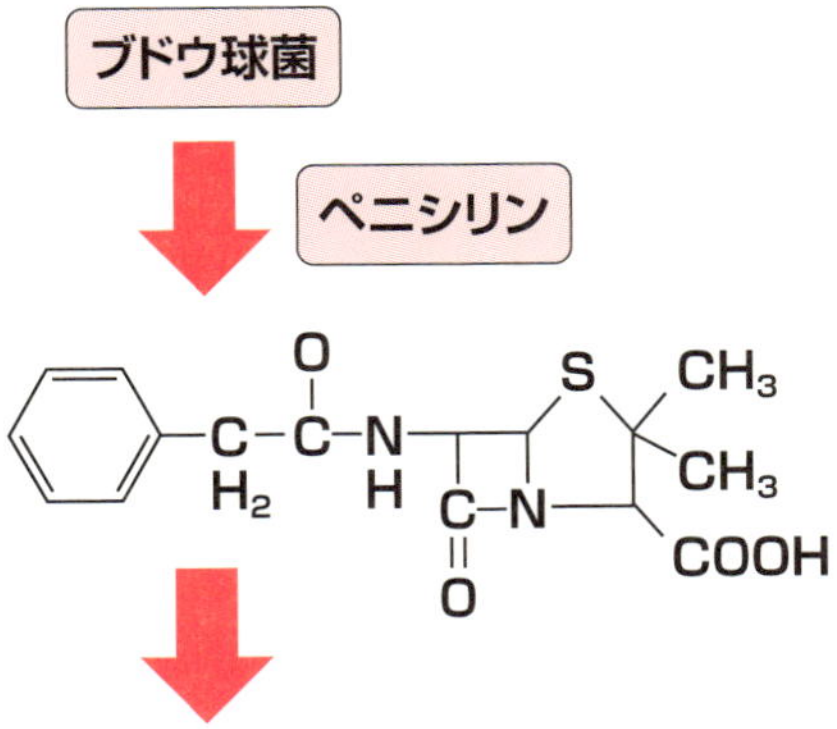
ブドウ球菌
ペニシリン

ペニシリンは細胞壁合成阻害作用を有するので、細胞壁がスカスカになって破裂する

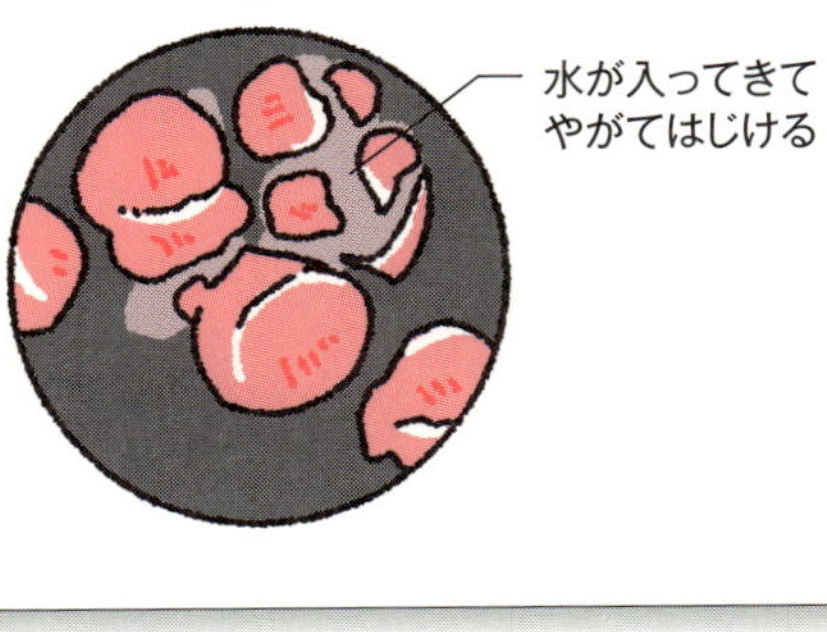
水が入ってきてやがてはじける

39 下水をきれいにする微生物

汚染水中の有機物を微生物に食べさせて処理する

台所やトイレから発生する下水には有機物が大量に含まれているので、そのまま河川に放流したらたちまち水が腐ってしまいます。そのため、放流する前に汚染物質を除去する浄水処理が必要になります。

浄水処理はできるだけエネルギーを掛けずに行うのが理想です。そのため、汚染水中の有機物を微生物に食べさせて処理するのが一般的です。十分な酸素があれば、微生物は有機物を分解してエネルギー源として利用し、完全燃焼の化学式と同じ反応が進行し、最終的には二酸化炭素と水になります。

浄水処理場に見学に行くと、ボコボコ泡立っている大きなプールがいくつもあります。これが曝気槽《ばっきそう》で、空気を送り込まれる水槽の中では、活性汚泥と呼ばれる好気性の微生物と有機物の塊が浮遊しています。活性汚泥中の細菌は汚水中の有機物を分解して生育しますが、活性汚泥中には細菌を捕食する原生動物もいるので、細菌がむやみに増えることはありません。

曝気処理が終わった水をタンクに移して静置しておくと、活性汚泥は速やかに沈殿し、上澄みの水は河川に放流できるレベルに清浄化しています。

回収された活性汚泥には、栄養分が豊富に含まれているので、毒物が含まれていなければ、乾燥してコンポストとして肥料などに再利用することも可能です。

汚水中に含まれる窒素分やリン酸も、微生物の力を借りて分解・回収することが可能です。窒素分は脱窒反応を利用して窒素ガスとして大気中に放出します。

リン酸は好気条件下でリン酸を蓄積する微生物を利用して、活性汚泥として回収します。リン酸は作物に与える肥料の成分として重宝されます。実は、河川に放流された汚水も量が少なければ、浄水場と同じ原理で微生物により自然浄化されます。浄水場のシステムは、河川の自然浄化のメカニズムを模倣しているのです。

要点BOX

- 微生物は有機物を分解しエネルギー源にする
- 曝気槽では好気性の微生物と有機物の塊が浮遊
- 浄水場のシステムは河川の自然浄化を模倣

活性汚泥中の微生物群

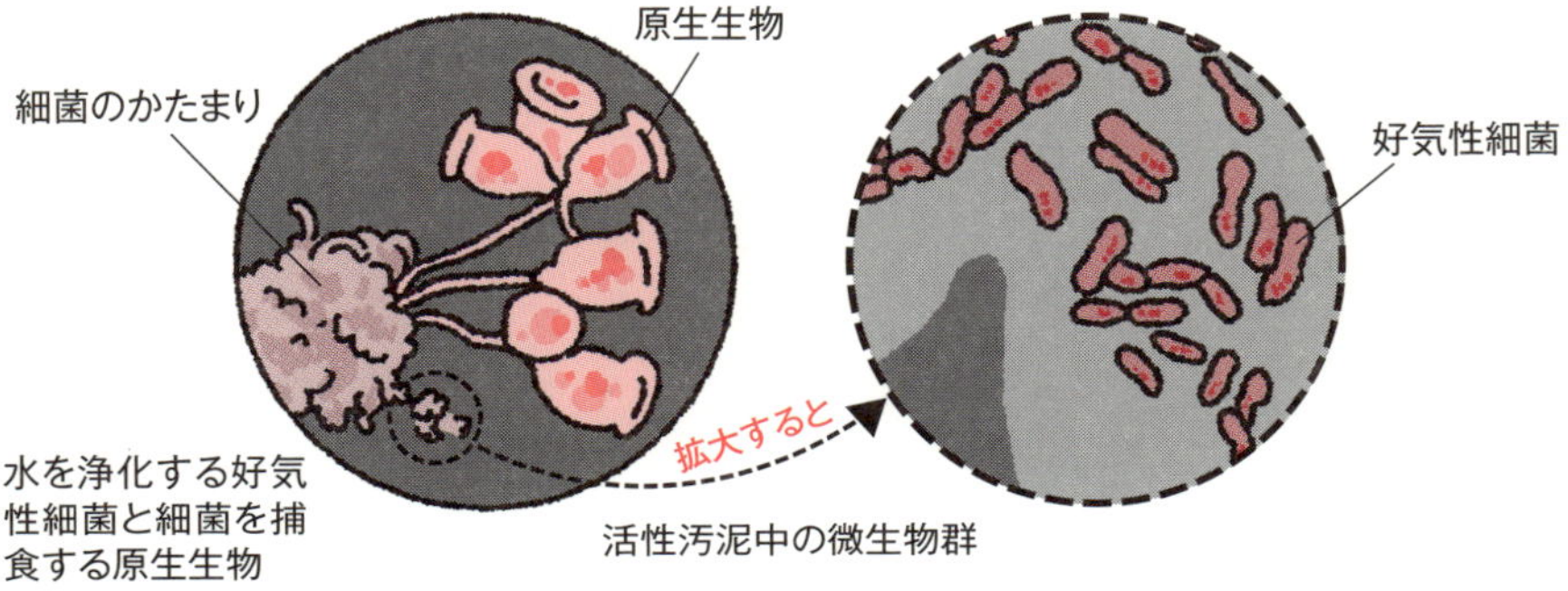
原生生物
細菌のかたまり
好気性細菌
水を浄化する好気性細菌と細菌を捕食する原生生物
拡大すると
活性汚泥中の微生物群

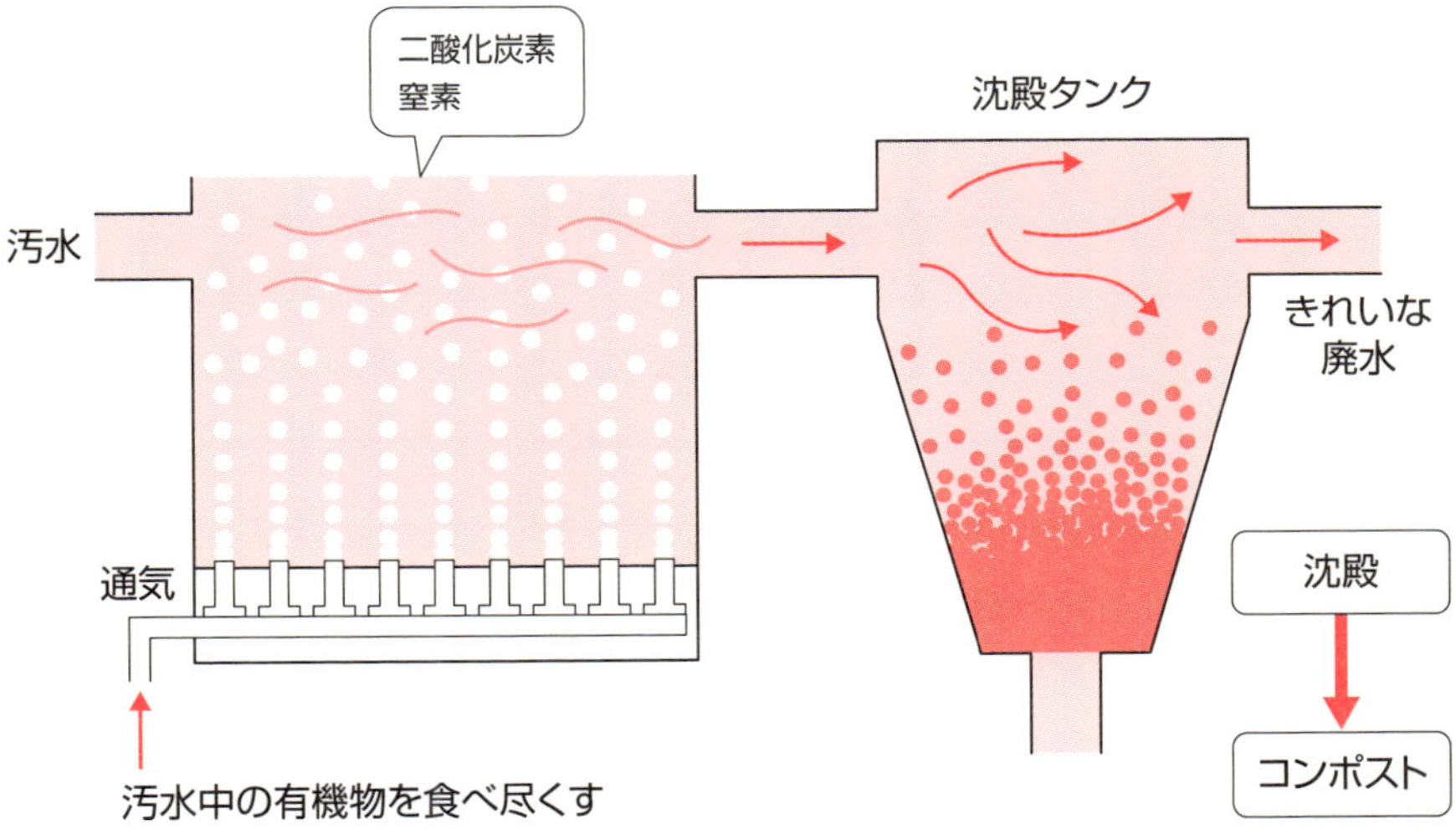
二酸化炭素
窒素
沈殿タンク
汚水
きれいな廃水
通気
沈殿
コンポスト
汚水中の有機物を食べ尽くす

浄水場には好気性の微生物と有機物の塊が浮かんでいるよ

40 環境修復最前線で活躍する微生物

実際の環境修復では土着微生物の活性化が現実的

原油タンカーの事故やパイプラインの破損などにより、海洋に原油が流出する事故が毎年のように起こっています。そのたびに重大な環境汚染がニュースとして放映されますが、その後はどうなるのでしょうか。

石油の主成分である炭化水素を分解できる微生物は海洋にも生息しています。このような微生物は流出事故などが起こると一斉に増殖を始め、油滴に吸着し、速やかに油滴を分解していきます。数カ月経過すると、一見して事故があったことがわからないくらいきれいになりますが、海底や岩の隙間には微生物に分解されにくいタールなどが残存しています。

土壌に石油やジクロロエタンなどの化学物質が浸透し、汚染範囲が狭くて高濃度に汚染されている場合は、汚染土壌を運び出して処理します。この場合は、タンクに水と汚染土壌を入れてドロドロのスラリー状にし、ゆっくり撹拌しながら微生物による分解を待ちます。

汚染が広範囲に及んでいる場合は、微生物を用いた環境修復（バイオレメディエーション）が試みられます。この場合、現場に土着の微生物を活性化する方法（バイオスティミュレーション）と、汚染物質の分解能の高い外来微生物を注入する方法（バイオオーグメンテーション）があり、遺伝子組換え微生物の活用なども検討されていますが、外来微生物は現場に定着できない場合が多く、応用にはまだ課題が多く残されています。

実際の環境修復では、土着微生物の活性化が現実的です。炭化水素の分解には必ず酸素が必要なので、パイプを打ち込んで空気を注入します。さらに、現場の状況を確認しながら水や窒素分など微生物の活動を助ける成分を注入していきます。地下水が流れる方向なども見定めながら、慎重に作業が進められます。複数のパイプから水を注入し、中央の井戸に汚染水を集めてくみ上げる方法や、分解反応を触媒する鉄粉の注入なども必要に応じて実施されます。

要点BOX

- バイオレメディエーション（生物による環境修復）
- 石油流出事故が起きると微生物は一斉に増殖を始め、速やかに油滴を分解する

石油分解細菌

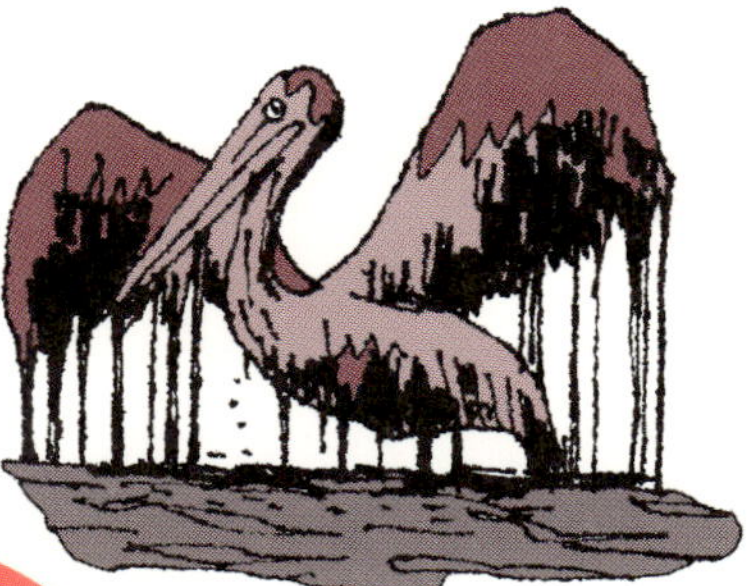

原油流出事故

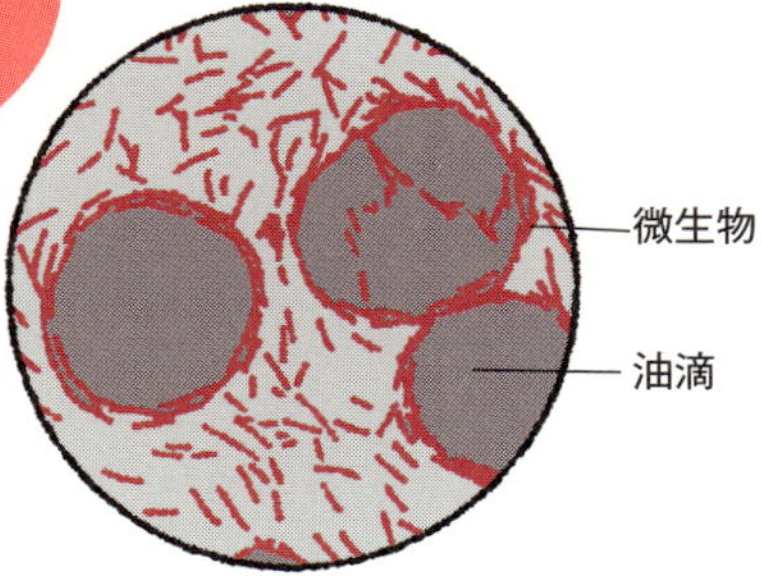

油滴に吸着して生育

微生物の活性化による汚染土壌の浄化

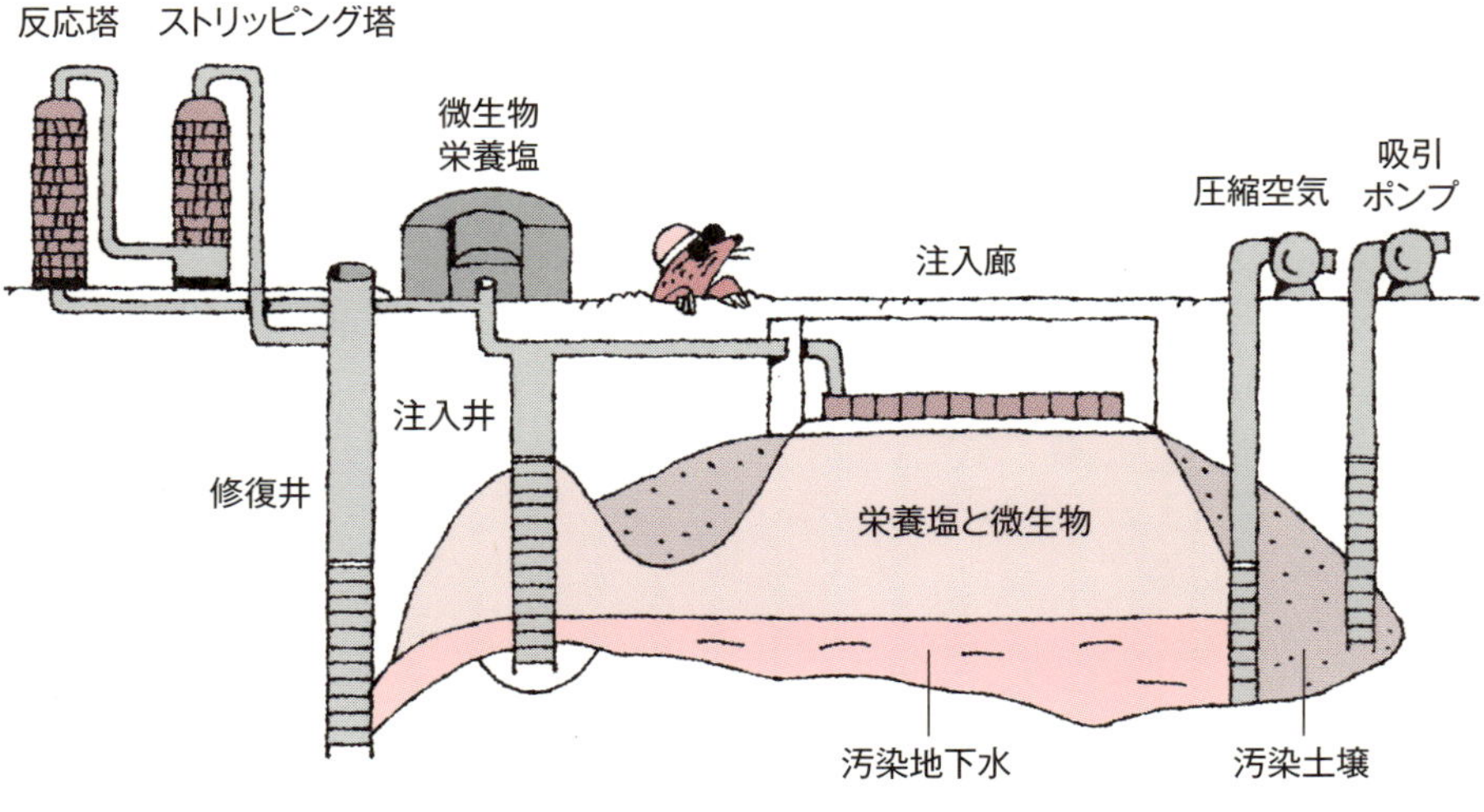

Column

生ゴミから メタンを作る話

大量に発生した生ゴミは、焼却には大量の燃料が必要となります。浄水場の曝気槽による処理は、濃度が高すぎるとうまくいかないので大量の水により希釈しなければなりません。

そこで、生ゴミに水を加えてドロドロのスラリー状にし、30℃程度に加温して大きな密閉タンク中でゆっくり撹拌していきます。この場合は、酸素が完全に使い切られて嫌気条件となり、クロストリジウム属細菌などの嫌気性細菌が繁殖します。嫌気性細菌は生ゴミに含まれる多糖類・脂質・タンパク質をそれぞれ単糖類・脂肪酸・アミノ酸に分解し、さらにアルコールや酢酸などの有機酸と二酸化炭素を生成しますが、最終的にはメタン菌の働きにより大量のメタンが生成します。生ゴミから生成するバイオガスの60〜65％がメタンであり、残りの大部分は二酸化炭素です。メタンは二酸化炭素の20倍の温室効果をもつので、大気中に放出されると地球温暖化を加速することになりますが、回収して燃料ガスとしてボイラや発電機の燃料として利用すれば一石二鳥です。

密閉容器によるメタン発酵には設備投資が必要で、処理にはある程度の時間がかかります。一方、高濃度の有機物を効率良く処理できるため敷地が狭くてすむことと、生成したメタンを利用できる利点があるので、地球温暖化抑制技術として今後の普及が期待されています。

第5章

発酵食品をおいしくする微生物

41 大豆の消化をよくする納豆菌

おいしい納豆には温度と通気の管理が重要

　米、麦、トウモロコシなどの主成分はデンプンなので、穀類を主食とする人々は不足しがちなタンパク質の副食が必要です。豆類はデンプンではなくタンパク質を貯蔵しているので、農村に住む人々のタンパク源として食されてきました。しかし、豆のタンパク質は構造が堅いうえに難消化性の食物繊維ががっちり絡まっているので消化が悪く、半分以下しか栄養分として吸収できないと推定されています。

　納豆は煮豆に納豆菌を生育させたものであり、糸を引くタイプの納豆は日本独自のものです。納豆菌は枯草菌の一種で、日本の稲わらによく生息しています。稲わらを熱湯に浸すと雑菌が死滅し、納豆菌の耐熱胞子だけが生き残るので、煮豆を包んでおくと納豆菌が生育して納豆になります。納豆菌は大量の酸素を必要とするので、おいしい納豆を作るためには温度と通気の管理が重要です。培養初期は高湿度に保って納豆菌の生育を促進し、後期には湿度を低くして納豆の粘りが強くなるように調整します。

　納豆菌は数が増えて将来の食糧難を察知すると、大豆のタンパク質を懸命に取り込んでγ-ポリグルタミン酸を合成します。γ-ポリグルタミン酸は他の微生物にはほとんど利用できないうえに保湿性があるので、納豆菌の生存戦略としては非常に洗練されています。γ-ポリグルタミン酸は非常に細長い分子であり、納豆の糸引きの主成分です。

　納豆では、納豆菌が大豆のタンパク質の一部を分解しているので、煮豆に比べて納豆は消化が良く、実際的な栄養価が増加しています。また、納豆菌がビタミンB_2やビタミンKを産生するので、ビタミンの補給にはもってこいです。

　納豆は十分に空気を含ませてふんわりした食感で食べるのがおいしいので、横着せずによくかき混ぜて十分に糸を引くようにしてからタレや薬味を加えて食べるのがお勧めです。

要点BOX

- ●納豆は煮豆に納豆菌を生育させたもの
- ●納豆菌は枯草菌の一種
- ●納豆菌はビタミンB_2やビタミンKを産生する

納豆の製造工程

蒸し煮にした大豆に納豆菌を散布して
保温すると納豆になる

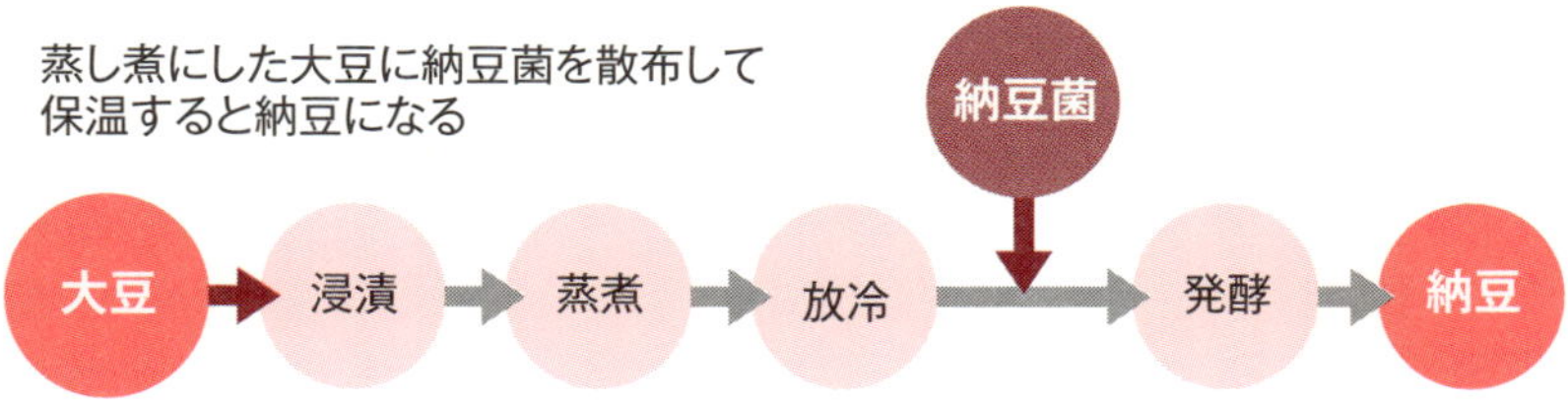

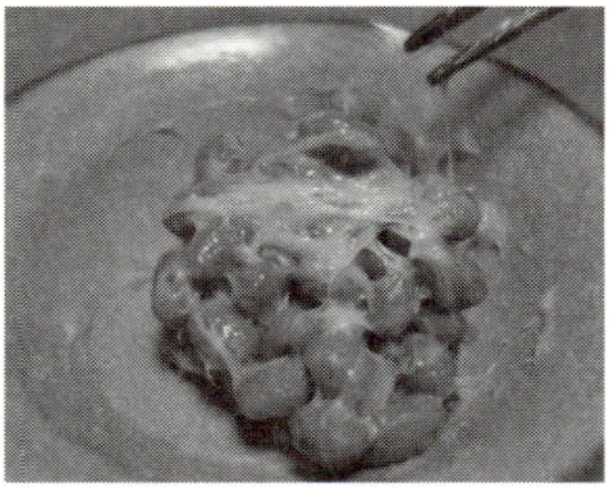

十分に糸を引く
ようにしてから
食べる

納豆の糸引き成分

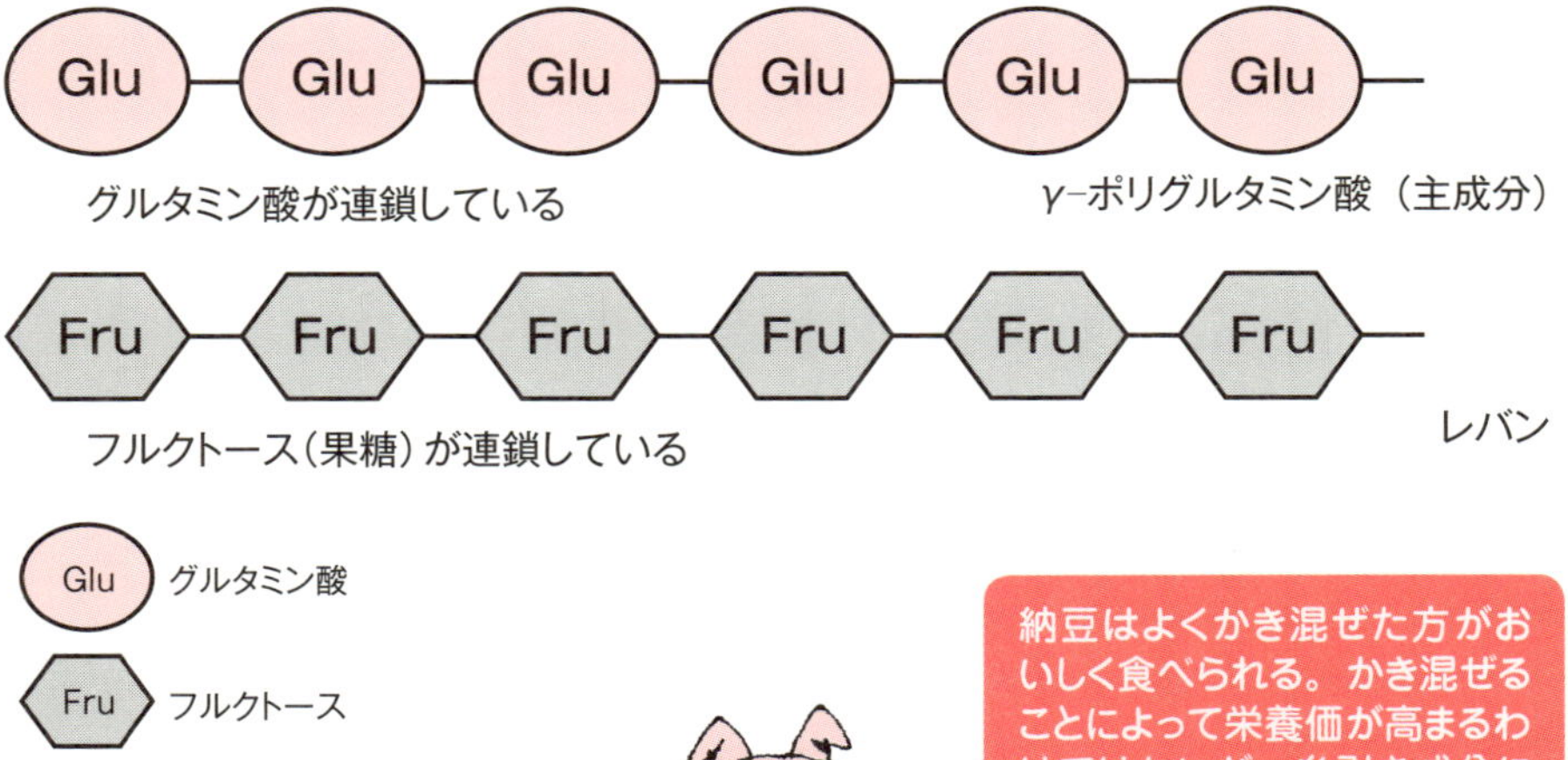

納豆の糸引き成分は、グルタミン酸が直鎖状に連結したγ—ポリグルタミン酸にフルクトースが連鎖したレバンがからんでいる

納豆はよくかき混ぜた方がおいしく食べられる。かき混ぜることによって栄養価が高まるわけではないが、糸引き成分に空気が混ざり，まろやかさが増して食感が良くなるんだ

42 牛乳に乳酸菌を加えるとヨーグルト

ヨーグルトの整腸作用

牛乳に乳酸菌を加えると、乳酸菌の繁殖によって乳酸が生成してpHが低下し、やがて牛乳のタンパク質が凝固して自然にヨーグルトになります。

国際規格では、ヨーグルトは乳酸桿菌のラクトバチルス・ブルガリクスと、乳酸球菌のストレプトコッカス・サーモフィルスの発酵により牛乳を固めたものとされています。乳酸菌は生育にさまざまな栄養素を必要としますが、ヨーグルトの中では乳酸桿菌がアミノ酸を生成し、乳酸球菌がギ酸を生成することにより、お互いに欲しい物質を供給し合う相利共生関係が成立しています。

ヨーグルトはもっとも簡単に自作できる発酵食品の1つです。牛乳を沸騰させないように加熱してからゆっくり冷まし、40℃くらいになったら市販のヨーグルトを加えてよく混ぜます。容器に蓋をして空気を遮断し、43℃なら3時間程度、30℃程度なら一晩保温しておくと、牛乳がプルンと固まってヨーグルトが完成します。固まったら冷蔵庫に保存しましょう。

乳酸菌にはおなかの調子を良くする整腸作用が知られています。ビフィズス菌やヤクルトの乳酸菌などにも、腸の運動を活発にして下痢や便秘を防止する整腸効果が確認されています。腸には「腸内フローラ」と呼ばれる膨大な数の腸内細菌が棲みついていて、ヒトの健康にさまざまな影響を与えています。

はやりの言い方で良い影響をあたえる細菌を「善玉菌」、悪影響を与える細菌を「悪玉菌」とすると、乳酸菌は典型的な善玉菌です。

善玉菌にはビタミンを合成し、免疫力を高めるなどの効能も認められています。乳酸菌による発酵乳製品は世界各国に存在しますが、発酵乳を日常的に摂取している地域の多くが長寿村として知られています。実際にブルガリアの長寿村から優良なヨーグルト乳酸菌が分離されています。おなかの調子が気になる人は、ヨーグルトを試してはいかがでしょうか。

要点BOX

- ●ヨーグルトはもっとも簡単な自作できる発酵食品
- ●乳酸菌はおなかの調子を良くする善玉菌
- ●長寿村の人々はヨーグルトを常用

ヨーグルトと乳酸飲料の製造工程

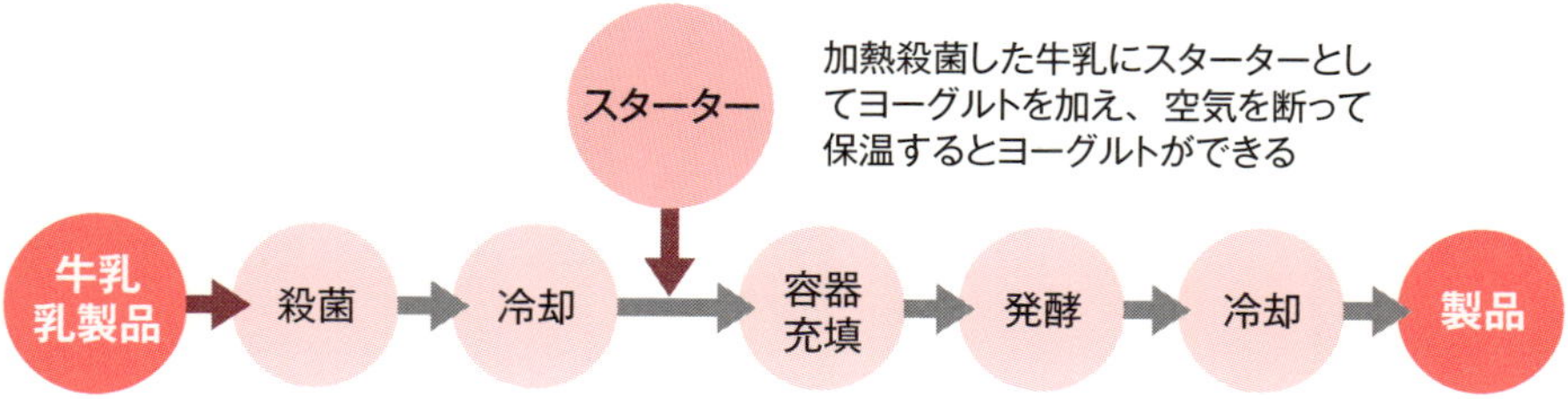
スターター
加熱殺菌した牛乳にスターターとしてヨーグルトを加え、空気を断って保温するとヨーグルトができる
牛乳
乳製品
殺菌
冷却
容器
充填
発酵
冷却
製品

ヨーグルトの乳酸菌

ヨーグルトの乳酸菌は腸内に定着することができないから、効果は一過性なんだ。だから発酵乳製品は毎日食べることが必要なのだよ

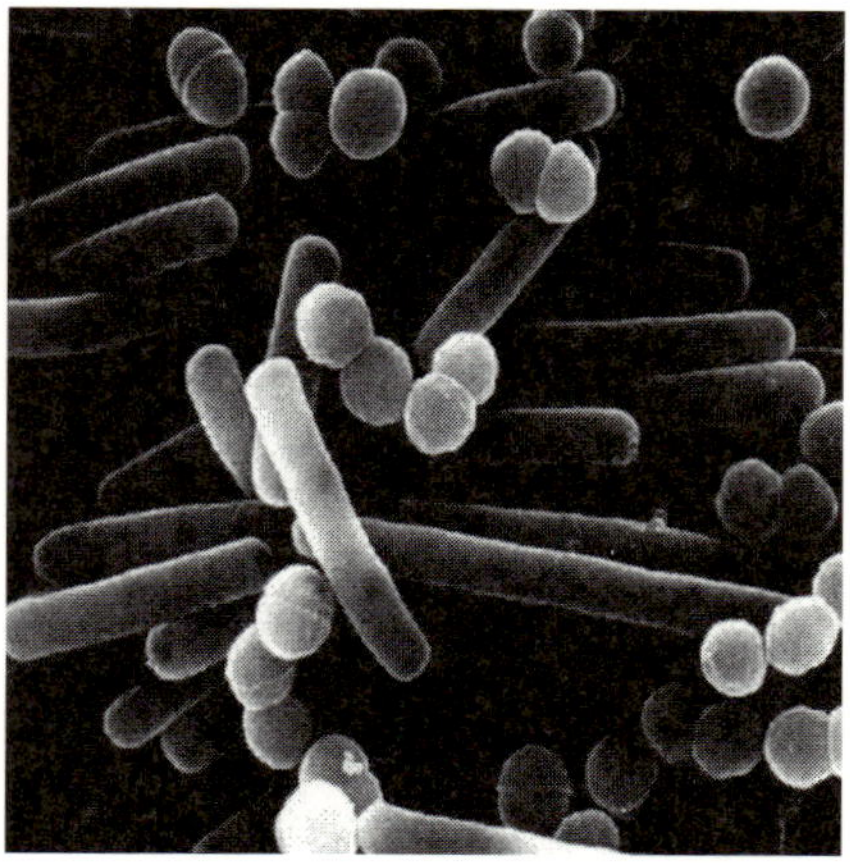

（佐々木泰子博士（明治大学農学部）より供与）

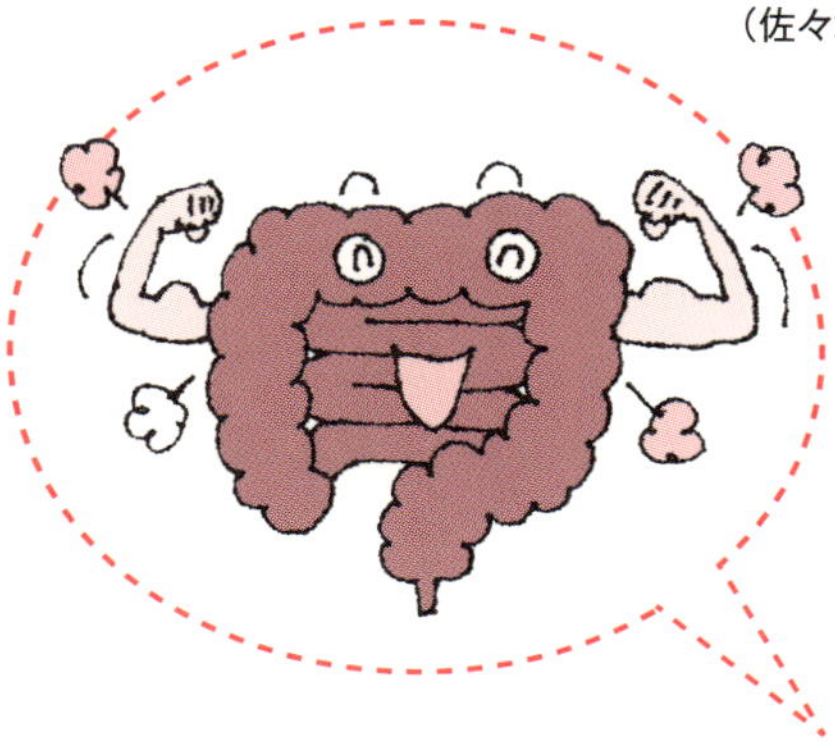

ヨーグルトには生きた乳酸菌が多数含まれているので腸の動きを活発にする

43 パンを膨らませる酵母

酵母の細胞がパン生地の中で発酵する

アルコール発酵を行うパン酵母は、パンの製造にも用いられます。アルコール発酵の反応式から計算すると、1・8グラムの砂糖から約0・9グラムのアルコールと約450ミリリットルの二酸化炭素が生成することになります。パン酵母は乾燥に強いので、パン種のためにドライイーストが市販されています。

パンを主食とする欧米各国では、小麦粉に水と食塩とパン酵母だけを加えたリーンブレッドと呼ばれる、小麦本来の味を楽しむ固いパンが好まれます。酵母はデンプンを発酵できないので、小麦に含まれるわずかな糖分を使ってアルコール発酵することになります。一方、日本ではふんわりと焼き上がった柔らかいパンが好まれるので、材料に砂糖や油脂を加えたリッチブレッドにより、アルコール発酵を促進します。

パンの製造法は、大きく分けて「ストレート（直捏《じかこ》ね）」法と「中種法」があります。最初に全部の材料を混合して作った生地を発酵させ、一度ガス抜きをしてから生地を切り分け、寝かせてからオーブンで焼き上げるのがストレート法です。作業に融通がきかず苦労の多い方法ですが、生地が一気に引き延ばされて細くなるため、ふんわりとおいしく焼き上がります。焼き上がり時間を店頭に表示している熱心なパン屋などではストレート法が採用されています。時間がたつとすぐに堅くなってしまうのが弱点なので、ぜひ焼きたてを味わいしましょう。

一方、最初に約半分の材料を捏ねて発酵させてから、残りの材料を混合して改めて発酵させ、生地を分割・成形してオーブンで焼くのが中種法です。ストレート法よりも時間がかかりますが、工程を調整しやすいのが利点です。生地の捏ね直しにより繊維のストレスが緩和されて太くなり、時間がたっても堅くなりにくいパンができます。大手のパン工場では、焼きたてで食べてもらえないことが前提なので、焼きたてでなくてもおいしく食べられるパンを苦心して焼いているのです。

要点BOX

- パン酵母は乾燥に強い
- パンの製造法は大きく分けてストレート（直捏ね）法と中種法がある

パンの製造工程

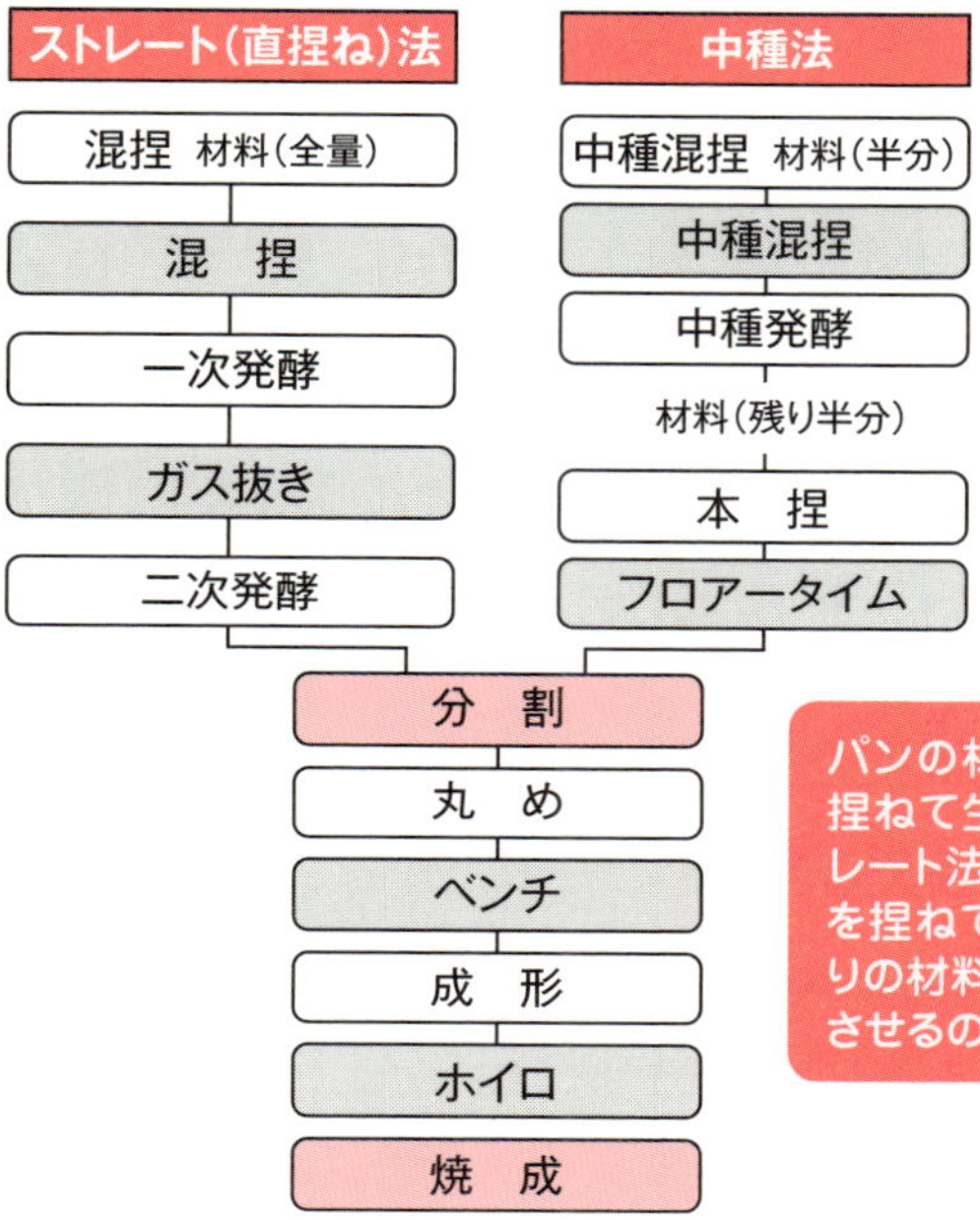

強力粉	100g
パン酵母	2g
食塩	2g
砂糖	2g
ショートニング	5g
水	67g

パン生地の発酵プロセス

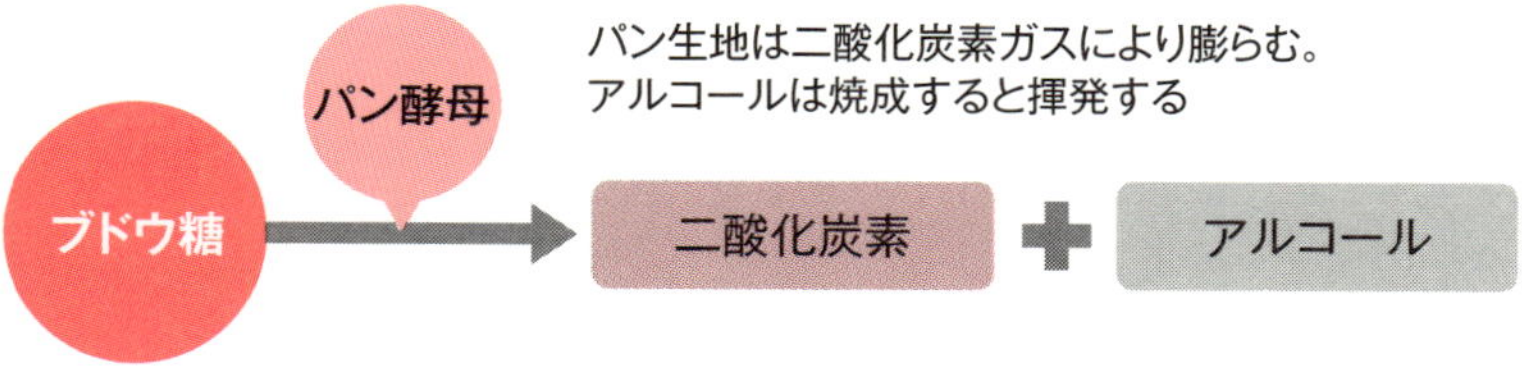

パン生地は二酸化炭素ガスにより膨らむ。
アルコールは焼成すると揮発する

44 ワイン・ビール・日本酒を造る酵母の違い

それぞれ異なる発酵形式を採用

ワインとビールと日本酒の醸造には、原料の違いを反映して、それぞれ異なる発酵形式が採用されています。

ブドウ果汁を原料として造られるワインは、ブドウの果汁に糖分が含まれているので、ブドウ果実に付着していた酵母が直接ブドウの糖分をアルコール発酵してワインができます。製法が単純な「単発酵」で、原料のブドウの品質がストレートに反映するので、ブドウの産地が品質の重要な要素となります。ワイン酵母としては、香気成分を生成し、雑菌の繁殖を抑えるために添加される亜硫酸塩に耐性をもつ酵母が利用されています。アルコール濃度は10%前後です。現在では、製品の品質を安定化させるため、ブドウの果汁に選抜育種したワイン酵母を添加して発酵させることが多くなってきています。

酵母はデンプンを利用できないので、穀物を原料として酒を造るときには、まず穀物のデンプンを糖分に変換する糖化の過程が必要です。ビールの醸造では、麦の発芽のときに生成するアミラーゼが糖化に用いられます。糖化の工程が終了してから、ビール酵母を添加してアルコール発酵を行う「単行複発酵」です。ビール酵母としては、アルコール発酵が完了すると凝集してタンクの底に沈む酵母が用いられます。アルコール濃度は5%程度となります。

日本酒の醸造では、蒸し米に麹菌を繁殖させて麹菌のアミラーゼによりデンプンを分解し、清酒酵母とともに仕込んでもろみを作ります。デンプンの糖化と酵母によるアルコール発酵が同時進行するので、「並行複発酵」と呼ばれます。日本酒は発酵の終期にはアルコール濃度が20%に達する世界最強の醸造酒なので、清酒酵母も強いアルコール耐性をもっています。さらに、アルコール発酵のキレが良く、吟醸香と呼ばれる香り成分を生成する酵母が好まれます。製品のアルコール濃度は14%程度に調整されています。

要点BOX

- ブドウの品質が重要な要素となるワイン
- ビール醸造ではアミラーゼが糖化に用いられる
- 日本酒の醸造では蒸し米に麹菌を繁殖させる

アルコール発酵形式の違い

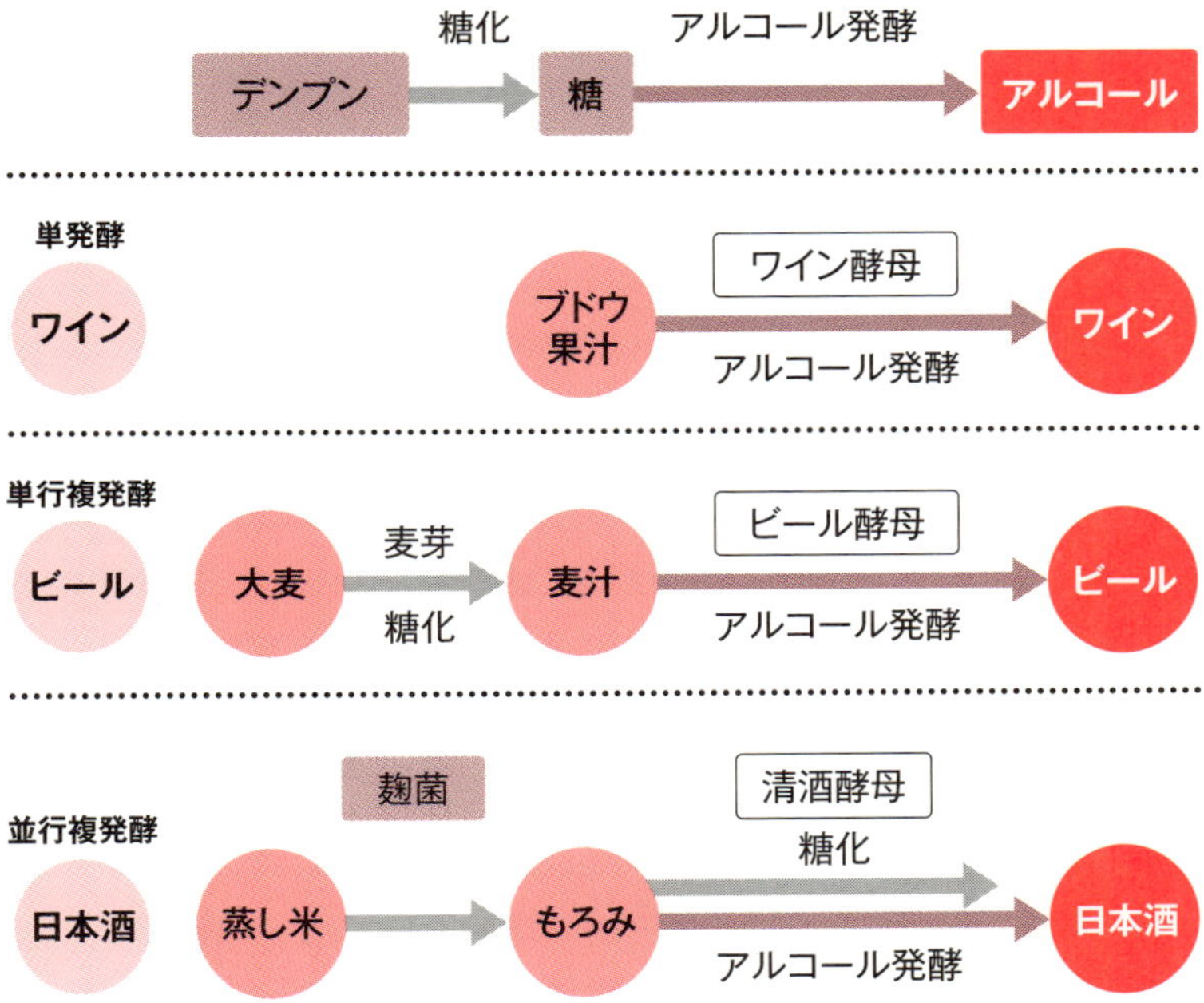

工程が複雑な酒ほど原料よりも醸造技術が重要になる

45 麹菌は日本の国菌

一汁三菜を基本とする日本食では、素材の味を引き出す名脇役である調味料として味噌としょう油が使われています。大豆を原料とする発酵調味料は、各国で作られていますが、穀物に麹菌を生育させて大豆とともに仕込むタイプの味噌としょう油は日本独自のものです。さらに、日本酒と呼ばれる清酒の醸造にも麹菌が使われています。麹菌アスペルギルス・オリゼーは、室町時代には木灰を用いた純粋培養技術が確立され、酒屋などに供給されていたことが判明しています。

日本醸造学会では日本を代表する微生物として、2006年に麹菌を「国菌」に指定しました。麹菌が関与する産業は日本のGNPの1%に達することからも、国菌としての資格は十分でしょう。

味噌の醸造では、蒸し米に麹菌を2日程度生育させ、蒸した大豆と食塩で仕込んで数カ月から1年熟成させます。しょう油の醸造では、割砕した小麦と蒸し米に麹菌を3日程度生育させ、食塩水で仕込んで半年から1年半熟成させます。日本酒の醸造では、蒸し米に2日間麹菌を生育させ、清酒酵母と水とともに仕込んで20~30日間アルコール発酵を行います。

いずれの場合も、麹菌は最初の2、3日間生育するだけであり、仕込みと同時に死滅しています。培養期間が長くなって胞子の形成が始まると非常に強いエグ味が出てしまうので、その前に仕込みにかけられます。麹菌は死滅しても、麹菌が作ったアミラーゼやプロテアーゼなどの酵素は活性を保ち、熟成の期間を通じて米や大豆のデンプンやタンパク質を分解し続けます。麹菌は酵素の供給源として利用されているのです。麹菌はあまり強いカビではないので、麹室《こうじむろ》と呼ばれる特別な部屋で大事に育てられます。麹菌は大量の酸素が必要で、限られた時間の間に菌糸を十分に伸長させるために、付ききりで面倒を見なければなりません。麹菌は安全で生産性の高い優良なカビですが、非常に世話の焼けるカビでもあります。

清酒・しょう油・味噌を造る

要点BOX

- 2006年に麹菌を「国菌」に指定
- 麹菌が関与する産業は日本のGNPの1%
- 麹菌は非常に世話の焼けるカビ

黄麹菌(アスペルギルス・オリゼー)

十分に熟生した麹菌アスペルギルス・オリゼー。直径5～8μmの胞子が数千個養成して0.2～0.5mmに達する

麹菌を用いる発酵調味料

味噌の製造

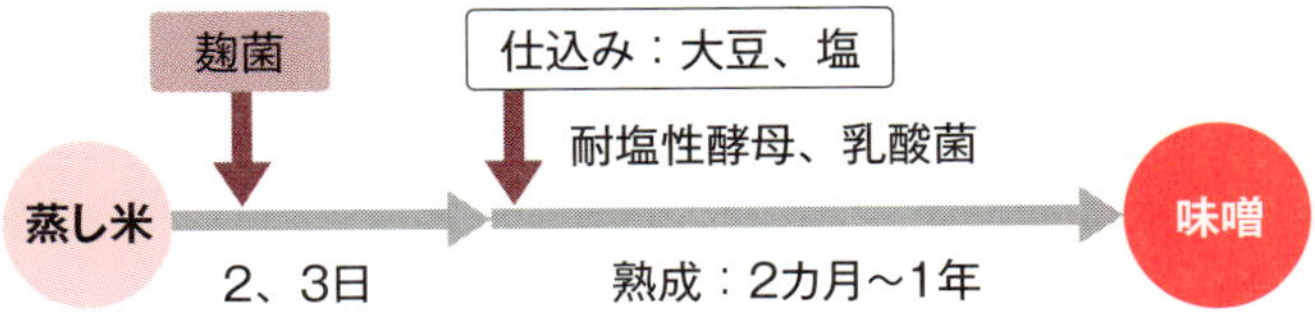

しょう油の製造

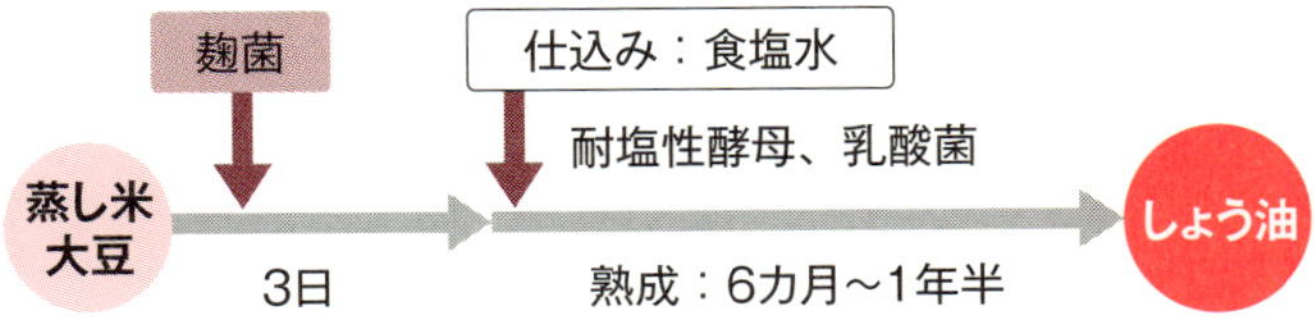

清酒の製造

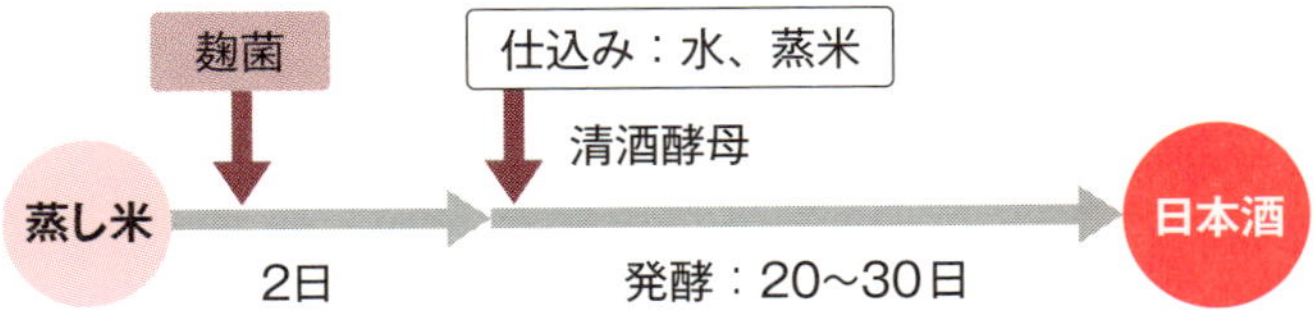

発酵・熟成の期間中は麹菌が残した酵素が働きつづける

46 焼酎を造るカビ 黒麹菌・白麹菌

温暖な地方では日本酒ではなく焼酎を造る理由

日本酒の醸造は、「寒造り」と言って厳冬期に行われるものでした。日本酒のもろみは糖分が豊富で、清酒酵母にとっても、乳酸菌にとっても好適な環境です。もし、清酒酵母の代わりに乳酸菌が繁殖してしまうと、もろみ全体がダメになる腐造が発生し、蔵元は大損害を被ります。乳酸菌は20〜40℃で生育し、酵母は10〜30℃で生育します。生育の早い乳酸菌も、15℃くらいの温度にするとほとんど生育できないので、安心して酒造りに励むことができます。冷凍機のなかった時代では、もろみの温度を低く保つために厳冬期の気温が必要だったのです。

冬が寒くならない九州南部や沖縄では、もろみの中の乳酸菌の生育を抑えるのが難しく、麹菌を用いて日本酒を醸造するのは危険です。そこで、黒麹菌や白麹菌を用いた焼酎が醸造されてきました。

黒麹菌（アスペルギルス・リュウキュウエンシス）は、鉄分を制限して培養すると大量のクエン酸を生産します。クエン酸は乳酸よりも強い酸であり、pHが乳酸菌も生育できないほど低くなります。しかし、酵母は乳酸菌よりも酸性に強いので、このような環境下でもアルコール発酵を行って酒を造ることができます。ただ、このようにして造られた酒は酸味が強すぎてとても飲めないので蒸留します。クエン酸はほとんど揮発しないので、アルコール分だけが揮発して、飲み頃の焼酎ができます。こうして、温暖な地方では日本酒ではなく、黒麹菌を用いて焼酎が造られるようになったのです。理屈がわかってみると非常に合理的な製法ですが、経験と勘からこのような製法を編み出した先人の英知には驚かされます。

白麹菌（アスペルギルス・カワチ）は、黒麹菌の突然変異によって生じたものと考えられています。黒麹菌の胞子は真っ黒なので、作業着の汚れが目立ってしまいます。胞子が白くて汚れが目立たない白麹菌が好まれて育種されたと考えられています。

要点BOX

- 黒麹菌は鉄分を制限して培養すると大量のクエン酸を生産
- 温暖地域では乳酸菌の生育を抑えるのが難しい

黒麹菌（アスペルギルス・リュウキュウエンシス）

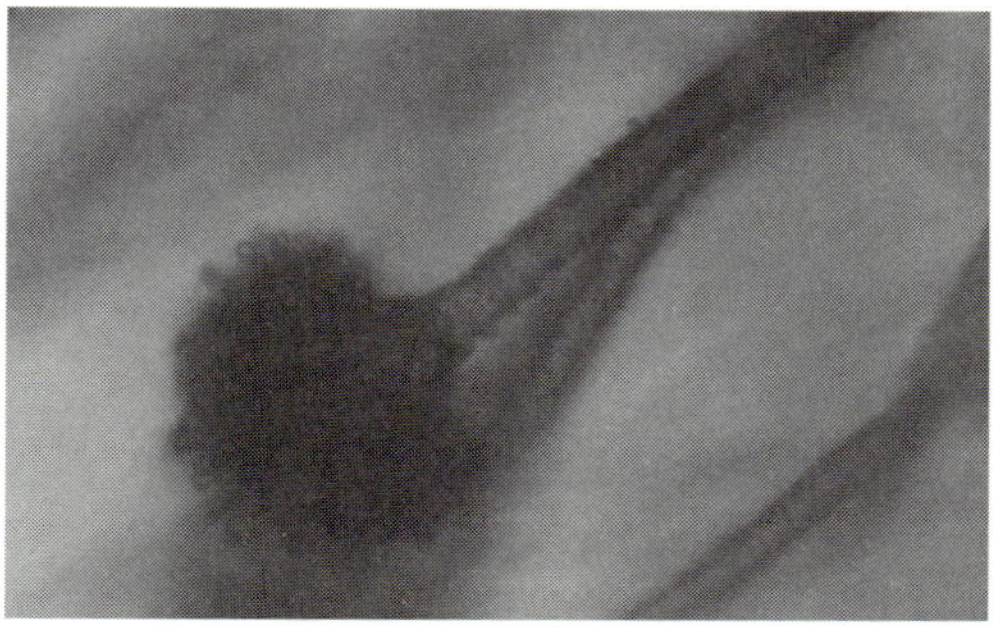

分生支柄の先端が膨らんできた頂のうから連鎖した胞子を形成する麹カビ

乳酸菌と酵母の比較

	乳酸菌	酵母
	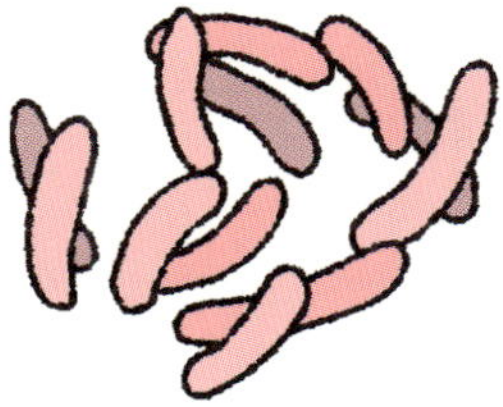	
生産物	乳酸	アルコール
生育	早い	やや遅い
酸性	強い	さらに強い
生育温度	20～40℃	10～30℃
酸素	弱い	耐性あり

温暖地（九州、沖縄）：乳酸菌の生育を抑えるのが難しい

↓

黒麹菌のクエン酸で乳酸菌の生育を抑えて酒造り

↓

酸っぱいから蒸留する

↓

焼酎

47 味噌・しょう油を熟成させる微生物

耐塩性酵母と好塩性乳酸菌

大量の食塩とともに仕込まれた味噌やしょう油のもろみの中では、耐塩性酵母（ジゴサッカロマイセス・ルキシー）と好塩性乳酸菌（テトラジェノコッカス・ハロフィルス）がゆっくりと生育して熟成を助けます。塩濃度が非常に高い環境なので生育できる微生物が非常に限られ、しょう油と味噌のもろみにはほぼ同じ微生物が生息しています。

一般に微生物が糖分を分解すると有機酸が発生してpHが下がります。乳酸発酵が典型的な例です。腐敗菌や食中毒の原因菌の大部分は中性から弱アルカリ性の環境を好むので、酸性環境ならば食中毒の心配はほとんどありません。

一方、微生物がタンパク質を分解するとアミンが発生してpHが上がります。腐敗菌にとって絶好の環境となるので、このような場合は食塩を大量に投入して腐敗菌を抑えるのが一般的です。味噌としょう油は大豆のタンパク質を分解するためアルカリ性に傾きやすいので、大量に食塩を加えて熟成させます。

パン酵母は浸透圧には比較的強い微生物ですが、食塩濃度が5％を超えると生育が遅くなり、8％を超えるとほとんど生育できません。一方、耐塩性酵母Z・ルキシーは25％近い食塩の存在下でも生育可能です。耐塩性酵母は、周囲の塩濃度が高いときは細胞内にグリセロールを大量に貯め込んで細胞内外の浸透圧を均衡させることができます。耐塩性酵母は、別に塩濃度が濃い環境を好むわけではなく、塩分がほとんどない環境でもっとも良好に生育するので「耐塩性」と呼ばれます。耐塩性酵母は熟成中にアルコールを生成して香りを与えています。

一方、4連球菌の好塩性乳酸菌T・ハロフィルスは、5～10％の食塩存在下でもっとも良く生育するので、「好塩性」と呼ばれます。熟成中に乳酸菌が繁殖するので、しょう油と味噌には1％前後の乳酸が含まれ、pH5前後の弱酸性になっています。

要点BOX

- 味噌としょう油は大量に食塩を加えて熟成
- パン酵母は浸透圧には比較的強い微生物
- 耐塩性と好塩性の違い

しょう油と味噌の製造工程

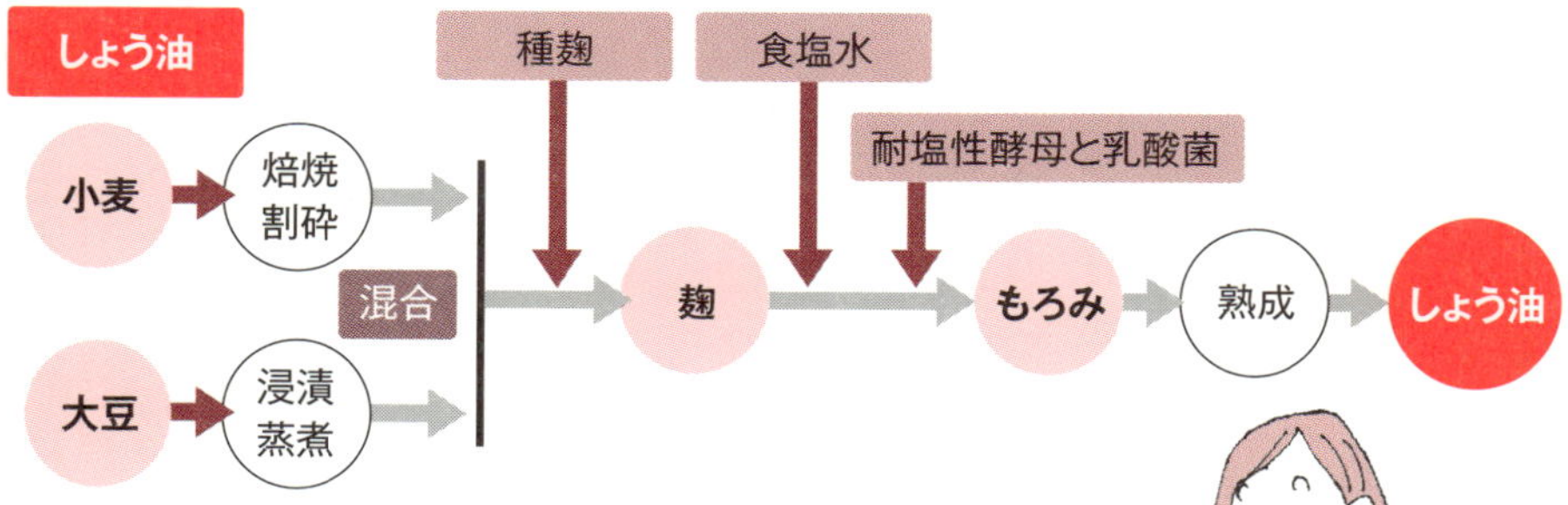

熟成中のしょう油と味噌には共通の耐塩性酵母と乳酸菌が働いている

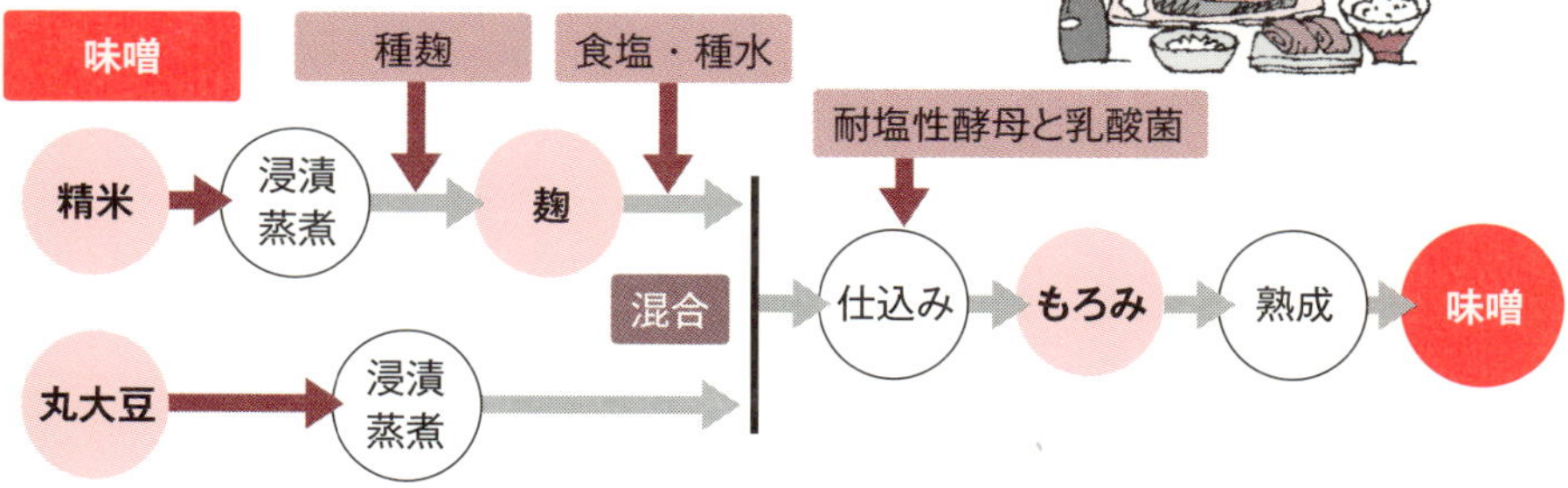

麹菌の蒸し米培養

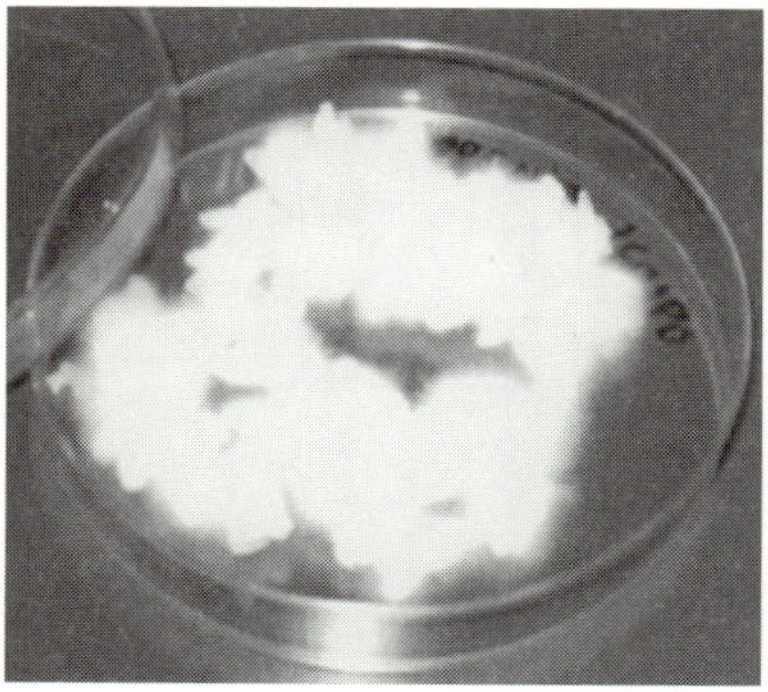

2日目

5日目

炊飯器で炊いた白米に麹菌の胞子を散布し、30℃で培養

48 糠床の中の乳酸菌

糠漬けの微生物と手入れ

糠《ぬか》漬《づ》けは日本の漬け物の代表格です。良い糠床ができると、野菜が一晩でおいしい漬け物に変身します。糠床の中では乳酸菌が繁殖してpH4・5くらいになっています。腐敗菌や病原菌の多くは酸性環境を嫌うので、乳酸菌を生育させてpHを下げておけば野菜を腐らせずに保存することが可能です。乳酸菌を利用して食料の保存性を良くすることは発酵食品の意義の1つです。

糠漬けの伝統的な製法では、米糠に6〜7%程度の食塩を加え、くず野菜を投入し、野菜に付着する天然の乳酸菌を生育させます。良くできた糠床では、ラクトバチルス属の乳酸菌が生育して乳酸濃度が0・7〜1・0%に達しています。表面にはハンゼヌラ属の産膜酵母が白い膜を張るようになります。

糠床に野菜を一晩漬けておくと、塩分が2%程度に達して食べ頃となります。漬け時間が長すぎると、塩辛くて食べにくくなってしまいます。

糠床には毎日の手入れが重要と言われます。実は、主力の乳酸菌が生育しすぎると酸っぱくなりすぎるので、糠床の底部までかき回す「天地返し」を行って、乳酸菌が嫌う酸素を注入し、乳酸菌を一休みさせるのです。また、表面の産膜酵母はアルコールを生成して香りを与えてくれますが、生育しすぎるとセメダインのような臭いを発するようになるので、糠床の深部に押し込んで産膜酵母が好む酸素を遮断するのです。さらに、手入れを怠ると糠床の深部に酸素に弱い酪酸菌が生育して、古い靴下の臭いと形容される酪酸を作り始めます。そこで、天地返しによって酸素を注入して酪酸菌を退治します。さらに、野菜からしみ出てきた余分な水分を除き、必要に応じて糠と食塩を追加します。

糠床の手入れは、部分的な微生物の異常発生を抑制し、全体のバランスを保つために行います。手入れの苦労はおいしい漬け物によって報われるのです。

要点BOX

- 乳酸菌を利用して食料の保存性を良くする
- 漬け時間が長すぎると塩辛くて食べにくくなる
- 糠床には毎日の手入れが重要

糠漬け

糠床
塩分 約6%

→

一晩漬けた野菜
塩分 約2%

→

食べ頃

産膜酵母

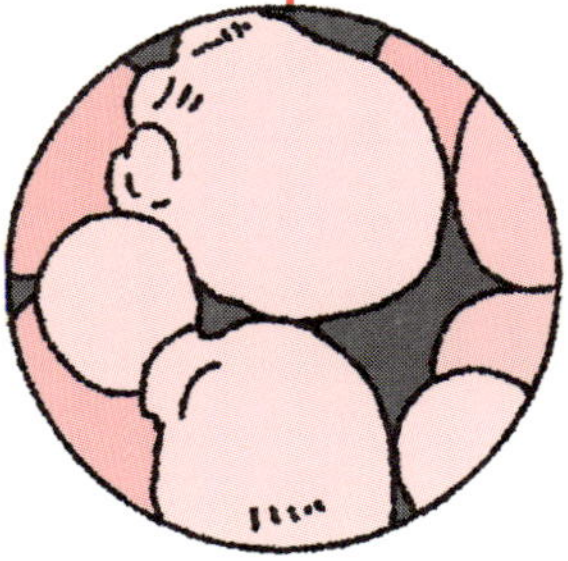

表面に白い膜
アルコールの香り

乳酸菌（ラクトバチルス）

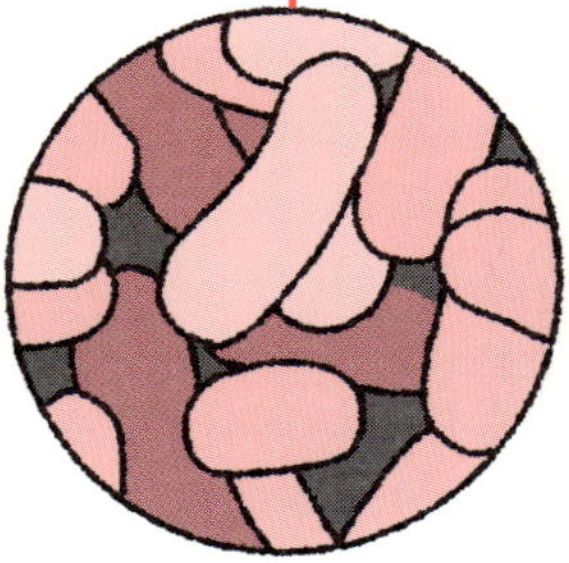

主力の乳酸菌
生育しすぎると酸っぱくなる

酪酸菌

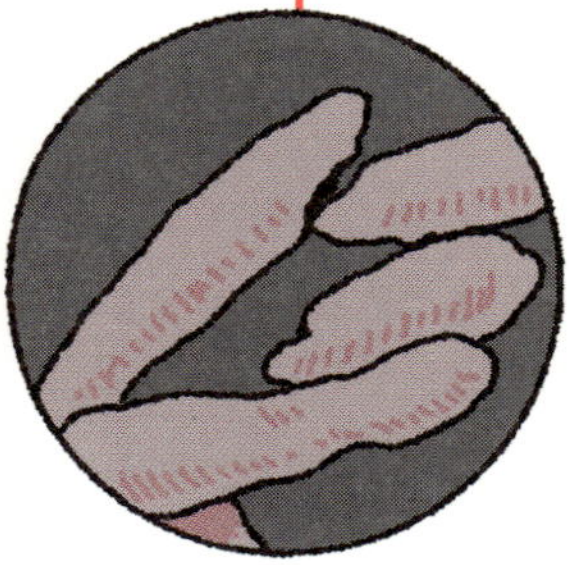

底部に生える
悪臭の元

「天地返し」
毎日手入れが
必要

49 酒を酢に変える細菌

最古の調味料とされる食酢は酒から造られる

食塩とともに最古の調味料とされる食酢は酒から造られます。ワインからはワインビネガー、日本酒からは米酢ができます。古くから、酒を放置するといつのまにか表面に膜が張って酒が酸っぱくなることが知られていました。これは、酢酸菌が繁殖してアルコールを酢酸に変換したためです。

米酢の製造工程では、通常の日本酒の製造と同様に蒸し米に麹菌を生育させ、清酒酵母とともに仕込んでアルコール発酵を行います。この工程では酸素は不要です。一方、酢酸発酵には大量の酸素が必要です。伝統的な表面発酵法では、浅い発酵槽に酒を移して酢酸菌の種を投入します。酢酸菌は酒の表面を覆って薄い膜を形成し、酢酸発酵を行ってアルコールを酢酸に変換していきます。2～3週間で酢酸濃度が5%程度に達するので、ろ過して製品にします。苦労の多い方法ですが、製品に上質な香りとコクが生まれるので、小規模な業者の多くは表面発酵法によりじっくりと良質の食酢を製造しています。

一方、深部発酵法では酒を大きなタンクに入れ、プロペラで撹拌しながら空気を送り込んで培養します。48時間程度で酢酸濃度が13～15%に達したところでろ過し、希釈して製品とします。表面だけでなく、タンク全体で酢酸発酵が進行するので非常に効率の良い方法であり、安価な食酢を大量に供給しなければならない大メーカーで採用されています。

「福山黒酢」は、玄米を原料として薩摩焼の壺の中で生産される琥珀色の食酢です。米を糖分に分解する糖化と、酵母によるアルコール発酵と酢酸菌による酢酸発酵の3つの過程が1つの壺の中で進行する発酵工学の奇跡が実現されています。福山黒酢は、製造に手間と時間がかかる高級品であり、調味料としてよりも健康飲料として消費されています。食酢には代謝を活発化して糖尿病を予防し、血中コレステロール値を低減する効果が認められています。

要点BOX

- 酢酸発酵には大量の酸素が必要
- 小規模な業者の多くは表面発酵法を採用
- 深部発酵法は大メーカーで導入されている

酢酸菌（アセトバクター・アセチ）

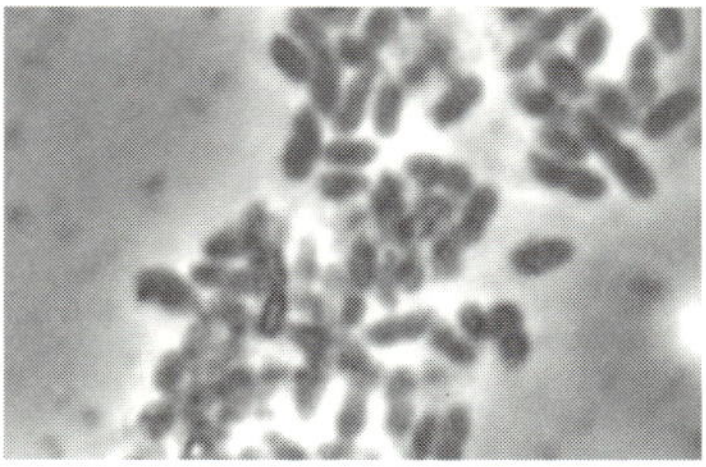

好気性のグラム陰性短桿菌

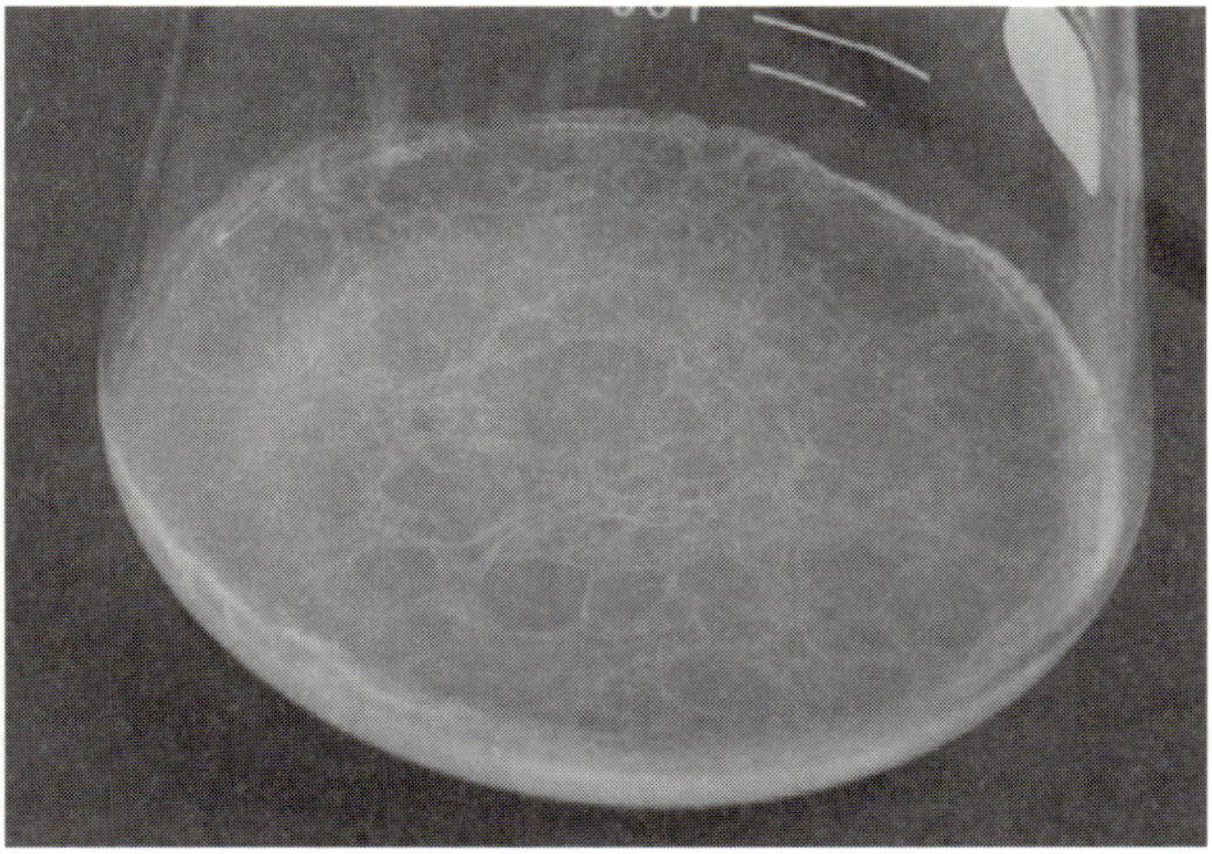

酒の表面に酢酸菌が
菌膜を作る

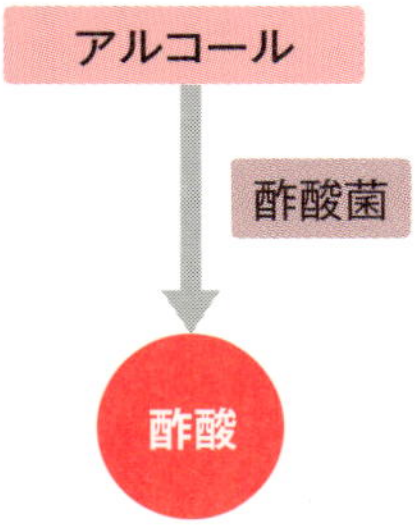

醋酸発酵によりアルコールが酢酸に変換する。酵素を必要とする反応

米酢の製造工程

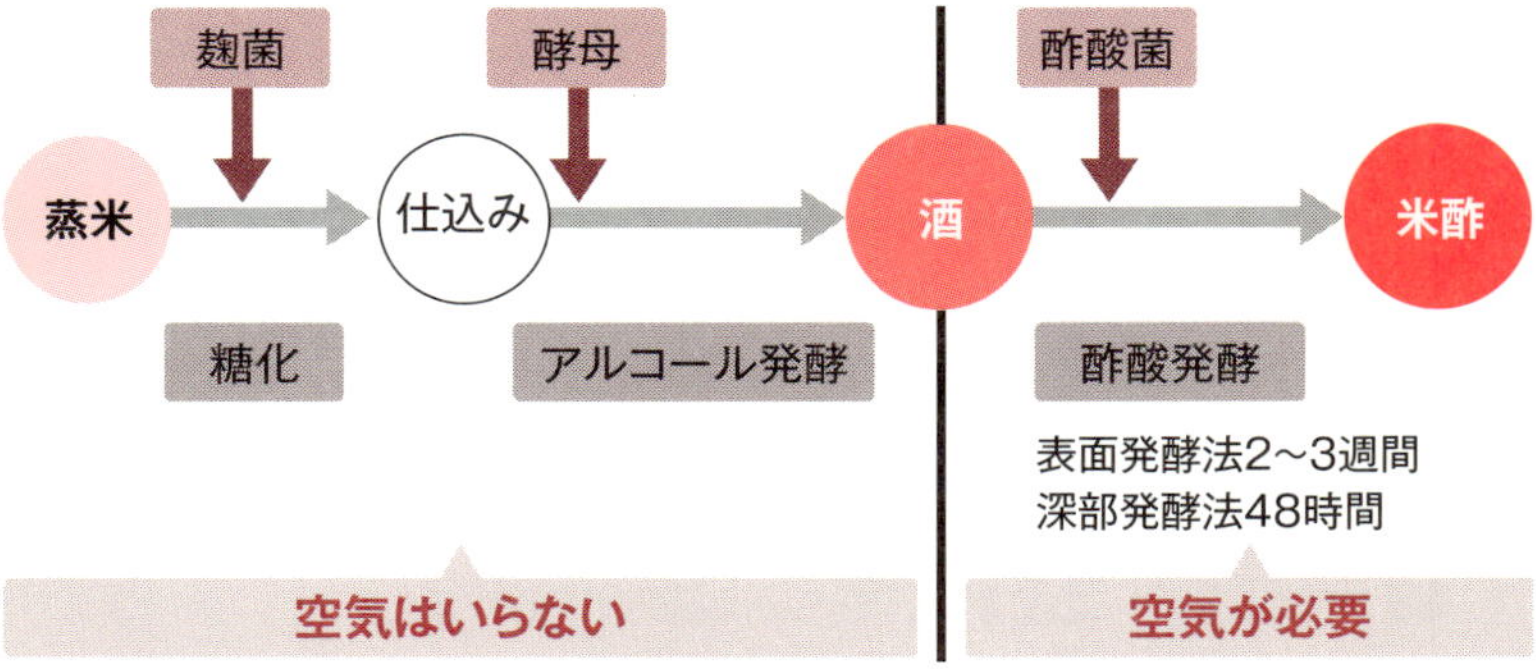

まず酒を造ってから容器を移して通気を確保し、醋酸発酵を行う

50

消費期限と賞味期限の違い

猛毒をつくるボツリヌス菌に注意！

スーパーの棚から商品を選ぶとき、たいていの人は値段の次に賞味期限を気にします。中には「消費期限」と書いてある食品もあります。加工食品には、どちらかを表示するように定められています。

腐敗しやすい加工食品は、製造過程で所定の条件で加熱処理するように定められていますが、熱処理の条件により「殺菌」と「滅菌」に分けられています。食品中に存在する微生物をほとんど死滅させるが、完全ではないため、時間の経過により腐敗が生じる可能性がある熱処理が「殺菌」です。紙パックの牛乳などがその例で、このような商品には「消費期限」と表示するのがルールです。消費期限が過ぎた食品は腐敗が始まっている可能性があるので、もったいないと食べるのは少々危険なチャレンジです。さらに、たいていは「要冷蔵」と保存方法が指定されていますので注意が必要です。

一方、耐熱性胞子を含めてすべての微生物を完全に死滅させる条件で熱処理を行うのが「滅菌」です。スーパーで常温で積まれているレトルト食品や缶詰などが該当し、このような食品には「賞味期限」が表示されています。賞味期限はおいしく食べるための一応の目安であり、少々時間が過ぎたところで安全性には問題ありません。

食品の滅菌条件を定める上でもっとも警戒されているのは、耐熱性胞子を形成する上に猛毒を作るボツリヌス菌です。過去に何度か死者の出る深刻な食中毒が発生したことから、ボツリヌス菌を確実に全滅させる加熱条件が、設定されています。加熱に必要な時間は温度によって異なります。１００℃では５時間以上必要ですが、１１０℃なら約１時間、１２０℃ならば５分前後となります。設備や食材の性質により適切な加熱条件が選ばれていますが、食品中のビタミンの分解や風味の変化を最小限に抑えるために、高温で短時間の熱処理が好まれる傾向にあります。

要点BOX

- 「消費期限」が過ぎた食品は腐敗が始まっている可能性がある
- 「賞味期限」は美味しく食べるための一応の目安

殺菌と滅菌の違い

殺菌

牛乳

牛乳など

滅菌

さばみそ煮

缶詰、
レトルト食品
など

滅菌されている
ものには微生物は
1 個も残って
いないんだ

大部分の菌を殺す加熱条件
↓
要冷蔵などの注意
↓
消費期限

確実に全滅させる加熱条件
↓
常温保存が可能
↓
賞味期限

滅菌条件

100℃	105℃	110℃	115℃	120℃
300〜330分	40〜120分	30〜90分	10〜40分	4〜10分

Column

麹菌はどこから来たのか?

日本の国菌とされる麹菌アスペルギルス・オリゼー(A．オリゼー)は、事実上日本にしかいません。自然界にはA．オリゼーに非常によく似たA．フラバスというコウジカビがいますが、A．フラバスはアフラトキシンと呼ばれる強力なカビ毒を生産するので、穀物を害するカビとしてアジア各国では非常に警戒されています。つまり、麹菌のようにモコモコの緑色のカビは、アジアでは食べてはいけない危険なカビなのです。

A．オリゼーとA．フラバスの混同を防ぐために、双方の遺伝子が詳細に解析されています。その結果、A．オリゼーはA．フラバスと同一種と言ってよいほど類似していましたが、A．オリゼーはアフラトキシンを合成する遺伝子群が何カ所も変異してもはやカビ毒の生産能を失っていること、アミラーゼの遺伝子が3つに増えて生産力が上がっていること、胞子の中に核が複数存在して発芽が早く性質が安定していることなど、ことごとく発酵醸造に便利な変化が起こっていることが明らかになりました。

以上より、麹菌は野生のA．フラバスからカビ毒を作らない優良な菌株を日本人が長年の間に選抜育種した微生物であるという学説が提唱され、非常に説得力があることから定説になっています。麹菌は日本人が飼い慣らした家畜だったのです。麹菌が日本にしかいないわけですね。

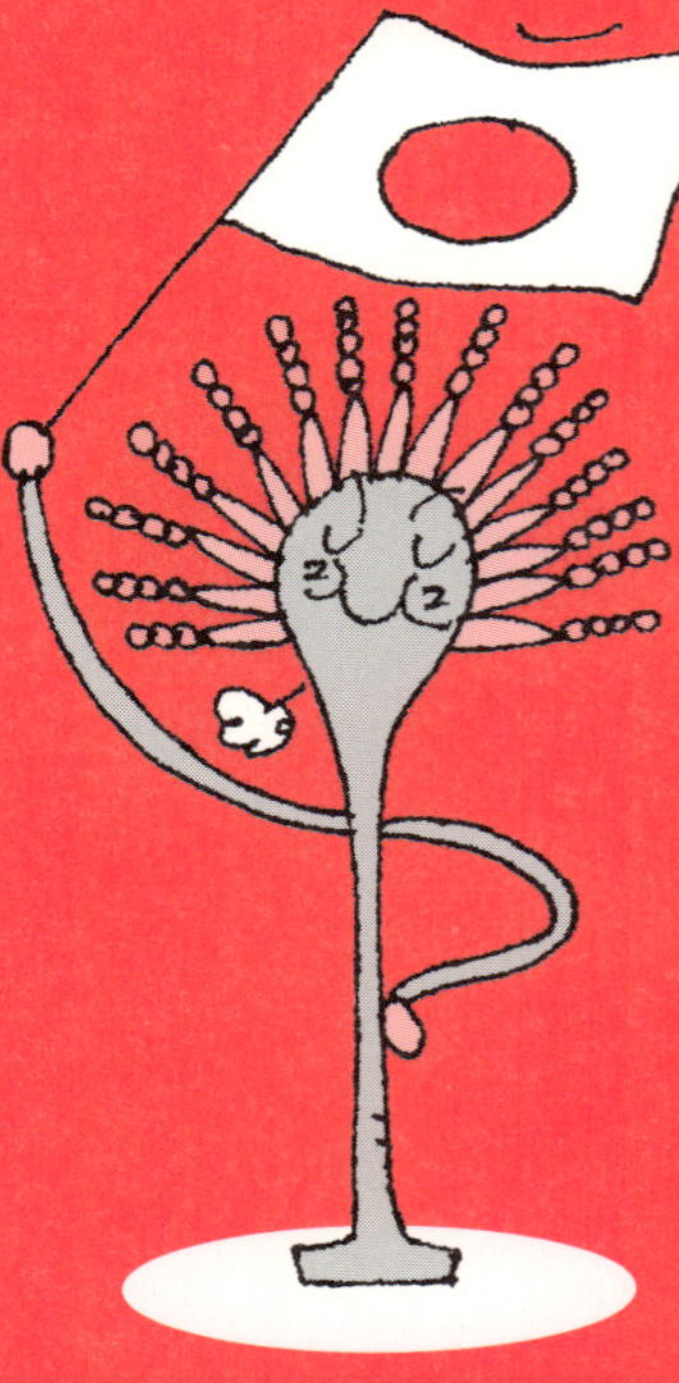

第6章

病原菌との戦い

51 死病と恐れられた伝染病ー結核菌

免疫力の低下が発症につながる

結核は1940年代までは日本人の死因の第1位であり、伝染性の肺病として怖れられてきました。しつこい咳が続き、寝汗と微熱と倦怠感に悩まされ、徐々に身体が衰弱して、やがて喀血《かつけつ》を起こして死を迎えるという恐ろしい病気だったのです。

結核は「結核菌（マイコバクテリウム・ツベルクロシス）」と呼ばれる好気性の桿菌が原因で発症します。結核菌に感染していても、結核を発病するとは限りません。実際に日本人の多くが結核菌に潜伏感染していることが、ツベルクリン反応検査により明らかになっています。この場合、過労や栄養不良などにより免疫力が低下すると、結核を発症する危険性が増えます。ひとたび発症するとじわじわ病状が進行し、無治療の場合は約半数が死亡します。現在でも日本では年間約2000人、世界全体では約150万人が死亡しています。さらに、患者の咳や痰から飛沫感染するので、医療関係者や介護者も警戒が必要です。

呼吸により常にホコリや雑菌にさらされる肺は免疫活動が盛んで、細菌を捕食する多数の「マクロファージ」が常にパトロールしています。マクロファージは捕食した細菌に消化液をかけて溶解処理します。肺にまぎれ込んだ結核菌も、マクロファージに捕食されますが、結核菌はミコール酸と呼ばれる特殊な脂質に覆われているので、マクロファージの体内でも溶かされることがなく、分裂増殖さえも可能です。マクロファージが通用しないので、抗体を作ってじっくり対応するしかありません。結核菌は増殖が遅くじっとしていることが多いので、感染していても発症しない人が大部分です。

結核に冒されると死と向かい合って生きていくことから、映画や文学の題材として取り上げられてきました。結核療養所を舞台としたサナトリウム文学には堀辰雄の「風立ちぬ」をはじめとして数々の傑作が残されています。また、樋口一葉、正岡子規、石川啄木、宮沢賢治などが若くして結核で倒れています。

要点BOX

- ●1940年代までは日本人の死因の第1位
- ●結核菌と呼ばれる好気性の桿菌が原因で発症
- ●樋口一葉、正岡子規なども結核で倒れる

結核菌（マイコバクテリウム・ツベルクロシス）

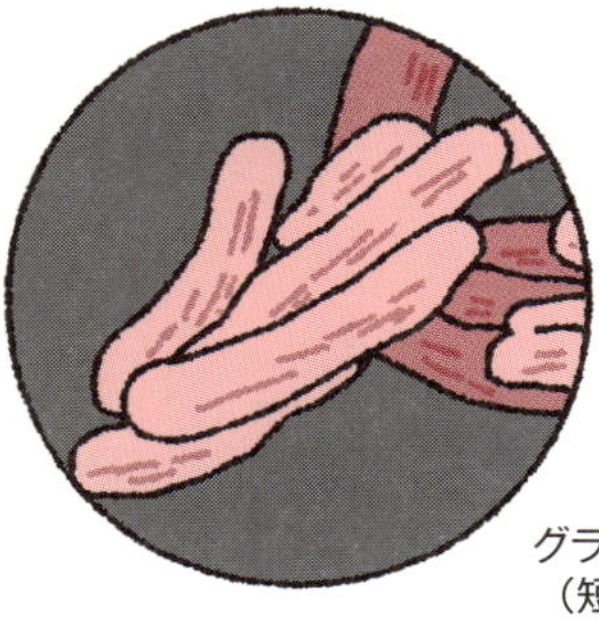

グラム陽性、好気性の抗酸菌
（短径0.5- 0.6 μm、長径2 - 4μm）

結核菌はマクロファージの中で増殖する

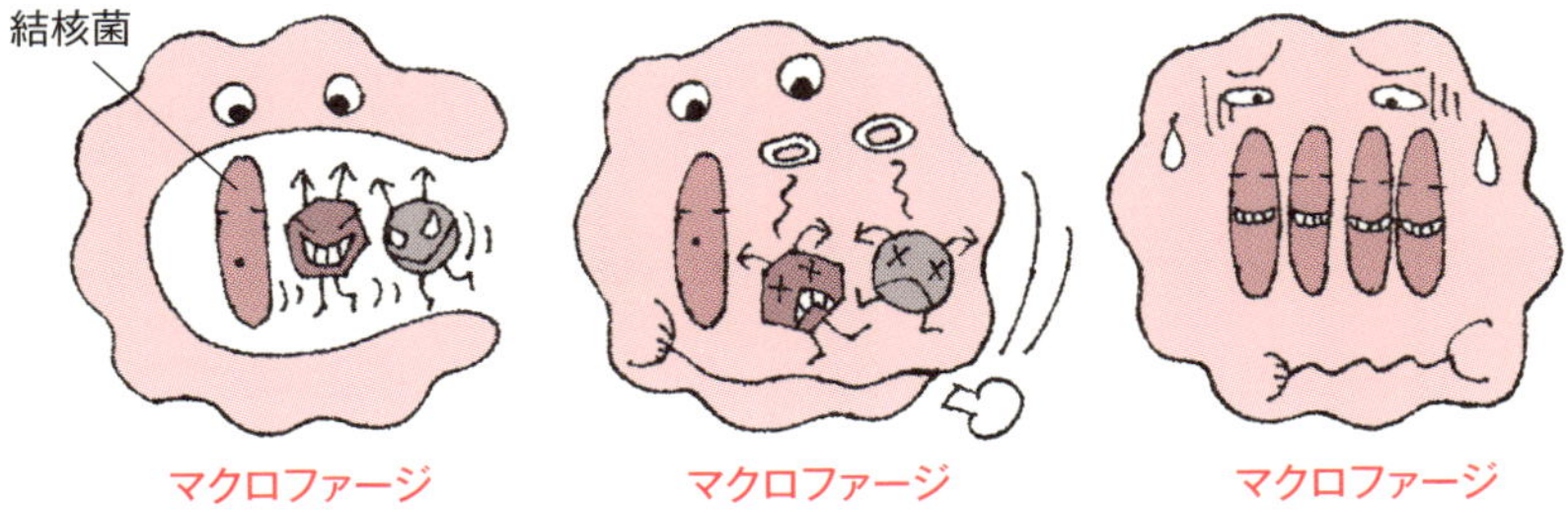

空気にさらされる肺の中は、マクロファージと呼ばれる白血球の一種が細菌を飲み込んで溶かす。結核菌はマクロファージに飲み込まれても溶かされずに増殖できる

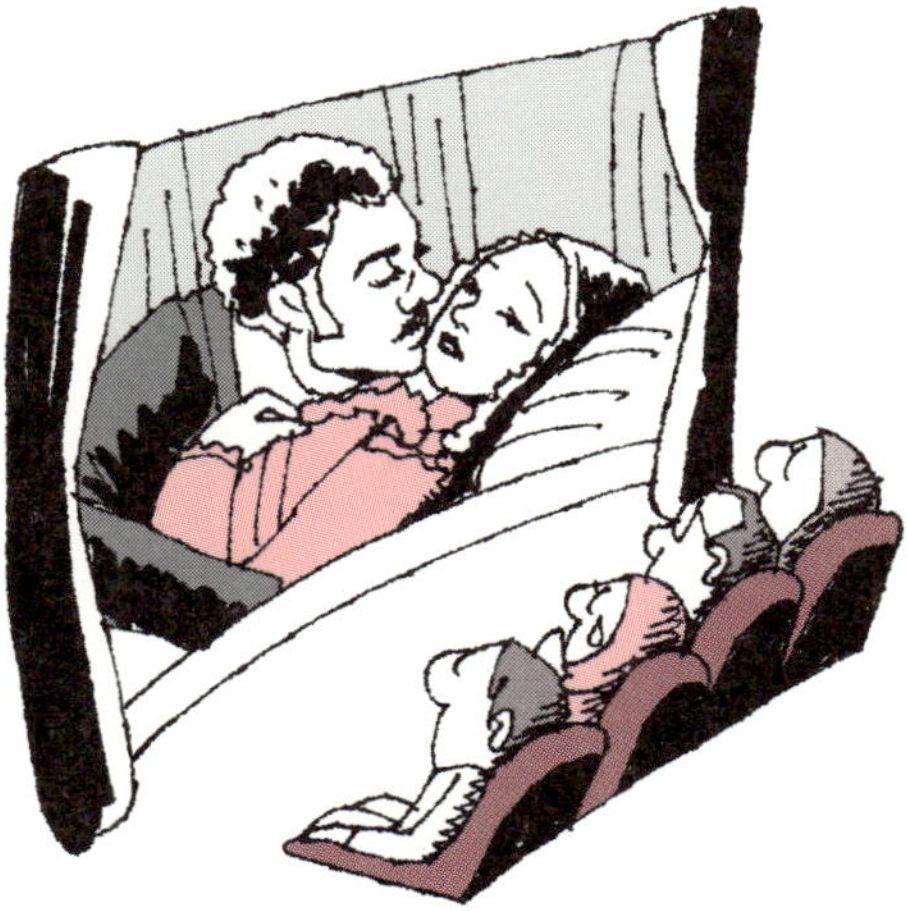

結核に冒された人物が登場する文学・映画は多い

52 重篤な症状を示す赤痢菌・コレラ菌

毒素を作る伝染性の病原菌

赤痢やコレラは血便をともなう下痢と発熱・腹痛を引き起こす大腸の感染症です。食物や水から経口感染するので食中毒の一種でもありますが、症状が重く伝染性を有するので深刻な感染症です。

赤痢を引き起こす「赤痢菌（シゲラ・ディセンテリア）」は1897年に志賀潔（1871〜1957）が発見しています。一方、「コレラ菌（ビブリオ・コレラ）」はイタリアの医師フィリッポ・パチーニ（1812〜1883）により1854年に発見されています。

赤痢やコレラが重篤な症状を示すのは、これらの病原菌が毒素を生成するためです。赤痢菌が産生する志賀毒素はベロ毒素とも呼ばれ、大腸や腎臓の細胞の機能を奪っていきます。毒素が脳細胞を冒すと、深刻な後遺症を残すことになります。現在の日本では赤痢の発生は非常に希ですが時々集団感染がニュースとなる「腸管出血性大腸菌O-157」は、ベロ毒素を産生する遺伝子を保有する大腸菌であり、実質的には大腸菌の皮をかぶった赤痢菌とも言えます。早期に抗生物質を投与して脱水症状を防止しないと危険です。

一方、コレラ菌が産生するコレラ毒素は小腸の上皮細胞のイオンチャネルを活性化して、水と電解質の放出を促進します。その結果、米のとぎ汁状と言われる猛烈な下痢を引き起こし、急速に脱水症状に陥ります。適切な治療を行わないと、数時間で死亡することもあります。

このような感染症は、糞尿に含まれていた病原菌が水や人の手を介して感染することが大部分なので、上下水道の完備や、手洗い・清掃などの公衆衛生が整えば自然に発生が少なくなります。日本で赤痢やコレラの流行が起こった時代は、貧しくて公衆衛生が整っていなかったのです。発展途上国にはこのような感染症が多発する国も多く、訪れるときは予防接種をしていくことや、火を通していない水や食品には決して口をつけないなどの自己防衛が必要です。

要点BOX

- 食物や水から経口感染する
- O-157は大腸菌の皮をかぶった赤痢菌
- コレラ菌は猛烈な下痢を引き起こす

コレラ菌（ビブリオ・コレラ）

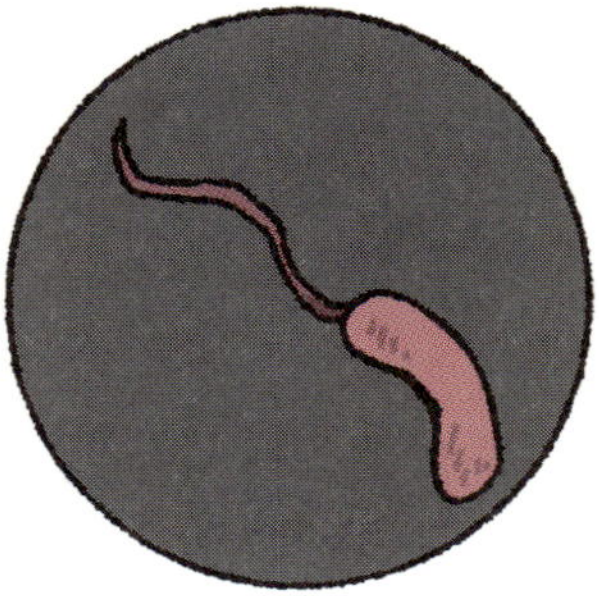

グラム陰性のやや湾曲した桿菌。
1本の極鞭毛により遊泳する

赤痢菌（シゲラ・ディセンテリア）

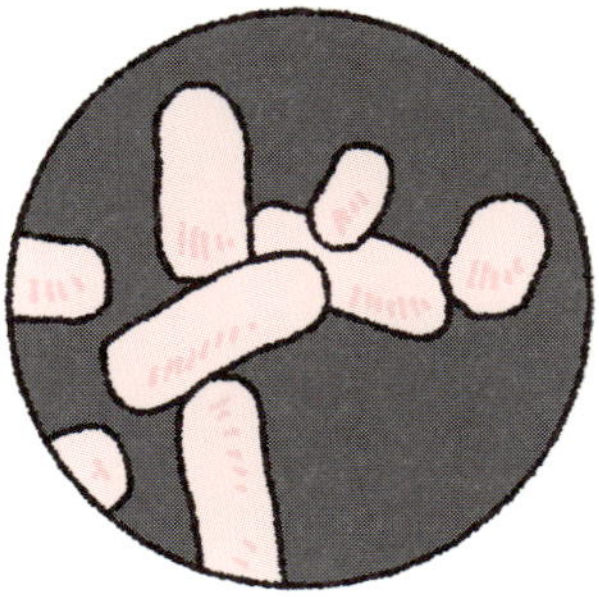

グラム陰性の桿菌。志賀潔博士が発見

大腸の感染症

公衆衛生が整えば発生が激減する病気

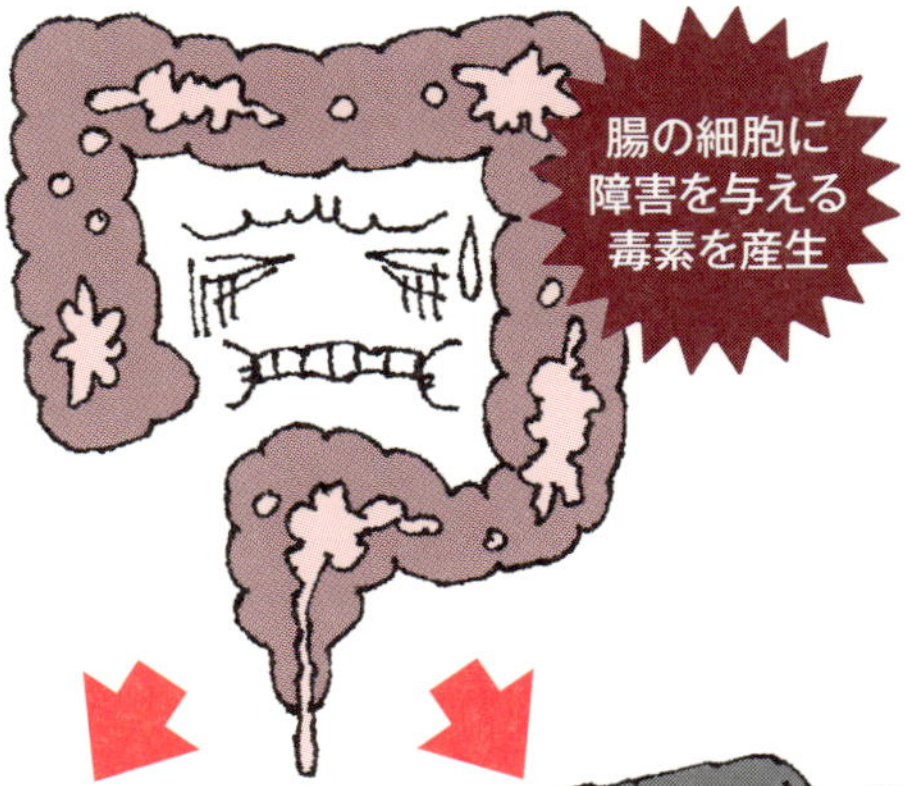
腸の細胞に
障害を与える
毒素を産生

猛烈な嘔吐・下痢のため脱水症状になる

53 虫歯を作るミュータンス菌

ミュータンス菌が喜ぶと虫歯になる

現代人に虫歯が1本もない人はほとんどいないでしょう。虫歯は「ストレプトコッカス・ミュータンス」と呼ばれる連鎖球菌により、歯の表面のエナメル質が溶かされるために起こります。

口の中にはさまざまな細菌が生息していますが、唾液に含まれるリゾチームという酵素は、細菌の細胞壁を溶解する強力な抗菌作用を示すので、実際に口の中に常在できる微生物は限られています。

ミュータンス菌は、口の中の糖分を利用して粘着性の多糖を合成し、その中に密集してバイオフィルムを形成する能力を有しています。バイオフィルムの中にはリゾチームが浸透しないので、唾液に流される心配も、溶かされる心配もなく増殖することができます。バイオフィルムの中では酸素が限られており、糖分が手に入ると、ミュータンス菌は乳酸発酵を行なってpHを低下させます。残念なことに、歯の主成分であるリン酸カルシウムは酸性に弱く、pHが5・5以下になると溶け出してしまいます。これが虫歯のメカニズムです。放置すると、神経が通っている歯髄まで影響が及んで耐えがたい歯痛に襲われることになります。

ミュータンス菌が喜ぶような行為は虫歯の原因になります。キャラメルのように歯に粘着して長時間糖分を供給するようなお菓子にはミュータンス菌は大喜びです。特にショ糖はグルコースとフルクトースに分解され、フルクトースはバイオフィルムの材料に、グルコースは乳酸発酵の基質になるので最悪です。

一方、ミュータンス菌への嫌がらせは虫歯予防に効果的です。まず、歯磨きを励行してバイオフィルムを破壊し、ミュータンス菌の住み家を奪うことです。甘い物を食べたら、すぐに口をゆすいで糖分を残さないことも有効です。虫歯予防として宣伝されるキシリトールは甘い味がする糖ですが、ミュータンス菌はキシリトールを利用できません。ミュータンス菌という敵を知ることにより、虫歯を防ぐことができるのです。

要点BOX

- ●口の中にはさまざまな細菌が生息している
- ●実際に口の中に常在できる微生物は限られる
- ●ミュータンス菌への嫌がらせが虫歯予防

ミュータンス菌（ストレプトコッカス・ミュータンス）

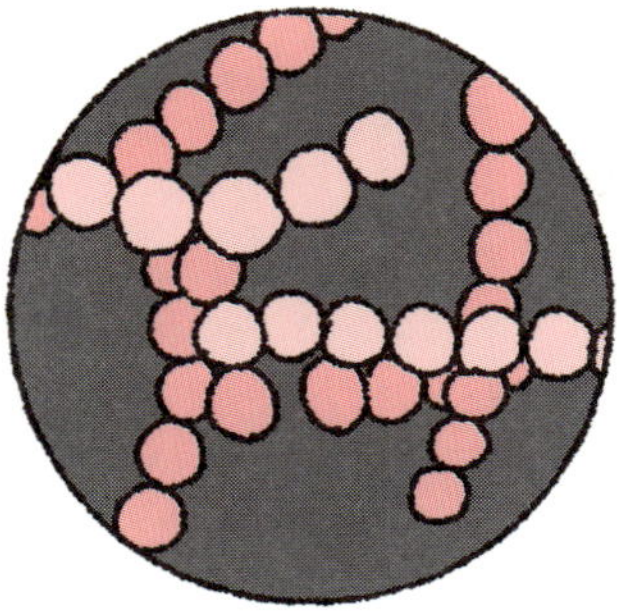

グラム陽性、好気性の抗酸菌
（短径0.5～0.6μｍ、長径2～4μｍ）

砂糖で虫歯になるメカニズム

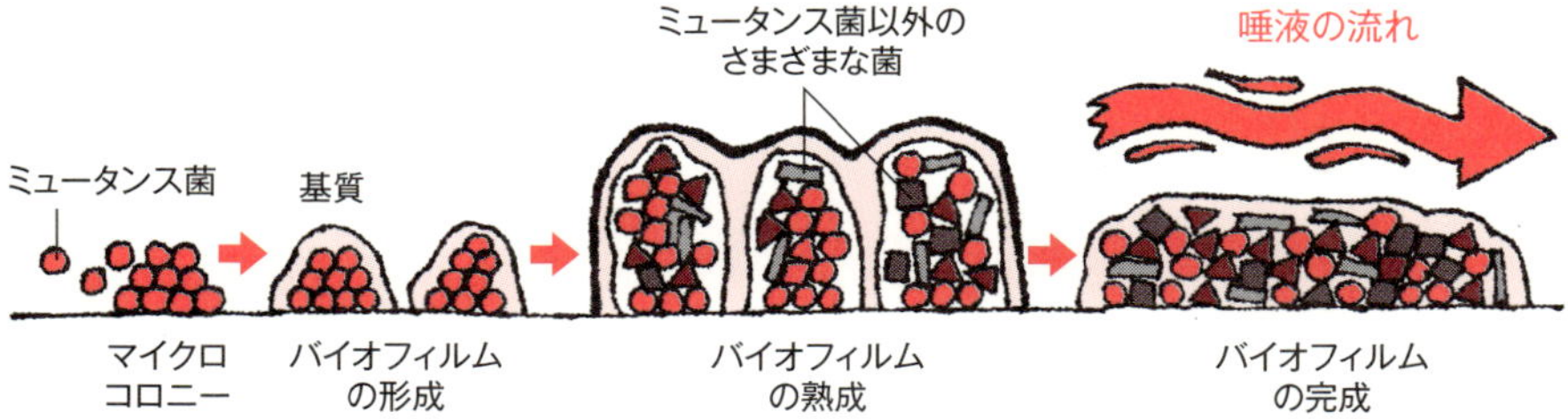

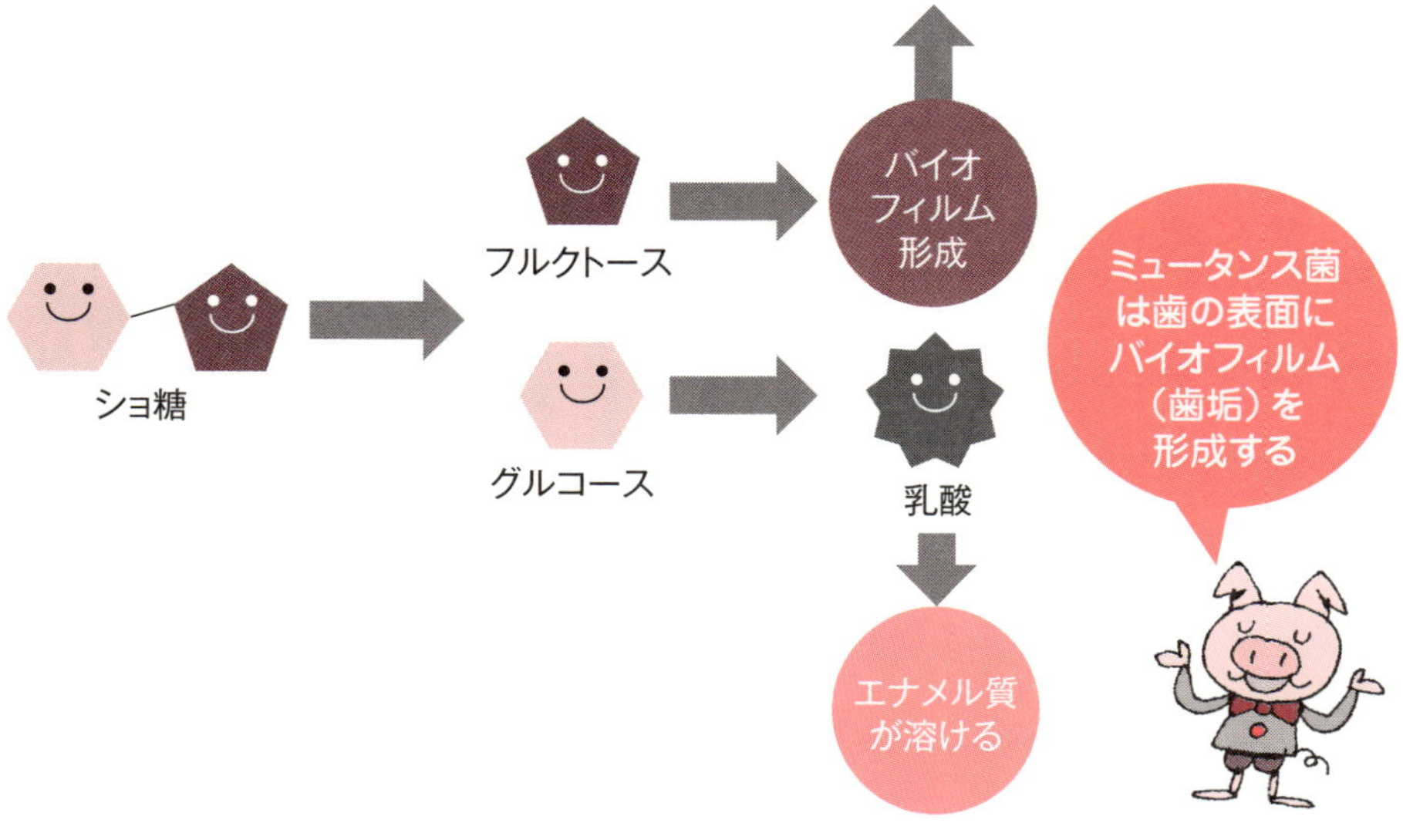

54

皮膚の炎症を引き起こす黄色ブドウ球菌

ほとんどの抗生物質への耐性を獲得した新種も登場

「黄色ブドウ球菌（スタフィロコッカス・アウレウス）」は、ヒトの皮膚や鼻毛などに常在する細菌です。健康な人にはほとんど何もできませんが、それでも汗腺などに侵入して増殖するとニキビや吹き出物となります。痒みをともなうのでひっかいたりすると、炎症を引き起こし、化膿性の膿瘍となります。

　さらに、病気やケガなどで弱みを見せるといろいろな悪さをします。体内に侵入した細菌は、マクロファージなどの白血球が捕食して溶解処理しますが、捕食された黄色ブドウ球菌は、抵抗して毒素を産生するので、白血球にも多くの犠牲者が出ます。戦い敗れた白血球の死骸が膿なので、傷口に黄色ブドウ球菌が侵入すると、非常に化膿しやすくなります。

　黄色ブドウ球菌は動物の皮膚に常在しているので、搾乳された牛乳にも混入することがあります。黄色ブドウ球菌は「エンテロトキシン」と呼ばれる毒素を産生するので、一定以上の黄色ブドウ球菌が混入した食品は廃棄しなければなりません。毒素は加熱しても分解されないので、火を通しても激しい嘔吐を伴う食中毒を発症します。

　黄色ブドウ球菌は抗生物質が効きやすい細菌ですが、ほとんどの抗生物質への耐性を獲得した「MRSA」と呼ばれる多剤耐性黄色ブドウ球菌が出現して問題になっています。重症で入院中の患者が、院内感染によりMRSAに感染すると、治療が難しいため深刻な結果を招くことになります。

　MRSAは、菌体の中に侵入した抗生物質などの化合物をくみ出す強力なポンプをもっています。ポンプの駆動には多大なエネルギーが必要なので、MRSAは通常の黄色ブドウ球菌よりも生育が遅く脆弱《ぜいじゃく》です。しかし、抗生物質を多用する医療機関では、通常の細菌が駆逐されるため、結果としてMRSAが出現しやすくなっています。抗生物質の使用には節度が必要なのです。

要点BOX

- ●ヒトの皮膚や鼻毛などに常在する細菌
- ●病気やケガなどで弱みを見せると悪さをする
- ●MRSAと呼ばれる多剤耐性黄色ブドウ球菌

黄色ブドウ球菌(スタフィロコッカス・アウレウス)

ふだんは
おとなしい皮膚の
常在菌だよ

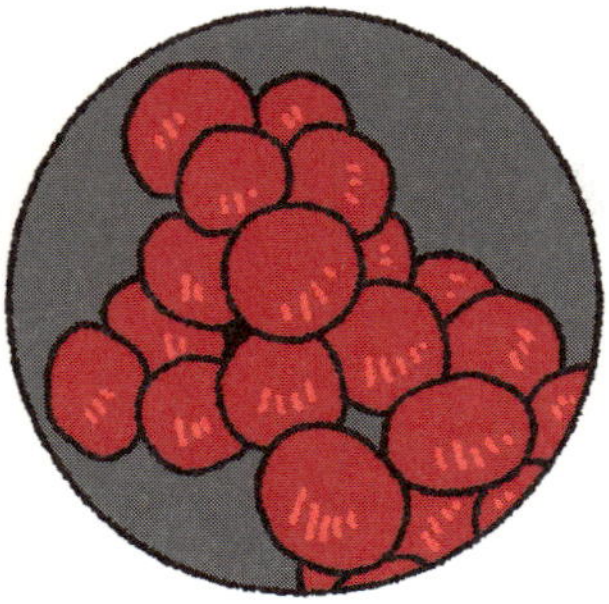

グラム陽性、ブドウ状に
集合する通性嫌気性の
球菌（直径1μm）

黄色
ブドウ球菌
汗腺などから
侵入すると
化膿性の膿瘍
になる
毒素を
作るので、食品
に混入すると
食中毒を
起こす

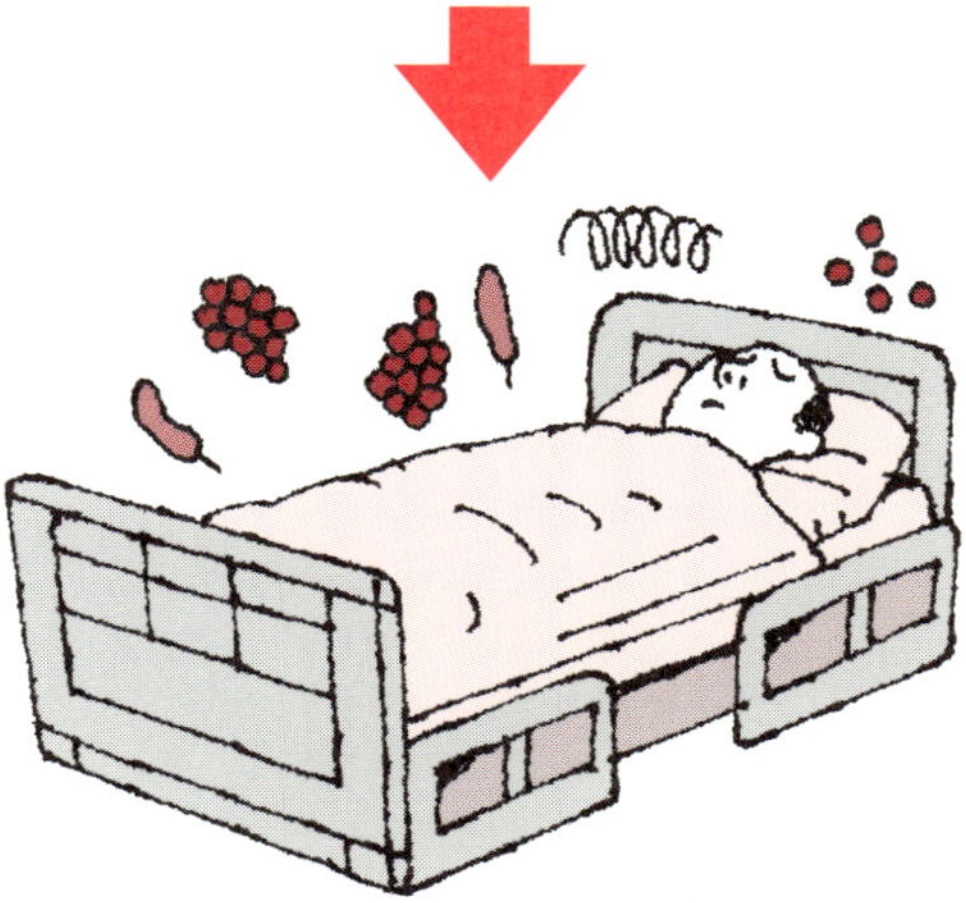

多種類の抗生物質に耐性を獲得した黄色ブドウ球菌MRSAが
院内感染を引き起こすこともある

55 魚介類による食中毒の原因ービブリオ菌

増殖は早いが酢に弱い

新鮮な魚や牡蠣《かき》などの貝は刺身で食べたいものです。日本人は魚の生食を好むため、日本では毎年のように魚介類による食中毒が発生しています。このような食中毒の主要な原因の1つが『腸炎ビブリオ菌（ビブリオ・パラヘモリティカス）』です。1本の鞭毛により海水中を盛んに遊泳する細菌なので、海産物に付着しやすく、完全に防除するのは難しいようです。

腸炎ビブリオ菌の特徴は、増殖の早さです。非常に増殖の早い大腸菌でも1回の分裂には20分程度かかりますが、腸炎ビブリオ菌はわずか12分程度で分裂して増殖します。発症すると激しい腹痛をともなう下痢を発症します。死亡することは希ですが、数日間は地獄の苦しみです。

通常の食中毒菌は、一度に100万個以上摂取しないと食中毒を発症しません。雑菌がこのレベルで繁殖していれば、食品の味や匂いに何らかの変化が生じて気がつくものですが、魚介類は最初から生臭いのでなかなかわからず、何とも厄介な病原菌です。加熱すればあっさり死滅し、毒素も作らないので安全になりますが、それでは寿司や刺身が楽しめなくなってしまいます。

ビブリオ菌が生息する海水はpH8・0〜8・3の弱アルカリ性なので、ビブリオ菌は酸性に弱く、わずか0・05%の酢酸により増殖を抑えることができます。一般に、食中毒などの病原菌は中性から弱アルカリ性の環境を好み、酸性の環境では速やかに死滅するか、死滅しなくても増殖不能になります。気がつかない程度の濃度の食酢でも、病原菌の増殖を抑制できるので非常に好都合です。

寿司は生魚の切り身を酢飯にのせたものですが、酢飯はネタを酸性に保ち、病原菌の増殖を抑える効果があります。冷蔵設備が無かった江戸時代でも、庶民が江戸前の寿司を楽しむことができたのは食酢のおかげです。

要点BOX

- 1本の鞭毛により海水中を盛んに遊泳する細菌
- 12分程度で分裂して増殖する
- 加熱すればあっさり死滅する

腸炎ビブリオ（ビブリオ・パラヘモリティカス）

ビブリオ菌は
わずか 12 分程度で
増殖するよ

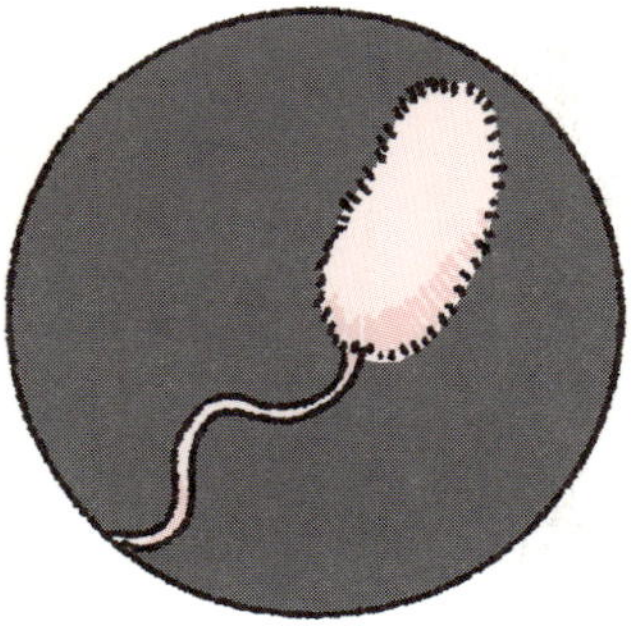

好塩性のグラム陰性の短桿菌。1本の極鞭毛で海水中を遊泳する（短径0.7～0.9μm、長径1.5～2μm）

ビブリオ菌は増殖が非常に早い

生の
海産物に
注意!

食後数時間で激しい腹痛と下痢に見舞われる

腸炎ビブリオ菌は酸性に弱いので、酢飯によって増殖が抑えられる。
酢飯のおかげで寿司も安心

56 酸素を嫌う土壌中の殺し屋ー破傷風菌

地上最強と言われるボツリヌス毒素

めったに発生しませんが、破傷風菌は強い痙攣《けいれん》性の発作を起こす危険な病原菌です。また食中毒の中でもっとも警戒されるボツリヌス中毒は、密閉された発酵食品やソーセージなどが原因で発生しますが、こちらは麻痺《まひ》性の症状を引き起こします。ボツリヌス菌と破傷風菌は、どちらも酸素を嫌うグラム陽性桿菌で内生胞子を形成するとともに、神経系に作用する強力な毒素を産生します。

　動物の身体組織中の最大の弱点は、刺激を神経から筋肉に伝える部分です。神経そのものは「ミエリン鞘《しょう》」と呼ばれる鞘《さや》で保護されていますが、神経の末端部は露出していて、神経に刺激が伝わってくると末端からアセチルコリンが放出されます。アセチルコリンが筋肉の受容体に達すると、興奮して筋肉が収縮し、用済みのアセチルコリンは速やかに分解されます。

　ボツリヌス菌の毒素は、神経の末端からアセチルコリンの分泌を止めてしまうので、筋肉に興奮が伝わらなくなります。その結果、力が入らなくなり、やがて呼吸筋が麻痺して窒息死することになります。地上最強と言われるボツリヌス毒素の毒性は、猛毒と言われる青酸カリの50万倍にも達します。

　破傷風菌は土壌中に生息し、刺し傷などを負うと感染することがあります。破傷風菌はほとんど移動せず、傷の奥深くでゆっくり増殖するだけですが、破傷風菌の毒素は、神経の興奮を止める抑制シグナルの分泌を止める作用があります。そのため、ひとたび始まった興奮を止めることができず、筋肉が限界まで収縮し、痙攣性の発作を引き起こします。速やかに抗血清を注射して毒素を中和しないと命にかかわることになります。

　実は、有機リン剤などの殺虫剤や神経ガスも、動物の弱点である神経伝達系を標的としたものです。ボツリヌス菌などの病原菌の毒性は、化学兵器と同じ原理というわけです。

要点BOX

- ●破傷風菌は痙攣性の発作を起こす危険な病原菌
- ●ボツリヌス毒素の毒性は青酸カリの50万倍
- ●動物の最大の弱点である神経系に作用する

破傷風菌（クロストリジウム・テタニ）

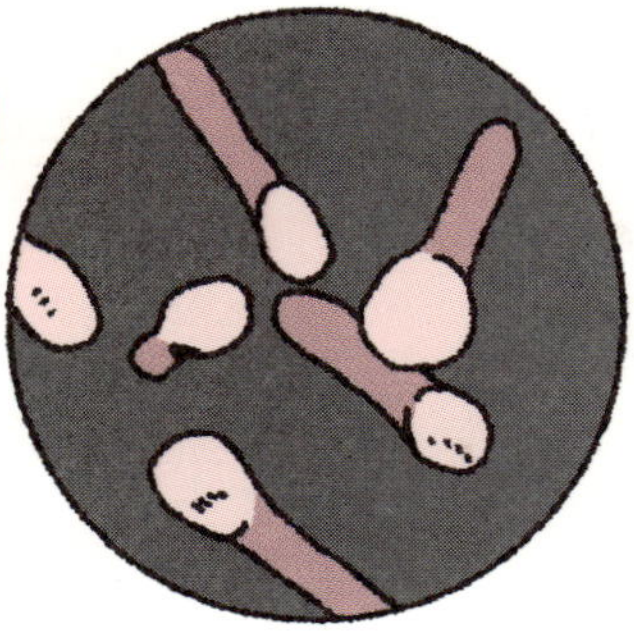

グラム陽性の胞子を形成する偏性嫌気性菌
（短径0.6〜0.9μm、
長径3〜6μm）

ボツリヌス菌と破傷風菌は神経系に作用する強力な毒素を産生する

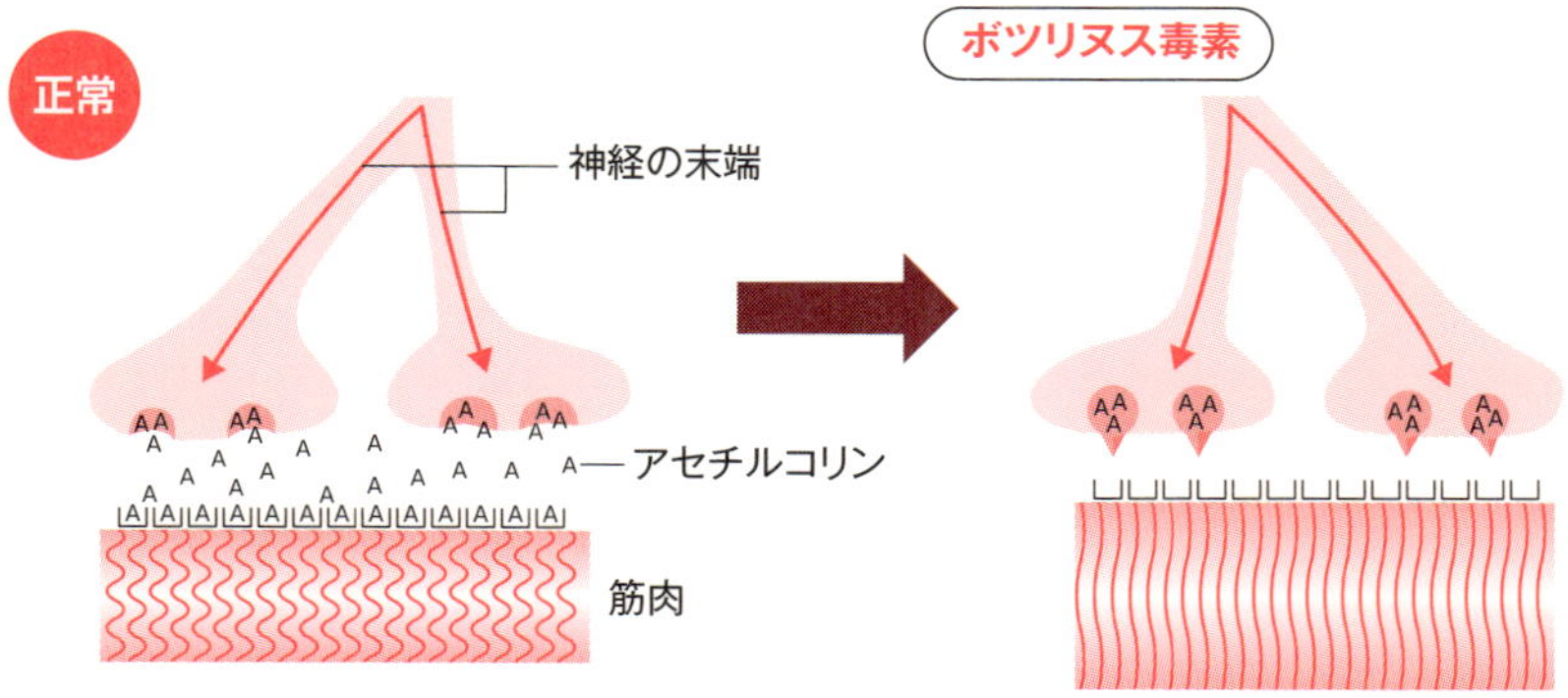

神経の末端は、アセチルコリンにより
筋肉に興奮を伝える

アセチルコリンが出なくなるので、
神経の伝達が伝わらず、筋肉が麻痺する

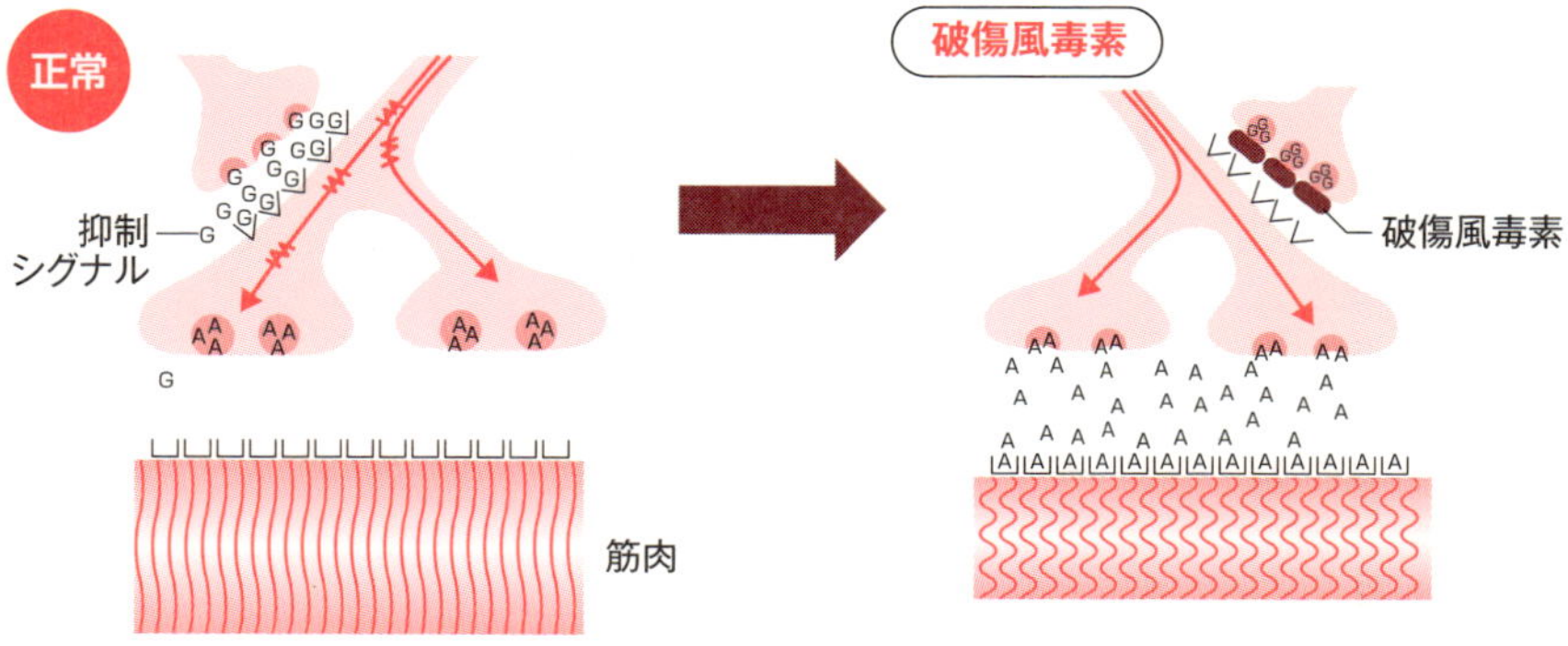

抑制シグナルにより、
神経の興奮の伝達が終了する

抑制シグナルが伝わらなくなるので、
筋肉の興奮が止まらず、痙攣する

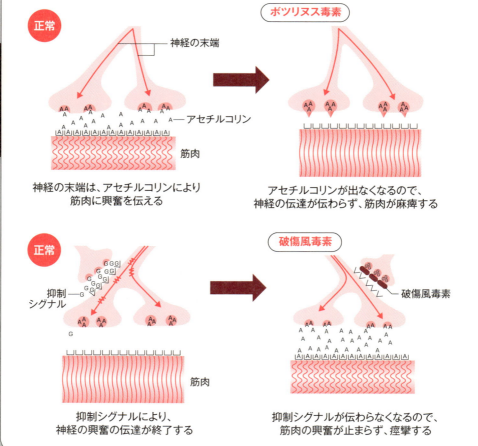

Column

風邪に抗生物質は効くか？

風邪をひいたら、薬を飲んで安静にするというのが一般的な対処法ですね。インフルエンザと普通の風邪（普通感冒）は別の病気です。インフルエンザはインフルエンザウイルスが引き起こす全身症状で、発熱とともに腹痛や筋肉の痛みを伴うのが特徴です。普通感冒はライノウイルスが引き起こす感染症であり、症状は鼻やのどなどの上気道に限定されます。

どちらもウイルスが原因の疾患なので、ペニシリンなどの抗生物質は無効であり、身体の免疫力により対応するしかありません。発熱は免疫力を増強して病原ウイルスと戦うために発症するものなので、解熱剤を服用すると身体は楽になりますが、免疫力が増強できないので風邪の回復は遅くなってしまいます。

どうしても休めない仕事などがある場合は、対症療法薬により症状を軽減するしかありませんが、身体に無理を強いている状態なので、薬を飲んでいるのになかなか風邪が抜けないということになります。

風邪やインフルエンザなどのウイルス性疾患には、安静が一番の治療法です。幼児や老人など免疫力が弱い患者は重症になると危険なので積極的な治療が必要になりますが、丈夫な人ならば休みをとって消化の良いものを摂取し、薬など飲まずに安静にしていることが、身体の免疫にとって最高の応援です。

第7章
微生物の研究者列伝

57 微生物学の父・レーヴェンフック

微生物を初めて観察したオランダの商人

世界で最初に微生物を観察したのは誰でしょう。それは、世界で最初に顕微鏡を作った人です。17世紀のオランダの商人アントニ・ファン・レーヴェンフック（1632～1723）は、好奇心の塊のような人だったようで、趣味でガラス玉を磨いて高倍率のレンズを製作して金属の板にはめ込み、針の先に試料を付けて身の回りのさまざまなものを観察しました。単純な構造の顕微鏡ですが、200～300倍の倍率が達成されていて、さまざまな微生物が観察できたようです。実際に、この顕微鏡の模型でヒトの赤血球がハッキリ観察できることが確かめられています。

レーヴェンフックは、よどんだ水たまりや人の口の中には微細な生き物がひしめくように生息していることに驚き、「オランダに住んでいるすべての人々の数よりも、私の口の中に生きている微小動物の数の方が多いと考える」と記述しています。さらに、詳細なスケッチとともにロンドンの王立協会に観察記録を報告しています。オランダ語の報告は、当時の学術的な共用言語であったラテン語に翻訳され刊行されたことから、微小な生物の存在が世界に認知されて生物学の新しい分野が開拓されました。

レーヴェンフックの功績を記念して、オランダ王立科学芸術アカデミーは、10年ごとに微生物の分野で顕著な発見をした研究者にレーヴェンフックメダルを授与しています。

レーヴェンフックはアマチュアの観察者だったため、発見した微小生物と発酵食品や伝染病との関連などの生物学的な意義に気づくことはありませんでした。また、顕微鏡の製作方法の公開を拒み、製作した顕微鏡を他人に譲らなかったため、レーヴェンフックの後に続く研究者は現れず、体系的な微生物学の発展には結びつきませんでした。微生物学の本格的な発展は、実用的な光学顕微鏡が製作されるようになった19世紀後半を待たねばなりませんでした。

要点BOX

- ●世界で最初に顕微鏡を作った人
- ●200～300倍の倍率が達成されていた
- ●好奇心旺盛なアマチュアの観察者だった

アントニ・ファン・レーヴェンフック

（1632〜1723年）

レーヴェンフックは、
歴史上初めて顕微鏡を使って
微生物を観察したので、
「微生物学の父」とも
称せられているんだ

単レンズ顕微鏡（模型）

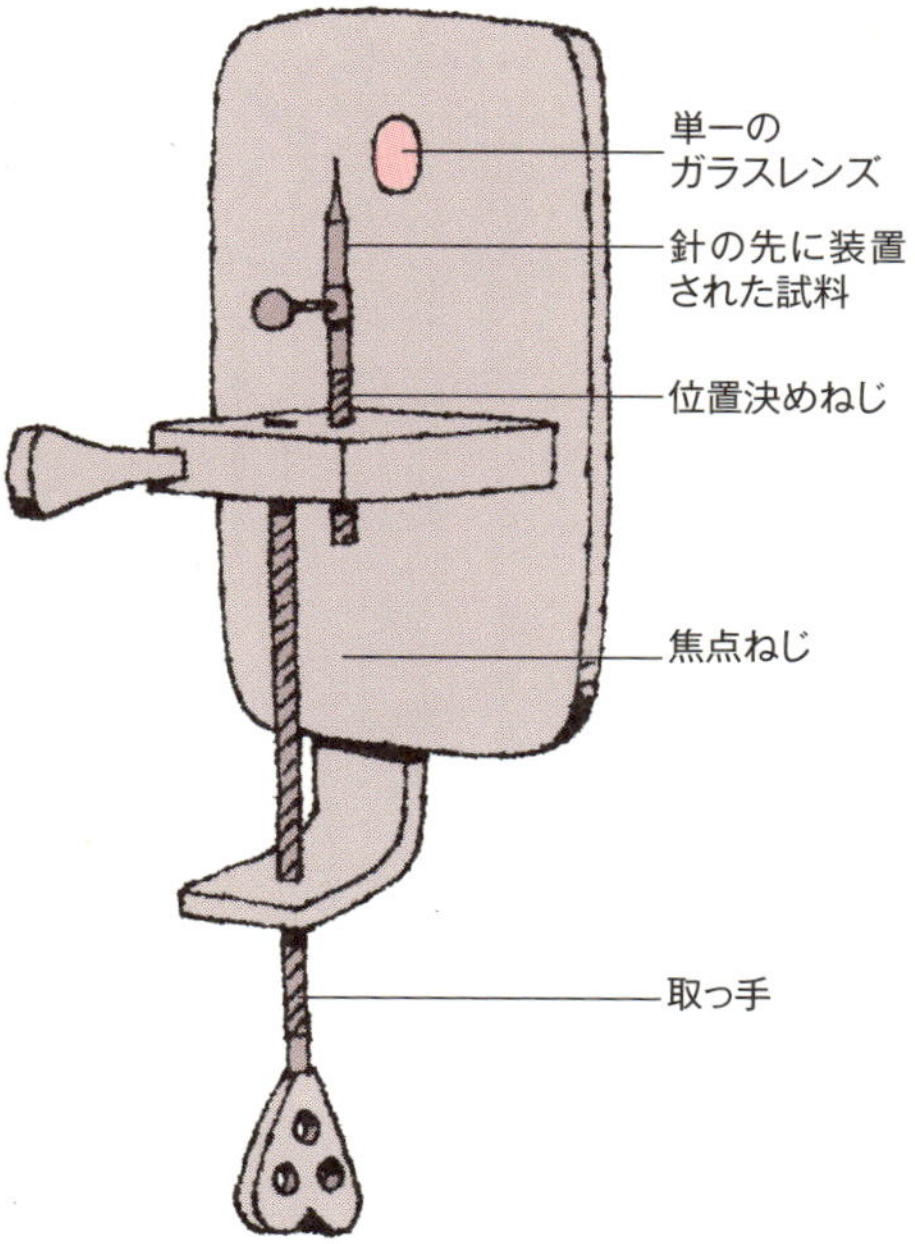
単一の
ガラスレンズ
針の先に装置
された試料
位置決めねじ
焦点ねじ
取っ手

ほぼ球形の単一のレンズを金属板にはめ込んだ高性能の虫眼鏡。倍率200〜300倍。ねじは試料を移動するのに用いられ、試料を焦点の合う位置にセットすることができる。レーヴェンフックの顕微鏡でヒトの赤血球（約7ミクロン）もハッキリ観察できる

レーヴェンフックのスケッチ

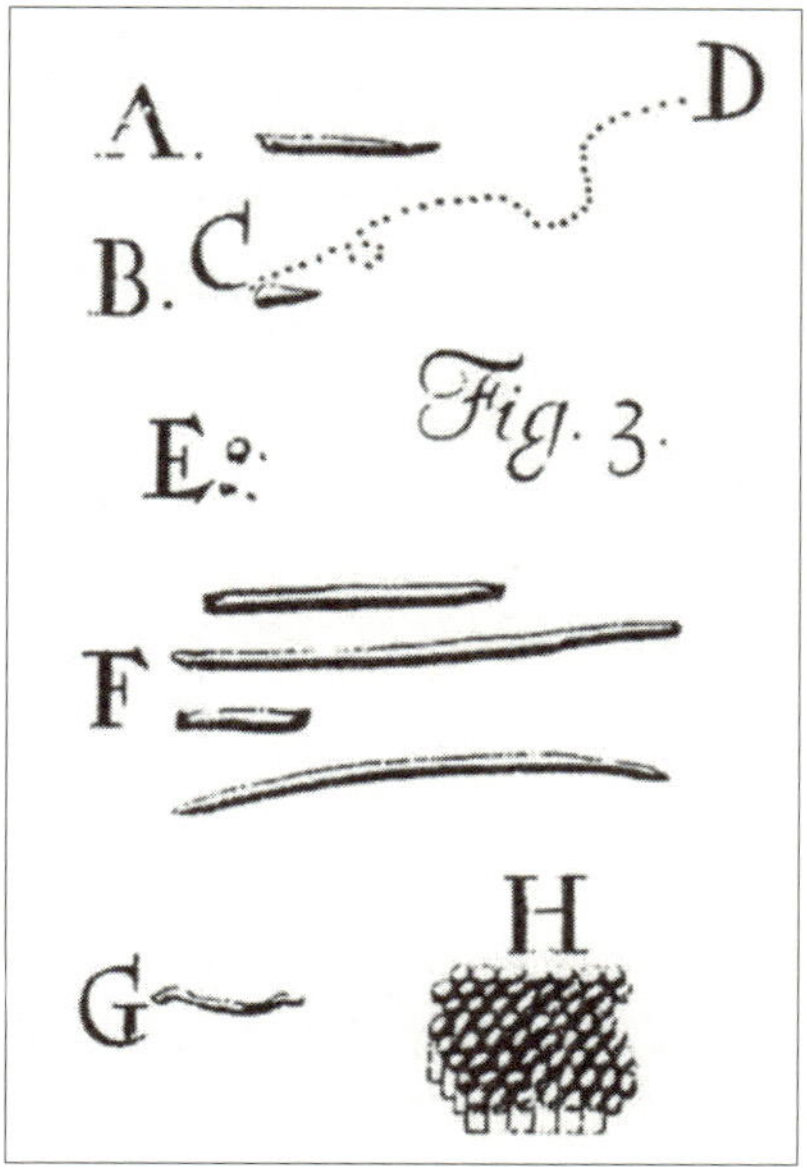
A.
D
B. C
Fig. 3.
E
F
G
H

レーヴェンフックがロンドン王立アカデミーに送ったスケッチ（1684年）。
微生物が運動する様子も記述されている

58 微生物の自然発生説を否定したパスツール

多才・多芸なフランスの博物学者

19世紀後半、動物と植物は必ず親から生まれることは理解されていましたが、顕微鏡レベルの微生物にも親が必要かどうかは論争の種になっていました。滅菌した培地には、特に微生物を植え付けなくても、空気が通っていればいつのまにか微生物の発生が観察されたからです。

フランスの偉大な博物学者、ルイ・パスツール（1822～1895）は、首の部分を細長く湾曲して引き延ばしたフラスコに肉汁を入れて煮沸滅菌しておくと、いつまでも肉汁が濁らずに清浄に保たれることを観察しました。フラスコの首を通じて空気が供給されているにもかかわらず、微生物が発生しなかったことが重要で、微生物の自然発生説を完全に否定したのです。この実験では、空気中の微生物や胞子が、フラスコの湾曲の底にとらえられて肉汁まで届かないことから、肉汁が無菌に保持されたのです。

パスツールは非常に博学多才であり、狂犬病ワクチンの開発や酒石酸の古学異性体の発見など多くの業績を残しています。あるときワインの製造業者から、せっかくのブドウ果汁がワインにならず酸っぱくなってしまう「ワインの病気」について相談が持ち込まれました。病気のワインを顕微鏡で観察したところ、本来は丸い酵母がいるはずのブドウ果汁に、棒状の細菌がウヨウヨしているのを見たパスツールは、この細菌がワインの病気の原因と気づきました。そこで、ワインの品質をおとさずに、この細菌だけを殺す方法を検討し、65℃程度で30分間加熱する低温殺菌法（パスツーリゼーション）を編み出しました。これにより、ワインの病気への対処法が確立されたのです。

この低温殺菌法は、日本酒の製造の最終段階である「火入れ」と同じ原理です。日本酒に対する火入れの工程は、16世紀半ばの室町時代の文献には記述があることから、低温殺菌法に関しては日本ではパスツールよりも300年前から実施されていたようです。

要点BOX

- ●微生物の自然発生説を否定
- ●狂犬病ワクチンの開発
- ●低温殺菌法（パスツーリゼーション）を編み出す

ルイ・パスツール

（1822～1895年）

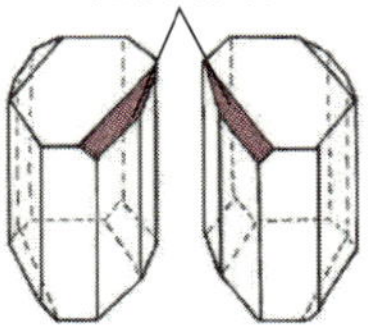
光学異性体

酒石酸の結晶に光学異性体が含まれることを見抜いた

パスツールは、
「科学には国境はないが、
科学者には祖国がある」
という有名な言葉でも
知られてますね

白鳥の首形フラスコ

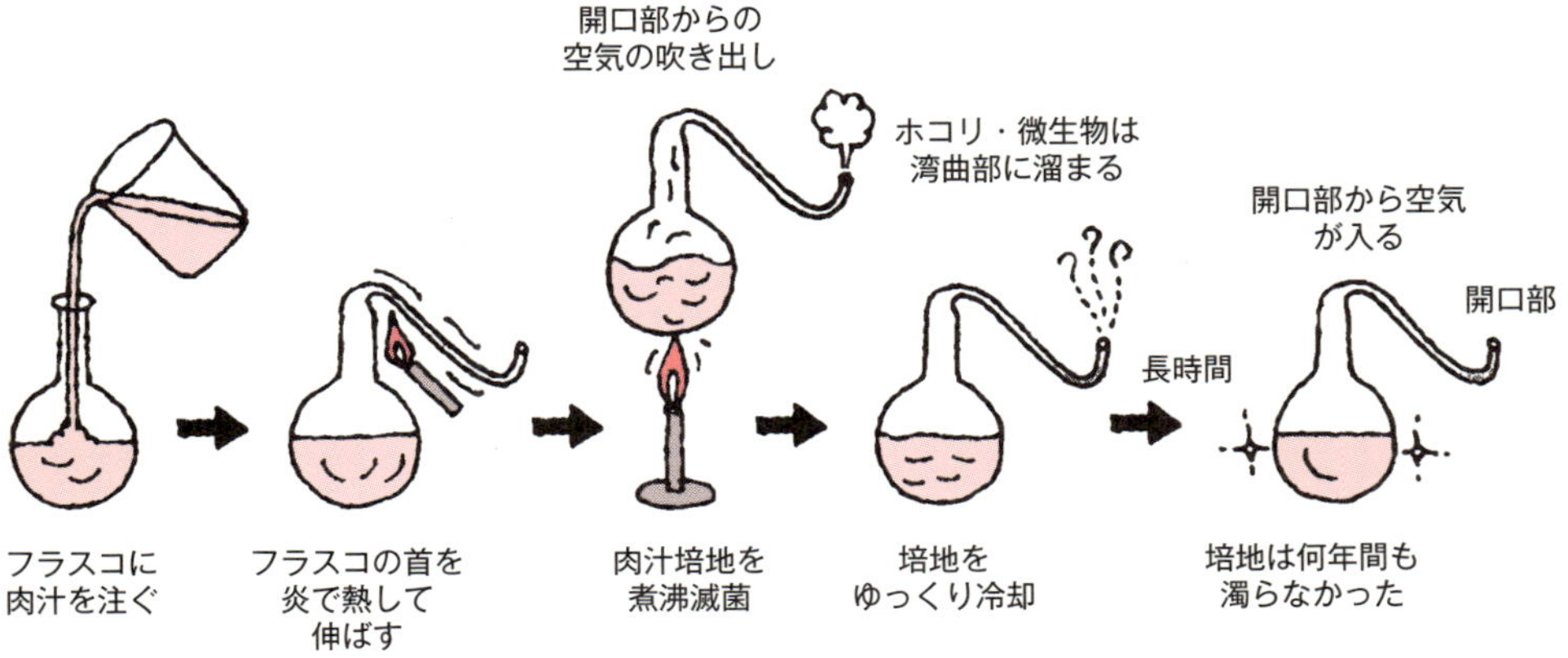
開口部からの
空気の吹き出し
ホコリ・微生物は
湾曲部に溜まる
開口部から空気
が入る
開口部
長時間
フラスコに
肉汁を注ぐ
フラスコの首を
炎で熱して
伸ばす
肉汁培地を
煮沸滅菌
培地を
ゆっくり冷却
培地は何年間も
濁らなかった

◆ 酵母が存在するときだけ、アルコールがワインの中に造られることを立証

パスツリゼーション（低温殺菌法）： 熱感受性の材料中の微生物の数を減らすために、穏やかな加熱処理（65℃で30分程度）する方法。ワインに雑菌（乳酸菌）が混入して腐ってしまうので困った生産者に相談されたパスツールが編み出した殺菌法。ワインの変質を最小限に留める温度加熱がポイント。日本酒の醸造では、「火入れ」と呼ばれる低温殺菌法が室町時代から行なわれている。

59 細菌学を創始したコッホ

微生物と病原菌の関係を明らかにしたドイツの医師

19世紀末の微生物研究の大きな目標は、感染症との関連と治療法の確立でした。感染症に冒された患者の体液から、正常な人には見られない微生物が見つかることから、病気の原因ではないかと強く疑われていたのですが、証明が難しかったのです。

近代医学の父と称されるドイツの医師ロベルト・コッホ（1843〜1910）は、まず微生物の単離法を確立しました。患者の体液に疑わしい微生物が何種類も混在しているとき、液体の培地では分けることができません。微生物が移動できない固体の培地を利用すれば良いことに気がつき、輪切りのジャガイモやゼラチンなどいろいろ試した末に、液体の培地成分を寒天で固める方法を考案しました。微生物の試料を塗りつけた寒天培地を孵卵器に入れておくと、点々と微生物のコロニーが出現しました。1個のコロニーは1匹の微生物に由来すると考えられるので、1種類の微生物の集団を得る純粋分離に成功したのです。

炭疽病により黒斑を生じたヒツジから分離した炭疽菌をマウスに接種したところ、炭疽病を発症したことから、特定の細菌が特定の病気の原因であることを証明する4つの条件を考案しました。コッホの4原則と呼ばれる条件は以下の4つです。①ある病気の動物から特定の微生物が常に見つかる、②その微生物が純粋分離される、③純粋分離した微生物を接種した動物が同じ病気を発病する、④発病した動物から同じ微生物が分離できる。

さらにコッホは、分離した微生物の菌体からワクチンを作ることにより、治療法の確立に努めました。病原菌を殺して菌体の成分を接種することにより、病原菌への免疫を獲得するという方法であり、抗生物質のなかった時代には唯一の治療法でもありました。コッホが提案したツベルクリン反応は、結核の治療には効果がありませんでしたが、結核菌感染の診断には有効であり、現在でも用いられています。

要点BOX

- 近代医学の父と称されるドイツの医師
- 固体培地を用いる微生物の単離法を確立
- 1905年にノーベル医学生理学賞を受賞

病原菌を証明するコッホの4原則

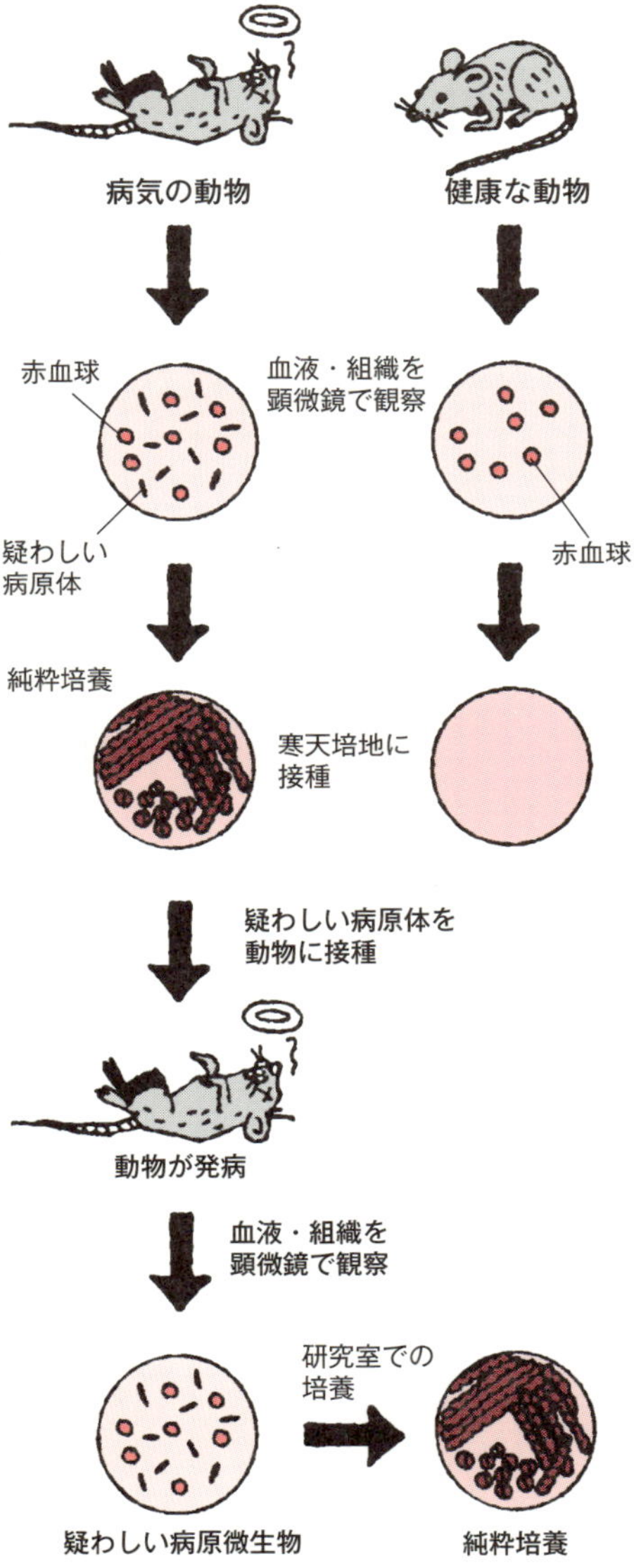

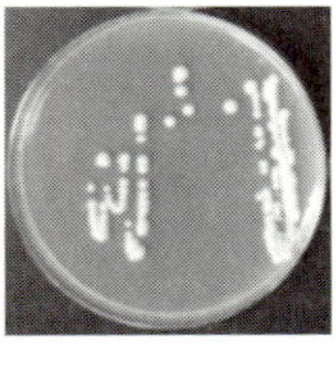

寒天培地上でコロニーを形成する微生物

ロベルト・コッホ

（1843~1910年）

【1】（検出の原則）
疑われる病原微生物が、その病変に常に存在し、健康な動物には存在しない

【2】（分離の原則）
疑われる病原微生物が、純粋培養される

【3】（再現の原則1）
純粋培養された微生物が、健康な動物に同じ病気を起こす

【4】（再現の原則2）
同じ微生物が分離される

60 抗生物質の父・フレミング

アオカビからペニシリンを見つけた細菌学者

イギリスの細菌学者アレクサンダー・フレミング（1881～1955）は、偶然に助けられて微生物を殺す物質を2つ発見したことから知られています。

最初の発見は1921年でした。細菌を培養中のシャーレにくしゃみをしたところ、数日後にくしゃみが飛んだところの細菌が溶けていることに気がつきました。ヒトの涙や唾液などの粘液には、リゾチームと呼ばれる酵素が大量に含まれています。フレミングは、細菌の細胞壁の主成分であるペプチドグリカンを分解する作用をもつリゾチームを発見したのです。リゾチームは卵の白身にも大量に含まれていて、卵の腐敗を防いでいます。現在ではリゾチームは食品添加物や医薬品として広く利用されています。

次の発見は1928年のことでした。黄色ブドウ球菌を培養していたフレミングは、たまたま混入したアオカビの周辺にはブドウ球菌が生育していないことに気がつきました。そこで、アオカビを液体培地で培養し、培養液から細菌の生育を阻害する作用をもつペニシリンを見つけ出しました。専門の化学者ではなかったフレミング自身はペニシリンの精製や大量生産には成功しませんでしたが、やがてペニシリンが医薬品として使われるようになり、初の抗生物質を発見した功績により1945年にノーベル医学生理学賞を受賞しました。偶然のチャンスを最大限に生かし、微生物を殺す物質を追い求めたフレミングの粘り勝ちと思われます。

細菌は増殖するときに細胞壁を再編しますが、ペニシリンは細胞壁の合成を阻害するので、細菌は細胞壁がスカスカになって破裂します。ペニシリンはグラム細菌にしか効きませんでしたが、一部改変したアンピシリンはグラム陰性の大腸菌やサルモネラ菌にも有効で、適用範囲が広がりました。さらに、究極の抗生物質と言われるメシチリンが開発され、現在も医療の現場で病原菌と戦うための頼もしい武器となっています。

要点BOX

- 微生物を殺す物質を2つ発見
- くしゃみからリゾチームを発見
- 1945年にノーベル医学生理学賞を受賞

カビに生えた培地

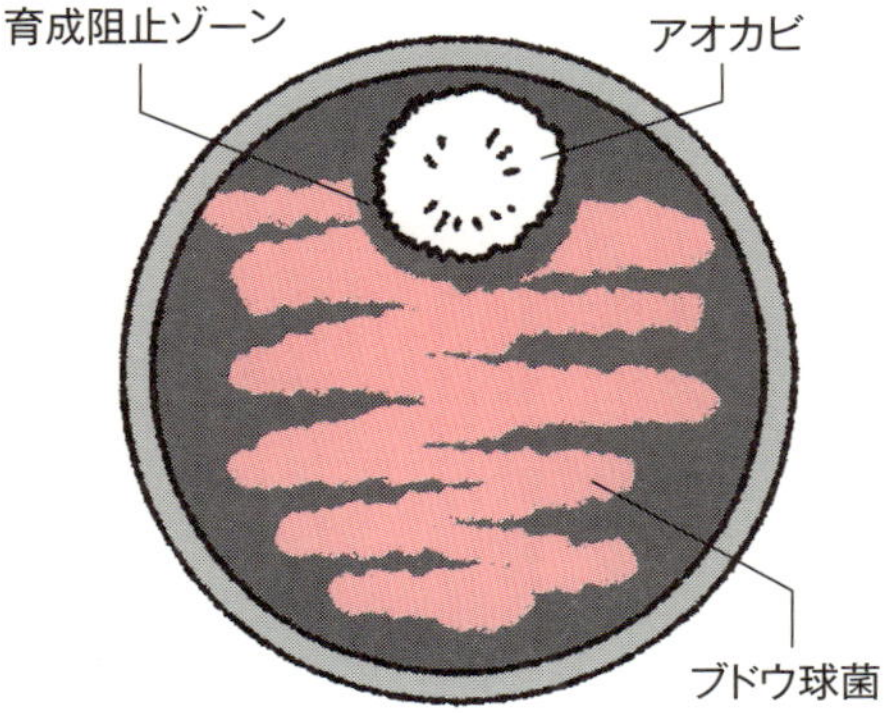

ブドウ球菌の培地にアオカビが混入すると、アオカビの周囲にブドウ球菌が生育できない阻止ゾーンが出現する

アレクサンダー・フレミング

（1881〜1955年）

フレミングのペニシリンの発見は、たまたまアオカビが混入したことによる偶然の産物なんだ。でも彼の偉大さは、カビが抗菌物質を生産していると信じて、その性質の解明に努力した点にあるんだ

ペニシリンの添加によって起きる現象

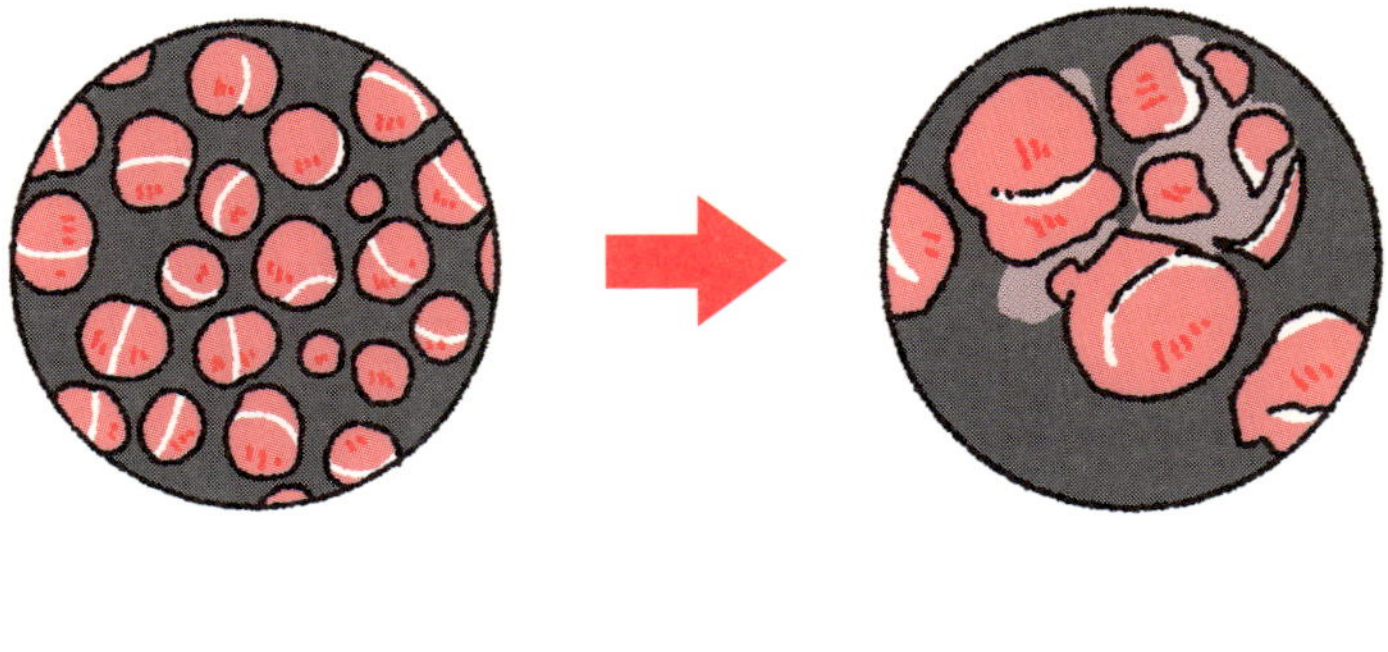

ペニシリンの添加によりブドウ球菌の細胞壁がスカスカになって破裂する

61 生涯を病原菌の研究にささげた野口英世

危険な病原菌に挑んだ日本のチャレンジャー

野口英世《のぐちひでよ》(1876〜1928)の肖像は千円札に見ることができます。福島県猪苗代《いなわしろ》の貧しい農家に生まれ、大変な努力の末に医師となり、アメリカに渡って医学者として活躍し、ガーナのアクラで黄熱病に倒れた野口の波乱に満ちた生涯は、日本人なら誰でも知っていることでしょう。

野口が渡米した1900年は、野心のある研究者が病原菌の研究に取り組んでいた時代でしたが、野口の参入はやや遅く、めぼしい病原菌はほとんど発見済みでした。人種差別の風潮が色濃く残るアメリカで、東洋の小国からやってきた野口が欧米の研究者に認められるためには、相当な努力と進んで危険な病原体に挑む勇気が必要だったことでしょう。

野口の研究スタイルは、スマートな最新の手法を駆使するものではなく、多数の試験管を操って膨大な実験をこなし、データを収集するという古典的なものでした。昼夜を問わず実験に没頭する野口の姿は、欧米の科学者に「日本人は睡眠を取らないのか」と恐れられるほどであったと伝えられています。

野口が取り組んでいた小児麻痺、狂犬病、黄熱病など病気の多くはウイルス性疾患であり、当時の顕微鏡ではとらえることができないものでした。病原体と信じて発見した細菌を標的として作製したワクチンが効かず、野口の悩みは深かったようです。

熱帯アフリカの風土病である黄熱病対策のため野口は1927年にアフリカ西海岸のイギリス領ガーナのアクラに渡ります。現地の人々を叱咤激励し、精力的に研究を進めていましたが、半年後に黄熱病を発症し、51才の生涯を閉じました。

野口は梅毒に関する重要な発見をしていますが、野口の業績の多くは現在では否定されています。しかし、危険な病原体の研究に生涯をささげた野口の勇気と献身は、多くの人々に感動と勇気を与えるものであり、野口が残した最大の財産といえるでしょう。

要点BOX

- ●人種差別の風潮が色濃く残るアメリカで研究
- ●研究スタイルは古典的手法
- ●今なお多くの人々に感動と勇気を与える

野口英世

（1876～1928年）

野口英世の研究スタイルはスマートなものではなく、膨大な実験からデータを収集し分析する古典的なやり方をきわめることで、実績をあげたのだよ

主な病原菌の発見者

年	疾病	病原体	発見者
1877	炭疽	*Bacillus anthracis*	Koch,R
1880	腸チフス	*Salmonella typhi*	Eberth,CJ
1882	結核	*Mycobacterium tuberculosis*	Koch,R
1883	コレラ	*Vibrio cholerae*	Koch,R
1884	破傷風	*Clostridium tetani*	Nicolaier,A
1886	肺炎	*Streptococcus pneumoniae*	Fraenkei,A
1888	食中毒	*Salmonella enteritidis*	Gaeriner,AAH
1894	ペスト	*Yersinia pestis*	北里柴三郎&Yersin,AJE
1896	ポツリヌス中毒	*Clostridium botulinuum*	van Ermengem,EMP
1898	赤痢	*Shigella dysenteriae*	志賀潔

この表に野口英世の名前がないのは、
野口は志なかばで死亡したため黄熱病の病原体は発見できなかったため

62 破傷風菌の純粋分離に成功した北里柴三郎

酸素に触れると死滅する破傷風菌を単離した雷おやじ

１８８５年、近代化を急ぐ明治政府からベルリン大学に派遣され、コッホに師事して病原菌研究に従事したのが熊本県出身の北里柴三郎《きたざとしばさぶろう》（１８５３〜１９３１）です。

微生物は個性豊かであり、容易に培養できる細菌もいれば、現在も分離も培養もできないものも多数あります。北里が派遣された頃は病原菌探索が一巡し、一筋縄ではいかない病原菌ばかりが残っていました。北里が取り組んだ破傷風の病原菌は寒天培地上にコロニーを作ってくれない難物でした。ある日、寒天培地の裏側に菌が生えているのを見た北里は、破傷風菌が酸素に弱い可能性に気がつきました。そこで、培地に酸素を触れさせない培養装置を独自に工夫し、ついに破傷風菌の純粋分離に成功しました。破傷風菌は北里が推定したとおり、酸素に接触すると死滅する偏性嫌気性細菌だったのです。北里により開発された嫌気性微生物の培養法は、その後も多くの嫌気性微生物の分離に威力を発揮することになります。

さらに破傷風の治療法の確立をめざした北里は、破傷風から回復した動物は血液中に破傷風菌を殺す抗毒素（抗体）をもっていることを見いだし、血清療法という当時としては画期的な療法を編み出しました。免疫療法に関する功績により、１９０１年の第１回ノーベル医学生理学賞の候補に挙げられています。

１８９２年に帰国した北里は、福沢諭吉の援助により伝染病研究所を設立して初代の所長となり、伝染病の予防と細菌の研究に尽力します。１８９４年には、ペストが蔓延する香港に派遣され、非常に危険なペスト菌の発見に成功しました。

怒ると怖い北里は「ドンネル先生（雷おやじ）」とあだ名されて恐れられながら、熱心に多くの後進を育成し、「日本の細菌学の父」と称されました。福沢諭吉の没後は慶應大学医学部を創設し、初代の医学部長を務めて多数の医学生を育てています。

要点BOX

- 破傷風の治療法を確立
- 偏性嫌気性菌の培養法の考案
- 「日本の細菌学の父」と称される

微生物の生育と酸素との関係

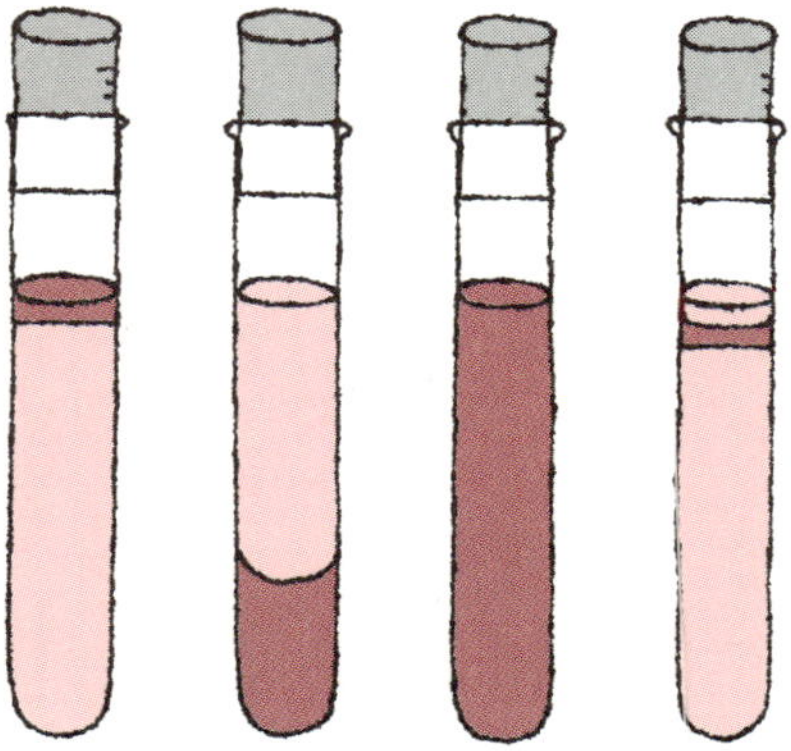
好気性菌
偏性嫌気性菌
通性嫌気性菌
微好気性菌

北里柴三郎

（1853−1931年）

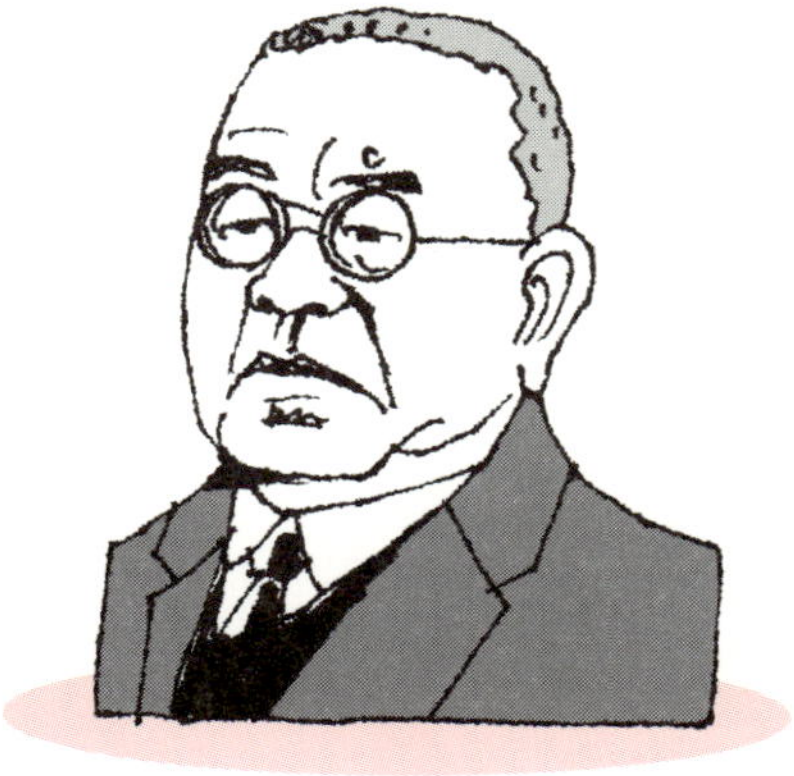

北里柴三郎が考案した嫌気性菌培養装置

- 破傷風菌の純粋培養法に成功
- 破傷風の抗毒素を発見し，血清療法を開発
- ペスト菌を発見

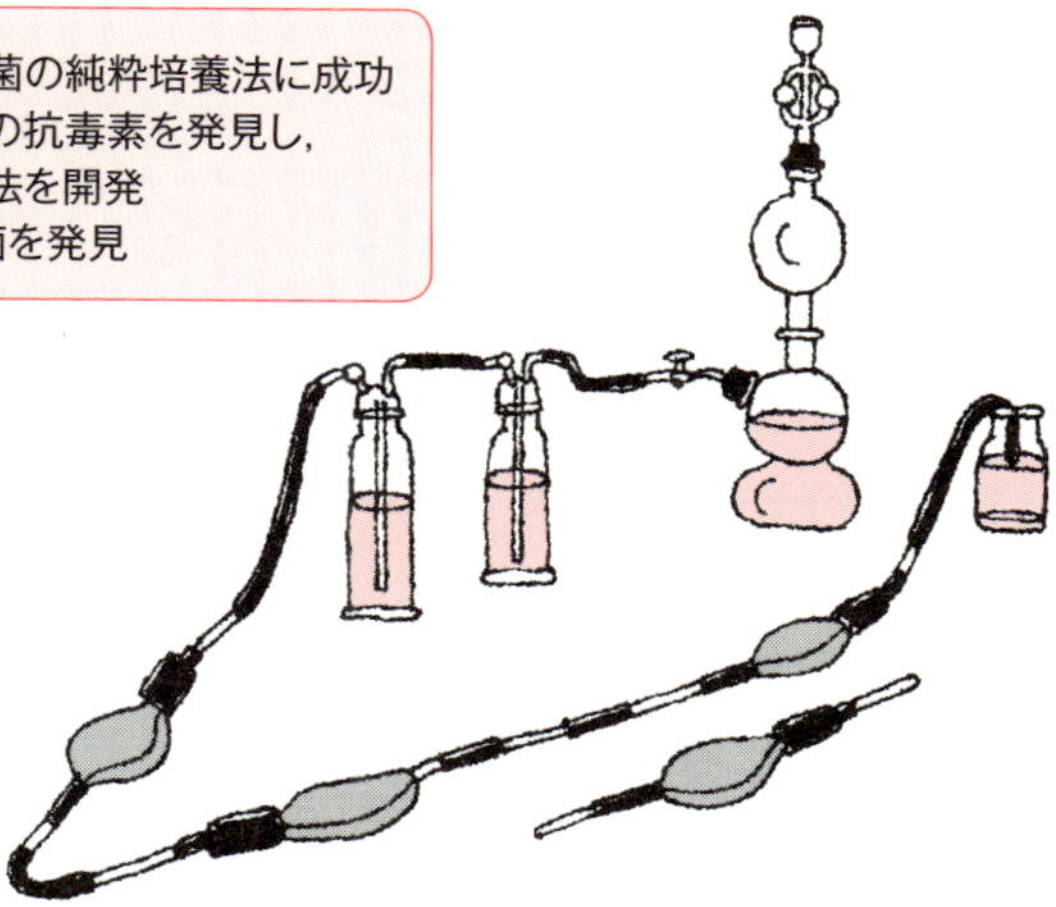

北里柴三郎は、「日本の細菌学の父」として知られ、門下生からはドンネル先生（ドイツ語で「雷おやじ」）という愛称で畏れられ、かつ親しまれていたんだね

破傷風菌（クロストリジウム・テタニ）

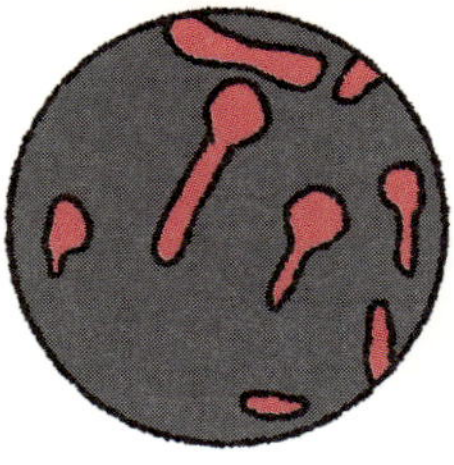

偏性嫌気性の桿菌。
芽胞を形成するため
一端が膨らんでいる

63 赤痢菌の学名に名を残す志賀潔

粘り強く木訥・清廉な研究者

仙台出身の志《し》賀《が》潔《きよし》（1871〜1957）は、ドイツから帰国した北里柴三郎が開いていた伝染病研究所に1896年に入所し、ドンネル先生こと北里柴三郎に師事しました。

当時の日本は貧しく公衆衛生が整っていなかったことから、たびたび食中毒や伝染病が流行していました。俳句の世界では「赤痢」が夏の季語とされるほどであり、乳幼児の死因として大きな割合を占める深刻な感染症でした。糞尿などから食料や水を経由して経口感染し、数日の潜伏期間の後に発熱が起き、腹痛と下痢が始まります。腸管の細胞が破壊されるため、重症化すると便に膿・粘液・血液が混じるようになることから、赤痢と呼ばれていました。

1897年に関東を中心として全国的に赤痢が大流行し、患者数9万人を数え死亡率は25%に達しました。このときに志賀が分離に成功したのが、赤痢菌「シゲラ・ダイセンテリア」です。赤痢菌には、A〜Dの4群が存在することが後に判明しますが、志賀が発見したのはもっとも凶悪なA群赤痢菌であり、赤痢菌の学名「シゲラ」は志賀の名前に由来しています。さらに、赤痢菌が重篤な症状を引き起こす原因となる毒素も発見しています。

志賀は朝鮮総督府医院長に転じ、新たに創立された京城帝国大学（現ソウル大学）の総長となり、大学の運営と後進の指導に尽力しました。

粘り強く木《ぼく》訥《とつ》な人柄で知られ、重職にあっても私生活では質素な暮らしを崩しませんでした。

細菌学者が活躍して主な感染症の病原菌が次々に発見された19世紀末から20世紀初頭は、抗生物質がなく、こうした病気への感染は死に直結していました。このような状況下で、伝染病の流行地へ赴き、患者に接触して病原菌の分離を試みることには勇気が必要であり、感染症を撲滅するという使命感をもって働いていた当時の研究者に敬意を表したいものです。

要点BOX

- ●北里柴三郎に師事
- ●A群赤痢菌の分離に成功
- ●赤痢菌の学名「シゲラ」は志賀の名前に由来

志賀赤痢菌（シゲラ・ダイセンテリア）

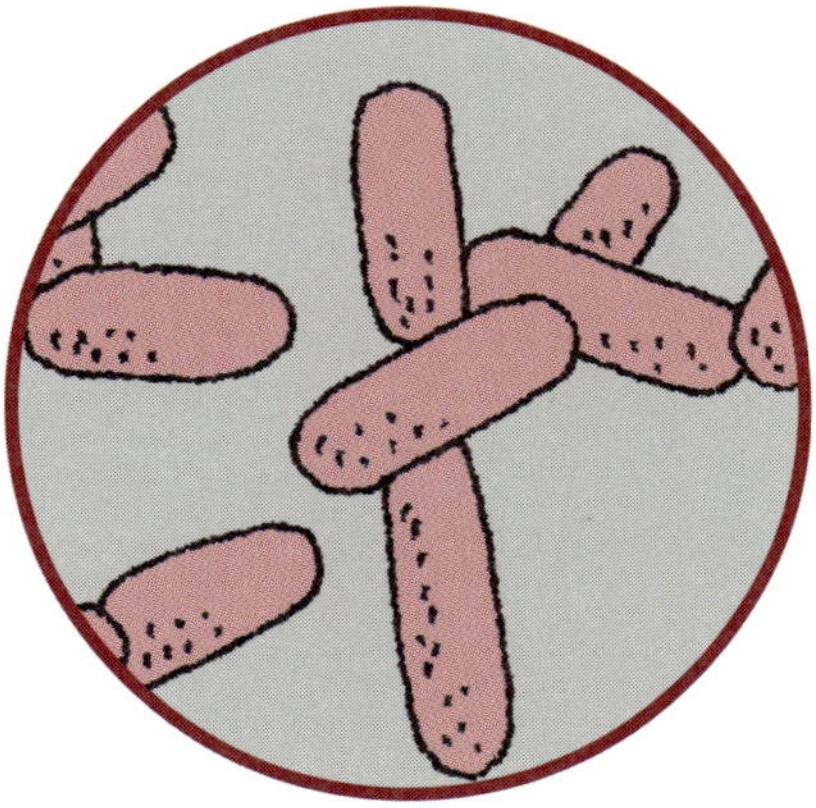

志賀 潔

（1871～1957年）

赤痢菌の志賀毒素が細胞のリボソームを障害する機構

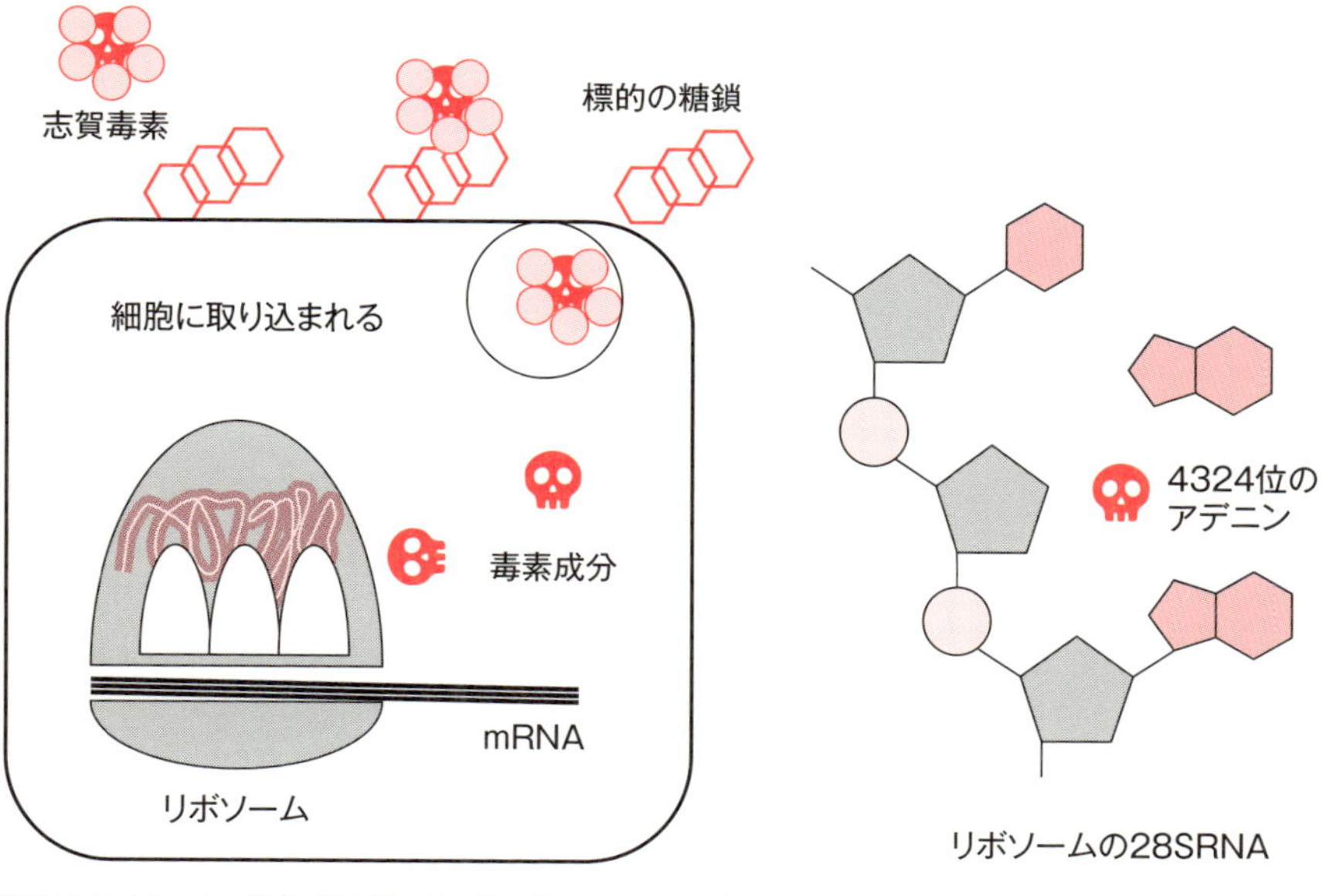

細胞内のタンパク質合成装置であるリボソームの28SRNAからアデニンを
1個切り出すことにより、リボソーム全体を機能不全にする

64 日本独自の発酵学の発展に尽力・坂口謹一郎

日本の発酵微生物をコレクションした東大教授

清酒や味噌の醸造には麹菌A・オリゼーが使われますが、蔵により独自の麹菌が使われていて、同じ原料と工程を用いて醸造しても製品の味や香りが代わってきます。銘酒を醸造する蔵には、酒造りの名人の微生物が住み着いているのです。人間にはそれぞれ個性があるように、同一種に分類される微生物でも由来により少しずつ性質が異なります。そのような個々の微生物を菌株といい、同一の菌株を入手すれば同じ味わいを再現することが可能です。菌株は貴重な遺伝子資源でもあるので、微生物の研究者は可能な限り広く微生物の菌株を収集し、さらに優良な菌株を選抜育種するための持ち駒を増やすことに尽力します。

新潟県出身の坂口謹一郎《さかぐちきんいちろう》（1897〜1994）は、東京帝国大学農学部で発酵学を専攻し、日本独自の発酵学の発展に尽力しました。微生物を培養するときに飛沫が飛び散りにくい肩の付いた丸形の「坂口フラスコ」を考案し、現在でも広く使われています。「菌株は宝である」が口癖だった坂口は、全国の醸造蔵を回って麹菌や清酒酵母を収集し、東京大学の研究所にコレクションしていました。

沖縄では黒麹菌を用いて泡盛《あわもり》が醸造されますが、戦災のため多くの蔵が破壊され、貴重な菌株が多数失われてしまいました。泡盛の銘酒を復活させる運動が起りましたが、肝心の麹菌がありませんでした。あきらめかけた頃、坂口が収集した黒麹菌が、坂口の死後も東京大学で連綿と受け継がれていたことがわかり、見事に幻の泡盛の復活に成功しました。

発酵醸造学の大家として有名な坂口は、「世界の酒」「日本の酒」などの酒に関する著書により、一般の人々への啓蒙と知識の伝承にも熱心でした。さらに、酒席を愛する風流な歌人としても知られ、東大教授の職にありながら新春歌会始の招人も務め、「愛酒楽酔」などの歌集も残しています。

要点BOX

- ●「坂口フラスコ」を考案
- ●全国の醸造蔵を回って麹菌や清酒酵母を収集
- ●酒に関する著書も残している風流人

坂口フラスコ

通常の
丸底フラスコ

微生物培養用の
坂口フラスコ

坂口謹一郎

（1897~1994年）

麹菌の保存菌株

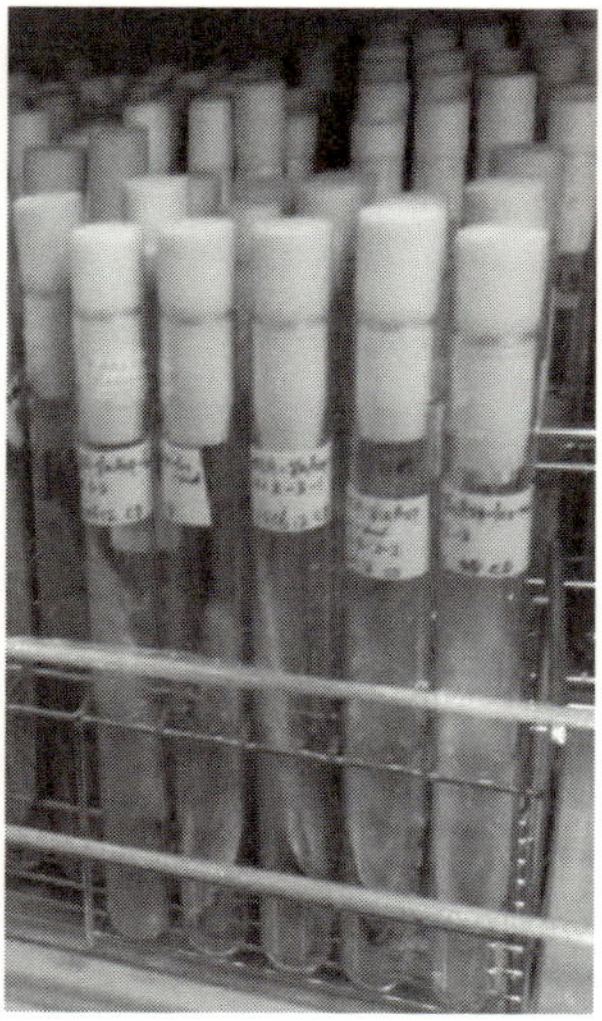

「坂口謹一郎記念館」は、応用微生物学の世界的権威・坂口謹一郎の功績をたたえ、頸城杜氏（くびきとうじ）の酒造り文化を今に伝える施設。上越の地酒の試飲も行っているよ

保存された黒麹菌により復活した焼酎
（東京大学）

著作「世界の酒」「日本の酒」「愛酒愛楽」 歌集「発酵」がある坂口は、
「うたかたの　消えては浮かぶ　フラスコに　ほのぬくもりて　命こもれり」
という歌も残している

65 抗寄生虫薬イベルメクチンの発見した大村智

2015年にノーベル医学生理学賞を受賞

2015年にノーベル医学生理学賞を受賞した大村《おおむら》智《さとし》（1935年生まれ）の受賞理由は、抗寄生虫薬イベルメクチンの発見です。

アレクサンダー・フレミングによるペニシリンの発見以来、数々の抗生物質が発見・開発され、感染症の治療に力を発揮してきましたが、新規の抗生物質の探索は徐々に難しくなっています。

抗生物質でもっとも重要なのは、病原菌だけを殺して人畜無害という選択毒性です。細菌と人間は身体の構造が根本的に違うので、優れた抗生物質が多数開発されていますが、寄生虫は動物の一種であり生体機能の基本構造がほとんど共通なので、寄生虫に効く薬はほとんどが人体にも有害です。

山梨県出身の大村は土壌細菌の中から新規の物質を探索するスクリーニングの大家であり、北里研究所における研究活動で目的化合物を効率良く見つけ出すシステムを次々に考案し、170を超える新規の化合物を単離し、創薬・構造解析に貢献しています。その中の1つであるイベルメクチンは、放線菌の培養液から単離された化合物であり、線虫などの寄生虫に効果を発揮します。

アフリカ南部の風土病であるオンコセルカ症は、細長い線虫によって引き起こされ、しつこい痒《かゆ》みや発疹に悩まされます。通常の抗生物質が効かない上に、線虫が眼球に回ると失明をまねく厄介な感染症です。大村は発見した抗寄生虫薬イベルメクチンの特許使用権を放棄し、貧しいアフリカの住人が薬を使えるように配慮しました。おかげで2億人以上の人々がイベルメクチンの投与を受けることができて、寄生虫感染症の撲滅に大きく貢献しています。

日本にはオンコセルカ症はありませんが、イヌには致命的な寄生虫症であるフィラリアに効果を発揮し、飼い犬に対するフィラリアの予防注射にも用いられています。

要点BOX

- 170を超える新規の化合物を単離
- 発見した抗寄生虫薬イベルメクチンの特許使用権を放棄

線虫オンコセルカ

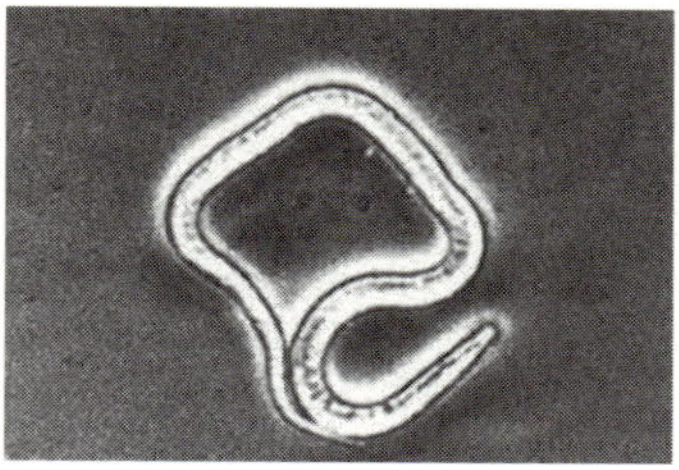

細長い糸状の線虫オンコセルカにより発症するアフリカ南部の風土病。しつこいかゆみ・発疹が主症状。
1800万人が発症。線虫が眼球に回ると失明する（約27万人）

オンコセルカ症のため失明した男性を導く子供の像
（北里研究所正面玄関）

大村 智

（1935年〜）

抗寄生虫薬イベルメクチンの発見により
2015年ノーベル医学生理学賞を受賞

抗寄生虫薬（イベルメクチン）の構造式

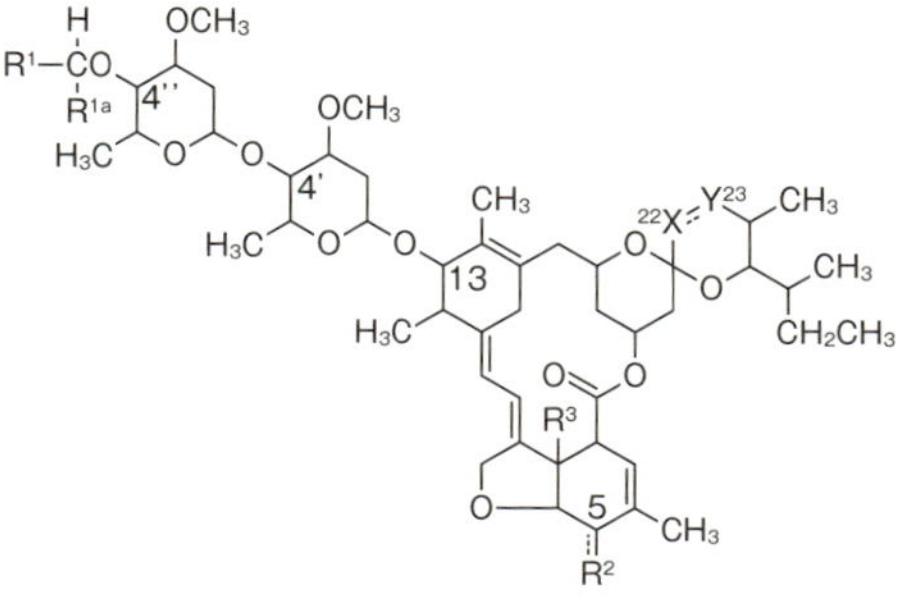

イベルメクチンの
構造式って
すごく複雑なんだね

66 自食作用オートファジーを発見した大隅良典

2016年にノーベル医学生理学賞を受賞

生物は飢餓におちいるとさまざまな方法で対処しますが、細胞の一部を自分で溶かして分解する自食作用は最終手段ともいえる強引な手段です。

福岡県出身の大隅良典《おおすみよしのり》（1945年生まれ）は、東京大学で学位を取得し、ロックフェラー大学に留学して細胞生物学の手法を学んで帰国したとき、選択した研究テーマが酵母の自食作用でした。

当時、パン酵母は真核生物のモデル生物として盛んに研究が進められていました。遺伝学的取扱法が充実しているパン酵母の場合は、特定の生命現象に注目し、その現象に支障が生じる突然変異株を取得して解析する研究法が最新流行でした。しかし、自食作用に注目している研究者はまったくいない状況でした。

酵母を顕微鏡で観察すると、丸い液胞の中に小さな粒子が踊り回っているのが見えることがあります。これは、酵母が細胞質の一部を液胞に取り込んで分解しようとしている姿です。大隅は大学院生とともに、ひたすら顕微鏡を覗いて自食作用の変異株を取得し、自食作用に関与する遺伝子を次々に単離しました。遺伝子の機能解析を通じて自食作用のメカニズムの全容解明に成功したのです。飢餓状態の細胞は、細胞の一部を取り込んでオートファゴソームを形成し、消化液を注入して分解吸収して再利用します。大隅は自食作用（オートファジー）の仕組みの解明の業績により、2016年にノーベル医学生理学賞を受賞しました。

研究テーマを考えるとき、成果の挙げやすさや研究費の確保のため、どうしてもはやりの研究テーマを選択しがちです。まったく新しいテーマの場合、アプローチの方法が確立されていないため、成果が出るまでに何年もかかることを覚悟しなければなりません。研究者は研究成果により業績が評価されるので、数年間の空白はキャリアの上で大変不利になります。それを承知で、自らの信念と興味からあえて茨の道を選んだことが、大きな業績につながりました。

要点BOX

- ●ひたすら顕微鏡を覗き自食作用の変異株を取得
- ●自食作用に関与する遺伝子を次々に単離
- ●自食作用（オートファジー）の仕組みを解明

酵母の自食作用

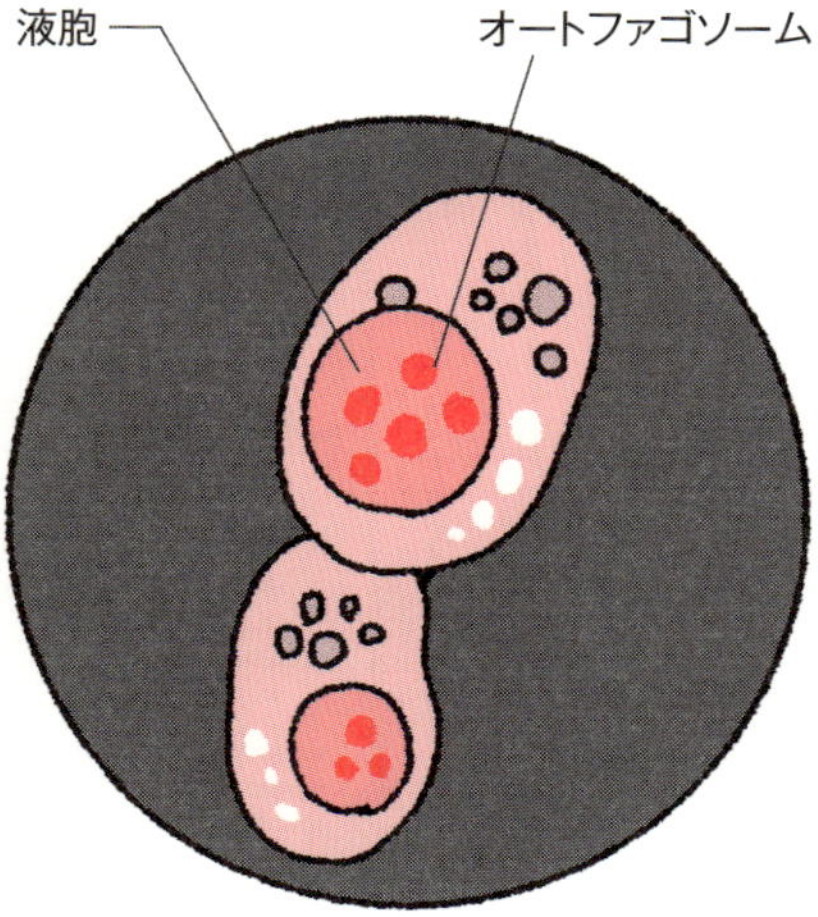

パン酵母の液胞の内部で跳ね回る粒子をひたすら観察した

大隅良典

（1945年～）

自食作用（オートファジー）の仕組みの解明の業績により2016年ノーベル医学生理学賞を受賞

オートファジー（自食作用）の概要

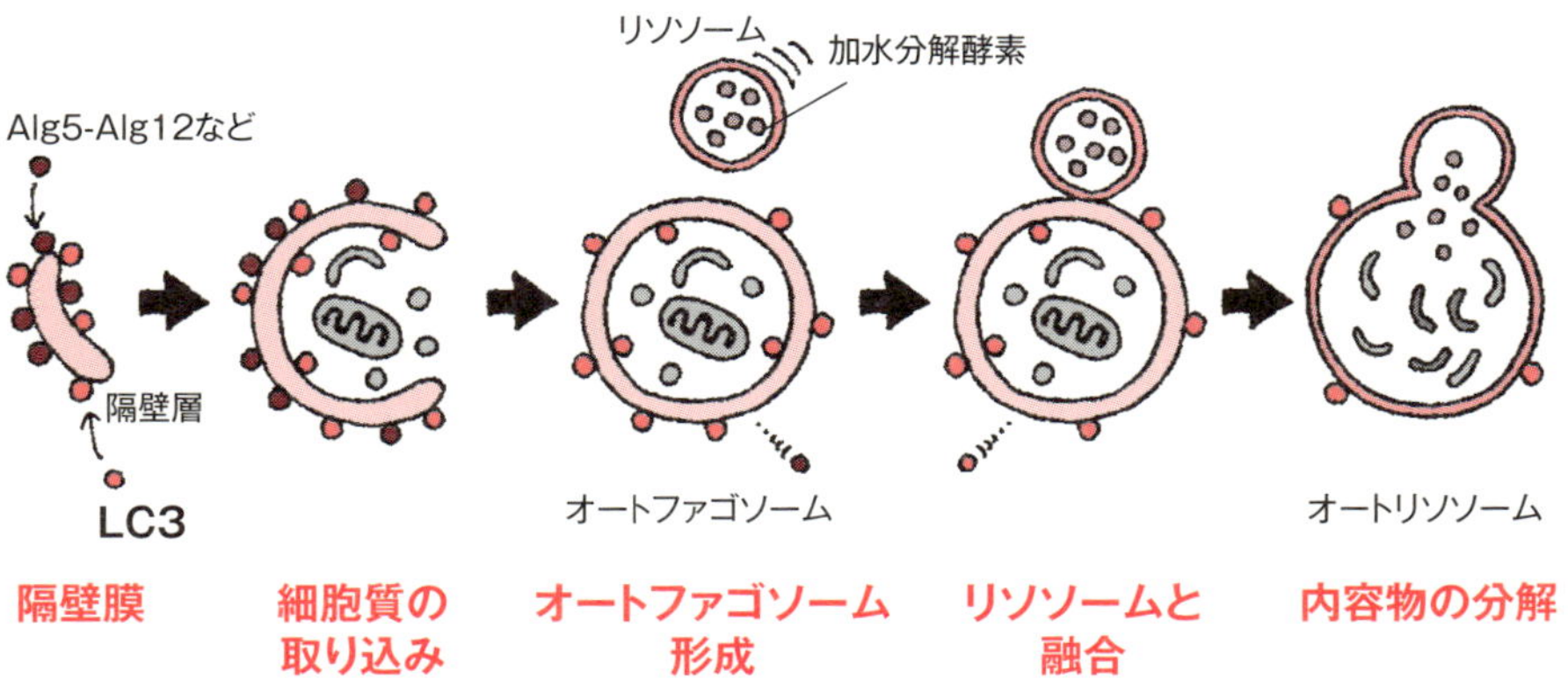

窒素飢餓になると、隔離膜ができて細胞の内容物の一部を囲い込み、オートファゴソームを形成する。オートファゴソームの中身を分解して栄養源として利用する

67 極限環境微生物研究のパイオニア・掘越弘毅

特殊能力をもつ微生物を追い求めた

埼玉県出身の掘越《ほりこし》弘毅《ひろき》（1932〜2016）は、東京大学で学位を取得し、米国パデュー大学に留学し、帰国して理化学研究所で微生物の研究に従事しました。

若手の研究者は、すでに地位を確立して研究室を構える研究者に師事し、研究手法を学びながら師匠の研究テーマに従事して研究活動に没頭します。研究業績を積むとやがて独立して自らの研究テーマを選ぶ日を迎えます。研究者としての生命をかけるに値するテーマの選択は、重大な人生の岐路でもあります。

若き日の掘越はテーマの選択に思い悩み、長期休暇をとってヨーロッパに旅立ちました。イタリアの世界遺産都市フィレンツェを訪れた掘越は、美しい街並みを眺めながら、「世の中にはまだまだ知られていない環境で生育する微生物が存在するはず。そのような特殊能力をもつ微生物を追い求めよう」との着想を得ました。帰国した掘越は、これまで誰も試さなかったアルカリ性の培地を作製し、アルカリ性環境下で生育できる微生物の探索に乗り出しました。

驚いたことにアルカリ性環境で生育できる微生物はどこにでも存在し、アルカリ性に適応する特殊な能力を有していることが明らかになりました。好アルカリ性微生物の研究は大きく発展し、アルカリ性でも良く効く酵素を生産する細菌が見いだされたことから、酵素配合洗剤の開発に結びつきました。

通常の微生物には過酷なアルカリ性環境で生育する微生物の多くは、アルカリ性環境こそが快適で、通常の環境では生育しにくいことが多く耐アルカリ性ではなく、好アルカリ性なのです。これより、過酷な環境に生育する微生物の探索に本格的に乗り出し、有人潜水艇を活用した好圧性微生物、トルエンなどの有機溶媒存在下で生育可能な有機溶媒耐性微生物など、次々に微生物の新境地を開拓し、極限環境微生物という研究分野のパイオニアとなりました。

要点BOX

- ●若いときはテーマの選択に思い悩んだ
- ●誰も試さなかったアルカリ性の培地を作製
- ●酵素配合洗剤の開発に結びつく

掘越弘毅

（1932~2016年）

研究に行き詰まった若き日の
掘越弘毅はフィレンツェの街
並みを見下ろして好アルカリ
菌探索の発想を得た

好アルカリ性バチルス族細菌

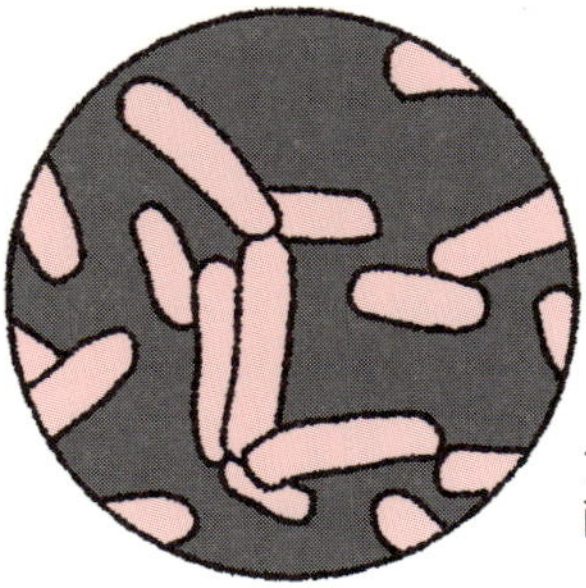

アルカリ性に強い
酵素を生産する

世界初の酵素入り洗剤
は画期的に主婦のストレ
スを軽減させた

Column

幸運は用意された心にのみ宿る

偉大な業績を挙げた研究者には共通して、人並み外れた好奇心と行動力が認められます。しかし、誰にもわかっていないことの解明を使命とする研究者には運も重要な要素です。たまたま寒天培地に混入したアオカビからペニシリンを発見したフレミングの例は良く取り上げられますが、こうした「失敗は成功の基」は科学の世界ではセレンディピティーと呼ばれています。セレンディピティーとは、「何かを探しているときに、偶然に別の価値のあるものを見つける能力」と解釈されていますが、幸運をつかみ取る能力とも解釈できます。

科学の世界では、「運も実力のうち」なのですが、どうすれば幸運をつかみ取ることができるのでしょうか。さまざまな分野で偉大な業績を残したフランスの博物学者ルイ・パスツールの発見の1つは、酒石酸の光学異性体の発見です。酒石酸の結晶をながめていたパスツールは、右に傾いている結晶と左に傾いている結晶が混ざっていることに気がつきました。酒石酸にはL体とD体の鏡像異性体が存在するために起こる現象ですが、形も向きもバラバラな結晶に2種類あると気がつくとは恐るべき観察力です。そのパスツールは、「幸運は用意された心にのみ宿る」という名言を残しています。本気で向かい合っている人だけが幸運をつかみ取ることができると言っているのです。座右の銘としたい言葉ですね。

【参考文献】

「日本の伝統　発酵の科学」中島春紫著、講談社ブルーバックス（2018年）

「発酵食品学」小泉武夫編著、講談社（2012年）

「食と微生物の事典」北本勝ひこ・春田伸・丸山潤一・後藤慶一・尾花望・齋藤勝晴編、朝倉書店（2017年）

「おもしろサイエンス　微生物の科学」中島春紫著、日刊工業新聞社（2013年）

「トコトンやさしい　アミノ酸の本」味の素株式会社編著、日刊工業新聞社（2017年）

「トコトンやさしい　発酵の本（第2版）」協和醗酵バイオ株式会社編、日刊工業新聞社（2016年）

「キャンベル生物学 原書第11版」池内昌彦・伊藤元己・箸本春樹・道上達男監修、翻訳、丸善（2018年）

「ブラック生物学 第3版 原書第8版」Jacquelyn G.Black（著）、神谷 茂・高橋秀実・林 英生・俣野哲朗（監修、翻訳）、丸善（2014年）

「生化学辞典　第4版」今堀和友、山川民夫監修　東京化学同人　（2007年）

「和食とうま味のミステリー」北本勝ひこ著、河出ブックス（2016年）

「イラストレイテッド微生物学」山口恵三・松本哲哉監訳、丸善（2004年）

「バイオのための基礎微生物学」扇元敬司著、講談社サイエンティフィク（2002年）

「くらしと微生物」村尾澤夫・藤井ミチ子・荒井基夫著、培風館（1993年）

「発酵ハンドブック」栃倉辰六郎・山田秀明・別府輝彦・左右田健次監修、共立出版（2001年）

「ビギナーのための微生物実験ラボガイド」掘越弘毅・青野力三・中村聡・中島春紫著、講談社サイエンティフィク（1993年）

「ベーシックマスター微生物学」掘越弘毅監修、オーム社（2006年）

「図解 微生物学入門」掘越弘毅編、井上 明・中島春紫著オーム社（2009年）

タ

ナ

ハ

マ

ヤラワ

索引

今日からモノ知りシリーズ
トコトンやさしい
微生物の本

NDC 465

2018年7月30日　初版1刷発行

発行者　井水 治博
発行所　日刊工業新聞社
東京都中央区日本橋小網町14-1
(郵便番号103-8548)
電話　書籍編集部　03(5644)7490
販売・管理部　03(5644)7410
FAX　03(5644)7400
振替口座　00190-2-186076
URL　http://pub.nikkan.co.jp/
e-mail　info@media.nikkan.co.jp
企画・編集　エム編集事務所
印刷・製本　新日本印刷(株)

●DESIGN STAFF
AD――――――志岐滋行
表紙イラスト―――黒崎　玄
本文イラスト―――小島サエキチ
ブック・デザイン ――奥田陽子
(志岐デザイン事務所)

●
落丁・乱丁本はお取り替えいたします。
2018 Printed in Japan
ISBN　978-4-526-07864-4 C3034

●著者略歴
中島春紫(なかじま はるし)

明治大学農学部農芸化学科 教授(農学博士)

1960年　東京羽村市生まれ
1984年　東京大学農学部農芸化学科 卒業
1989年　東京大学大学院農学研究科農芸化学専攻
博士課程 修了
1997年　東京大学大学院農学生命科学研究科 助教授
2007年　明治大学農学部農芸化学科 教授

専門分野：応用微生物学
所属学会：日本農芸化学会、日本分子生物学会、日本
生物工学会、日本極限環境微生物学会

●主な著書
「おもしろサイエンス　微生物の科学」(日刊工業新聞社)
ブルーバックス「日本の伝統　発酵の科学」(講談社)
ほか